U0939352

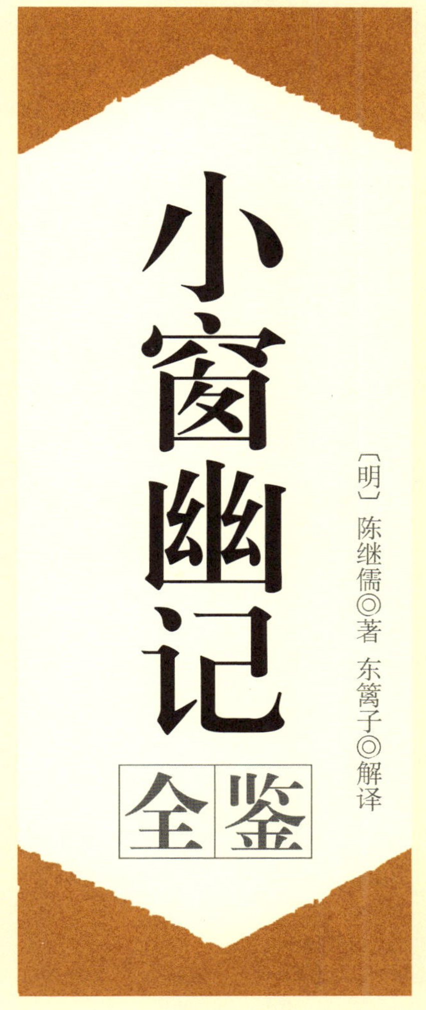

中国纺织出版社有限公司
国家一级出版社
全国百佳图书出版单位

内 容 提 要

《小窗幽记》主要阐明涵养心性及处世法则，表现了隐逸文人淡泊名利、乐处山林的陶然超脱之情，文字清雅，格调超拔，论事析理，独中肯綮，为明代清言代表作之一。

为了解决读者的阅读障碍，本书在对读者理解和识读有难度的字词加以注释和注音的同时，还对原典内容进行了翻译。另外，编者对那些充满正能量和意境高雅的名句做了跟进解读，让读者进一步理解古人处世修身、砥砺操守的内涵，这也是本书的特色之一。

图书在版编目（CIP）数据

小窗幽记全鉴：珍藏版／（明）陈继儒著；东篱子解译．-- 北京：中国纺织出版社有限公司，2019. 8
ISBN 978-7-5180-6326-0

Ⅰ. ①小… Ⅱ. ①陈… ②东… Ⅲ. ①人生哲学－中国－明代 ②《小窗幽记》－译文 ③《小窗幽记》－注释 Ⅳ. ①B825

中国版本图书馆 CIP 数据核字（2019）第 126536 号

策划编辑：张淑媛　　责任校对：江思飞　　责任印制：储志伟

中国纺织出版社有限公司出版发行
地址：北京市朝阳区百子湾东里 A407 号楼　邮政编码：100124
销售电话：010-87155894　传真：010-87155801
http://www.c-textilep.com
E-mail：faxing@c-textilep.com
中国纺织出版社天猫旗舰店
官方微博 http://weibo.com/2119887771
北京华联印刷有限公司印刷　各地新华书店经销
2019 年 8 月第 1 版第 1 次印刷
开本：710×1000　1/16　印张：20
字数：383 千字　定价：68.00 元

前言

《小窗幽记》的作者为明人陈继儒，字仲醇，号眉公，工诗善文，尤其擅长小品清言，盛名于天下。《小窗幽记》共十二卷，陈继儒按“醒、情、峭、灵、素、景、韵、奇、绮、豪、法、倩”原则，将所收集的各家妙言巧句编成十二卷，借以突出他的人生“十二字”做人处世原则和独特的审美观。

此书与《菜根谭》《围炉夜话》并称为修身养性的三大奇书。书中文字多出于古代的经史杂著及民间俗谚，语言透露出哲人式的隽永，其格言玲珑剔透、短小精美、促人警省、益人心智，其蕴藏的文化魅力，正越来越为广大读者所认识。当今，我们所处的人事、物质环境也在急速变化中。处世之道，就是为人之道，只有明白怎样做人，才能与人和睦相处，才能通达合理，这门高深的学问值得我们终身学习。而在此方面，陈继儒的《小窗幽记》无疑为我们指明了一条光明之路。他归纳出的“安详是处事第一法，谦退是保身第一法，涵容是处人第一法，洒脱是养心第一法”四法，建议人们保持达观的心境，平和地为人处世，对后人影响至深，确实值得当今人们深思和借鉴。

不可否认，随着时代的进步，《小窗幽记》中的有些语句的内涵跟不上时代的要求，或者说有些思想不足道，因此，有些版本的《小窗幽记》对内容有所扬弃。为了让读者既能阅读到《小窗幽记》，又能汲取《小窗幽记》的精华，编者在编写此书时，一是参照多种版本，尽量收集《小窗幽记》的所有内容；二是对《小窗幽记》的翻译和解读，偏向名言警句和思想内容贴近当今人们生活并具有积极意义的句子。

本书为精编选译版本，由原典、注释、译文、跟进解读四个部分构成。为了方便读者了解所刻画内容的大致情况，我们增添了跟进解读这一板块，同时增添了注释这一板块，对难懂的词句进行了详细的注音和解释，译文多采取直译，最大程度地便于读者阅读和理解。

衷心希望本书能成为您全方位感受和理解《小窗幽记》这部传世佳作的良师益友。

本书平装本自出版以来，广受读者欢迎和喜爱。为满足大家的收藏、馈赠需要，现特以精装形式推出，敬请品鉴。

解译者

2019 年 2 月

目录

卷一　集醒

【原典】

食中山之酒[①]，一醉千日。今世之昏昏[②]逐逐，无一日不醉，趋名者醉于朝，趋利者醉于野，豪者醉于声色车马。安得一服清凉散[③]，人人解酲[④]。集醒第一。

【注释】

①中山之酒：传说中的一种烈性美酒。出自晋干宝《搜神记》："狄希，中山人也，能造千日酒，饮之千日醉。"

②昏昏：糊涂貌。

③清凉散：一种使人神清气爽的中药。

④酲（chéng）：指喝醉了神志不清。

【译文】

清醒时饮了中山人狄希酿造的酒，可以一醉千日。而今日世人迷于俗情世事，终日追逐声色、名利，可说没有一日不在醉乡，好名的人醉于朝廷官位，好利的人醉于民间财富，豪富的人则醉于妙声、美色、高车、名马。如何才能获得一剂清凉的药，使人人服下获得清醒。集醒第一。

【原典】

倚高才而玩世，背后须防射影之虫[①]；饰厚貌以欺人，面前恐有照胆之镜[②]。

【注释】

①射影之虫：蜮（yù），传说中在水里暗中害人的怪物。

②照胆之镜：传说秦宫有一面神镜，能照人五脏六腑。

【译文】

倚仗才华出众而心生傲慢，容易招致嫉妒者背后的小动作。装扮成忠厚老实的样子来欺骗人，恐怕面前会有能够将邪念照出的镜子。

【跟进解读】

这句话是告诉人们处世的艺术。一个会成事的人要做到成事顺利，既有效地保护自我，又能充分发挥自己的才华，不仅要解除盲目骄傲自大的心理，而且不能太张狂、太咄咄逼人，因此要养成谦虚让人的美德。所以，无论你有怎样出众的才智，但一定要谨记：不要把自己看得太伟大，不要把自己看得太重要，要适当地学会露傻，这样是为了更好地保护自己，少树立敌人。

【原典】

怪小人之颠倒豪杰，不知惯颠倒[①]方为小人；惜[②]吾辈之受世折磨，不知惟[③]折磨乃见吾辈。

【注释】

①颠倒：混淆是非。

②惜：怜惜。

③惟：只。

【译文】

指责那些小人搬弄是非，陷害忠良，却不知道只有惯于干这些事的人，才能称为小人；怜惜我的同类受到世间的折磨，却不知道只有经历了折磨才能看到同类的英雄本色。

【原典】

花繁柳密[①]处拨得开，才是手段；风狂雨急[②]时立得定，方见脚根[③]。

【注释】

①花繁柳密：代指纷繁复杂的环境。

②风狂雨急：代指紧急危难的情形。

③脚根：寓意气度，临危不变的人生境界。

【译文】

将复杂的局面控制得好，才是真正有手段的人；能够在危难时刻岿然不动，才是真正坚定的人。

【跟进解读】

顺境中能把事情做好，享受福分，人人都可以做到。但关键是看他能否经受得住利益的诱惑而不会迷失本性，能在富贵极顶时急流勇退，这才说明一个人是否具有非凡的勇气和远见卓识。繁花似锦、柳密如织的美景能维持多久呢？因为事物到了巅峰往往是走下坡路的开始，只有智者能够及时识破其中的幻象，来去自如，不受束缚。

在顺境中要的是洒脱的气概，在逆境中才能真正看出一个人是否有坚定的意志。由于人生不如意十之八九，在遇到艰难曲折时，能够保持做人的原则和正直的品性，不迷乱心智、不气馁妥协，才可谓生活的强者。

【原典】

澹泊之守，须从秾艳场[①]中试来；镇定之操，还向纷纭境上勘[②]过。

【注释】

①秾（nóng）艳场：指具备歌舞楼台的富贵之地。

②勘：勘察，考验。

【译文】

恬淡的志向，需要经过富贵奢华场合的考验才能真正体现出来；镇定如一的节操，还需要通过纷扰复杂的环境来验证。

【跟进解读】

孟子说："富贵不能淫，贫贱不能移，威武不能屈，此之谓大丈夫"。淡泊名利的操守，镇定安闲的气节，需要我们在平常的德行中加以锻炼，并牢记在心底，不但在贫贱之时能保守住自己的尊严，更要在富贵时能经受得住声色的考验。面对世间五光十色的声色之乐，尘世间纷繁浓艳的名利诱惑，能够保持自己的一颗平常心，有一种毫不为之所动的意念，才算是真正的淡泊，才算是做到了洁身自好。所以说：真正的淡泊在心不在身，只要心中无过贪恋，则处处都可以找到清净与快乐。

【原典】

市恩[①]不如报德之为厚，要誉[②]不如逃名之为适，矫情不如直节之为真。

【注释】

①市恩：同"施恩"，给别人恩惠希望回报。

②要誉：同"邀誉"，极力求取名声。

【译文】

给予他人恩惠不如报答他人的恩德来得厚道，邀取好的名声不如逃避名声来得自适，故意违背常情以自命清高不如坦率直接做人来得真实。

【跟进解读】

在日常生活中，故意施舍给别人一些小的恩惠，想求得对方的喜悦，这是一种有着不良企图的行为，或者为了笼络人心，或者为了树立威望，其施舍的目的是获取自己想要的利益。虽然表面上是助人，但结果还是利己的，这与真心诚意的帮助他人相差甚远。而受人以恩，报之以德，才是中国传统的道德规范，这种以德报恩的行为是心存感谢，不求索取。古代就有"受人滴水之恩，当以涌泉相报"的道理，可见其中透露着人性的真诚与善良。

虽然声名累人，但人人都想获得名声，并以此为荣。殊不知名声只是一种空洞的声音，虽能满足虚荣心的需要，但无形中也会成为一种束缚人的东西。许多知名人士都非常注重自己的言行举止，便是怕失了自己的好名声，倒不如逃名来得逍遥自在，也免除心理上的思想负担。所以节操高尚的人宁可逃避名利带来的麻烦，也不愿违背自己的良心去做些沽名钓誉之事。有了名声，就打破了生活中原本的平静，而在这些虚无缥缈之名的环绕下必须时刻谨慎，如此的矫揉造作之情，岂不是夺去了我们真诚平和的本性。

做人只要真实，保持好自己的人格就够了，何必做一些假象，不但弄得自己不自在，时间长了，也很可能会失去别人的信任，所以我们只有用真心诚意的表现，才可赢得真正的自我和他人的尊重。

【原典】

使人有面前之誉[①]，不若使人无背后之毁[②]；使人有乍交[③]之欢，不若使人无久处之厌。攻人之恶毋太严，要思其堪受；教人以善毋过高，当原其可从[④]。

【注释】

①面前之誉：当面的称赞。

②毁：毁谤，诋毁。

③乍交：刚刚结交。乍，刚刚。

④原其可从：考虑他能做到什么地步。

【译文】

令人当面称赞，不如令人不背后诋毁；令人有刚刚结交的欢乐，不如令人没有长久相处的厌烦。批评别人的丑恶不要太过严厉，要考虑对方是否能接受；教导别人要与人为善，不要要求过高，应该看他能做到什么地步。

【跟进解读】

对于自己的不足，我们心知肚明，却也讳莫如深。现实生活中，每个人都会给自己定下一个期望标准，希望自己能够成为一个完美的人。有的人对自己高标准、严要求；有的人则希望难得糊涂、潇洒不羁……当不同的标准碰撞在一起，这个世界便发生了争吵，产生了冲突。“公说公有理，婆说婆有理。”每个人都把自己的标准套用在他人身上，希望自己的标准可以拨乱反正，如黄钟大吕般警醒世人。我们争先恐后，希望把自己的标准立为标杆，然而，我们得到的结果却往往让人灰心丧气——别人根本不吃我们这一套。其实，在我们争吵的过程中，我们忽略了这个世界的一个前提，即人人都会犯错，人无完人！

确实，当我们看到别人的错误时，我们总是急于指责。或许，我们是为犯错误的人着想，希望他们早日改正，取得更大的进步。但是，我们越是把自己放在正确者、完美者的位置上，我们越是无法获得我们想要的效果。

【原典】

不近人情，举[①]世皆畏途；不察[②]物情，一生俱[③]梦境。

【注释】

①举：满，全。

②察：洞察。

③俱：都。

【译文】

做人不近人情，就会认为普天之下都是让人畏惧的险途；做事不能洞察人间百态、体悟道理，那么一生都将生活在梦境之中。

【原典】

遇沉沉不语之士，切莫输心[①]；见悻悻自好[②]之徒，应须防口。

【注释】

①输心：放下戒备，推心置腹。

②悻悻（xìng）自好：易怒而又固执。

【译文】

碰到沉默不语的人，千万不要轻易与之交心；见到容易恼怒而又自恋之人，应该提防自己别信口开河。

【跟进解读】

一个口若悬河的人对你谈一些你根本不感兴趣的话题时，你会有怎样的反应？你是会耐心地倾听下去，还是会流露出厌烦情绪，甚至粗暴地终止对方的谈话？现在请认真考虑下你将如何反应，因为这会影响到你是否能够受到他人的欢迎。

我们都渴望向他人倾诉，因为我们有思想。我们需要把自己的想法向他人做一番表露，我们需要别人的理解和关注。当我们空虚、孤独或者急于表达自己想法时，如果出现一个善于倾听的人，那我们会第一时间爱上他，不管他会不会为我们排忧解难，因为，此时此刻，我们需要的仅仅是一个人在旁边，面带微笑，静静地倾听我们诉说衷肠。

【原典】

结缨整冠之态[①]，勿以施之焦头烂额之时；绳趋尺步之规[②]，勿以用之救死扶危之日。

【注释】

①结缨整冠之态：很从容的样子。缨，帽子上的带子；冠，帽子。

②绳趋尺步之规：行动举止合乎规范。出自《宋史·朱熹传》："方是时，士之绳趋尺步。"

【译文】

不要在火烧眉毛焦头烂额的危急时刻，还要讲究结缨整冠的从容之态；不要在救死扶危的紧急之时，步步遵循规矩。

【原典】

议事者身在事外，宜悉[①]利害之情；任[②]事者身居事中，当忘利害之虑。

【注释】

①悉：明白，知晓，彻悟。

②任：担当，承担。

【译文】

议论事情的人本身不直接参与其事，应该弄清事情的利害得失；办理事情的人本身就处在事情当中，应当放下对于利害得失的顾虑。

【跟进解读】

对事物有议论资格的人，一定要充分考虑事情的利害得失，看问题要做到全面而详细，兼顾全体与局部。因为这些考虑所得到的收获能为决策者提供更好的依据，如果疏忽大意，或是只顾个人立场，就不能集思广益，势必会遇到难以解决的问题，甚至可能造成巨大的损失。“千里之堤，溃于蚁穴”，越是小的问题越不可马虎大意，如果对隐患不加以制止，任其发展下去，结果势必带来更大的损失。

就拿一场战争来说吧。指挥员在战前做好双方实力的对比、分析地形的利弊，以及影响战斗进行的意外情况都考虑清楚的前提下，才能做出正确的决策。而直接参与战争的人，就该放下有关利害得失的包袱，轻装上阵，将战争方案执行好，才会赢得斗争的胜利；如果执行战斗的人瞻前顾后，畏首畏尾，不听指挥，那只能以失败结束。

【原典】

俭，美德也，过则为悭吝为鄙啬，反伤雅道；让，懿[①]行也，过则为足恭[②]，为曲谦[③]多出机心。

【注释】

①懿（yì）：美好。

②足恭：过分谦让、恭顺。

③曲谦：过度谦虚而显得不够正直。

【译文】

节俭是美德，太过就变成了吝啬，反而有伤雅道；谦让，是美好的德行，太过就变成了过度的谦让，多是出于机巧之心。

【跟进解读】

生活中有幸福有苦难。选择过什么样的生活，都是自己决定的。要想过上舒适幸福的生活，就要勤劳能干，细心谨慎。好吃懒做就会一辈子吃苦受罪，永远不会有舒适的时候。谨慎细心的人，即使鬼神也找不到可以侵犯的间隙，这便是圣贤之人成就大学问的关键。勤劳与节俭是持家生存的原则，不勤劳就会收获少，收获少但花费不少，就会使财物匮乏，财物匮乏就会采用一些苟取之法，甚至会导致犯罪。身为一家之主，如果不能成为妻子儿女勤俭的表率，而使家人趋于奢侈懒惰，这无异于自取灭亡。平时多想想这些，来激励自己做个勤劳节俭的人。

【原典】

藏巧于拙，用晦而明；寓[①]清于浊，以屈为伸。

【注释】

①寓：隐藏。

【译文】

把智巧隐藏在笨拙之中，表面晦暗而内心却很明白；把清洁隐藏在混浊之中，以屈缩为伸长。

【跟进解读】

在这个社会上，做事太张扬、太露，虽然能够显得自己高人一头，却会引来众多人的妒忌，让别人也更关注自己的一举一动，这样就会给日后的自己带来众多的压力和不便。清朝皇帝雍正也曾这样认为："但不必露出行迹。稍有不密，更不若明而行之。"讲的就是这个道理。所以，无论是做人还是处事，若想取得更大的成功，首先不要过分暴露自己的意图和能力。唯有这样，事情办起来才不会出现众多人为的障碍和束缚，办起事来就会出现事半功倍的效果；反之，我们将会受到许多意想不到环节的人为阻挠，事情办起来就会很难成功了。

【原典】

彼[①]无望德，此无示恩，穷交所以能长；望不胜奢[②]，欲不胜餍[③]，利交所以必忤。

【注释】

①彼：对方。德：恩德，恩惠。

②望不胜奢：期望没有止境。

③餍（yàn）：满足。

【译文】

朋友不期求获得恩惠，我也就不会向朋友表示给予恩惠，这是清贫的朋友能够长久相交的原因；期望有所获得而无止境，欲望又永远无法满足，靠利益结交的朋友必然会伤和气。

【跟进解读】

交朋友就如同读一本书。读一本好书会让我们终生受益；读一本坏书，则有可能会危害一生。君子之交淡如水，真正的朋友追求的是心灵上的志同道合，而不是物质利益的相互索求，甚至相互利用。清贫的朋友之间图的是双方相同的志趣与心肠，既不期望从对方那里得到什么物质利益，自己也不故意用利益向对方施舍恩惠，这样的友谊才会天长地久。

建立在利益基础上的朋友，大多是一些狐朋狗友之类的小人，他们互相利用，以物与物的交换来维系他们之间的关系，一旦失去了利用价值，也就失去了相交的动机，甚或伤了和气，反目成仇。所以说饭桌上的酒肉朋友要不得，只有在患难之中才能认识到谁是真正的朋友，才能获得真正的友谊。

【原典】

怨因德彰，故使人德我[①]，不若[②]德怨之两忘；仇因恩立，故使人知恩，不若恩仇之俱泯[③]。

【注释】

①德我：感激我的恩德。

②不若：不如。

③泯：泯灭，丧失。

【译文】

怨恨会由于行善而更加明显，可见行善并不一定使人都赞美，所以不如让人把赞美和埋怨都忘掉；仇恨会由于恩惠产生，可见与其施恩而希望人家感恩图报，不如把恩惠与仇恨都消除。

【原典】

天薄我福，吾厚吾德以迓[①]之；天劳我形，吾逸吾心以补之；天阨[②]我遇，吾亨吾道以通之。

【注释】

①迓（yà）：迎接。

②阨（è）：通“隘”，窄小。

【译文】

命运让我的福分浅薄，我靠增加自己的德行来面对它；命运让我的筋骨劳累，我便放松自己的心情来弥补；命运让我的际遇窘迫，我便加强自己的德行来让它通达。

【跟进解读】

命运把握在我们每个人的手中，无论上天如何对待我们，只要心中明白自己是命运之主，我们便可战胜一切困难。虽然人生不平等，但对于命运的追求是平等的。虽然上天没有为我们提供良好的外部环境，但也不必怨天尤人，因为我们可以通过后天的努力去弥补，去拯救自己，而不应该埋怨老天的不公，让大好时光白白浪费掉。

福分薄虽然说明了外在的物质环境不丰厚，或者生命的外缘有缺憾，但我们可以通过深厚的心灵修养安然自适，将一切烦恼驱出脑际。有时命运会使我们的形体十分劳苦，但它无法阻拦我们的心灵去享受快乐的境界。

人的际遇无常，困厄在所难免，此时更不可灰心丧志，不如充实自己的学问，扩充自己的心胸和道德。困厄的产生，多是自己能力不够的缘故，若能胸怀大志，必能以一种坚强的意志将困厄扫除，即使摆脱不了当前的困境，至少我们内心也不会因此而沮丧。

【原典】

淡泊之士，必为秾艳者[①]所疑；检饰[②]之人，必为放肆者所忌。事穷势蹙[③]之人，当原其初心；功成行满之士，要观其末路。好丑心[④]太明，则物不契；贤愚心太明，则人不亲。须是内精明而外浑厚，使好丑两得其平，贤愚共受其益，才是生成[⑤]的德量。

【注释】

①秾（nóng）艳者：指追求华贵、奢靡生活的人。

②检饰：行为检点，慎重。

③事穷势蹙（cù）：事情处于困境，形势紧迫。

④好丑心：分别美与丑的心。

⑤生成：抚育，养育。德量：道德和心量。

【译文】

淡泊名利的人，必然会被欲望强烈的人猜忌；行为检点的人，必然会被行为纷乱的人嫉妒。走投无路的人，应该思考一下自己的初衷；有成就的人，则应该看一下最后的结果。将美和丑分得太清，则无法与事物相契合；将贤与愚分得太明确，则不能与人亲近。应该做到内心精明而处世厚道，让美与丑能够和谐，贤愚双方都能得到好处，这才是成熟的道德修养。

【跟进解读】

过惯豪华奢侈生活的人，并不相信有人能过淡泊的生活，认为甘于淡泊不过是沽名钓誉，并非出于本心。吃惯肉的人绝不知菜根的香甜，所以他们不免要加以怀疑。行为放肆的人，常要忌恨那些言行谨慎的人，因为这些人使得他不能自在，使得他的放肆有了对照，而令人大起反感。事实上，检饰的人不过是在自我约束，放肆的人则不能忍受自我约束，所以才要忌恨谨慎的人。

为人处世，有时不但要看其结果，还要看其动机，如果一个人有着正直之心和追求事业成功的信念，即使他遇到挫折与失败，也必然还会有成功之时。判定一个人是否能成为成功者，要观察他能否保持住自己的正确方向，坚持不懈地继续前进，因为只有做到善始善终的人，才是成就大事的人。

【原典】

费[①]千金而结纳贤豪，孰若[②]倾半瓢之粟以济饥饿；构千楹[③]而招徕宾客，孰若葺[④]数椽之茅[⑤]以庇孤寒。

【注释】

①费：耗费。

②孰若：哪里比得上。

③千楹（yíng）：千间屋舍。

④葺（qì）：修葺。

⑤茅：茅草屋。

【译文】

耗费千金而广结吸纳天下豪杰，哪里比得上拿出半瓢的米粟去接济饥饿的人呢？建筑千间屋舍以招揽天下宾客，哪里比得上搭建只有几根椽的茅舍来庇护孤苦贫寒的人呢？

【原典】

恩不论多寡，当厄的壶浆[①]，得死力之酬；怨不在浅深，伤心的杯羹[②]，召亡国之祸。

【注释】

①当厄的壶浆：典出《左传·宣公二年》，晋国名叫灵辄的人三天没有吃饭，赵盾给了他饭食救了他一命。后来晋灵公想要杀掉赵盾，于是在宫中埋伏好士兵，招赵盾来宫中赴宴。当时作为晋灵公甲士的灵辄临危倒戈，帮助赵盾逃脱。

②伤心的杯羹：典出《左传·宣公四年》，楚国人向郑灵公上贡鼋，郑灵公和士大夫一起吃，但唯独不给在宴的公子宋分享，公子宋生气，吃了后就走了，郑灵公认为自己受辱，于是要杀公子宋，但没想到公子宋早有预谋，在那年夏天先动手杀了郑灵公。

【译文】

恩惠不分多少，赵盾给予处于困境中的灵辄一壶浆，就换来了灵辄的誓死回报；怨恨不在于深浅，伤害别人的一杯羹，就能招致亡国的祸患。

【跟进解读】

人生即修行，是境界不断升华的过程。修行即是修心，佛说，平常心即是道。以出世之心做入世之事，才能真正获得自由和幸福。只要有一颗渴望真、善、美的心，懂得爱与感恩，便是与佛有缘。行善是一种爱心的表现，同时在禅学上来说，也是为自己培植福报的基础。只要能牢牢地坚持"诸恶莫做，众善奉行"，必定能获得他人的青睐，享受到生活的快乐和幸福。

【原典】

了[①]心自了事，犹[②]根拔而草不生；逃世不逃名，似膻[③]存而蚋[④]还集。

【注释】

①了：了结，了断。

②犹：好像。

③膻（shān）：腥膻味。

④蚋（ruì）：昆虫，蚊子。语出《通俗文》："小蚊曰蚋。"

【译文】

能在心中将事情做了结，才是真正将事情了结，就好像拔去根以后草不再生长一样；逃离了尘世却还有追求名利之心，就好像腥膻气味还存在，仍然会招来蚊子一样。

【跟进解读】

斩草必须除根，治病需要根治。佛曰：世间万物随心而生，随心而灭，所以要想抛却外缘的俗念，必须先从静心上下工夫。我们经常感到烦恼与忧愁，原因就是心还有所牵挂，有所依恋，我们只有彻底斩断纠缠身心的痴心妄想，才可摆脱困扰，获得身心的解放。

逃避红尘而隐居在山林之中，妄想过着“采菊东篱下，悠然见南山”的逍遥生活，其实这是试图放弃尘世中的纷争和烦忧，虽然身远离尘世，心却没有安静下来，仍然挂念着尘世间的是是非非，那还是无法求得清净的。只有做到一心了无牵挂，才可谓真正的隐居。

【原典】

情最难久，故多情人必至寡情；性自有常①，故任性②人终不失性。

【注释】

①性自有常：人的本性自有其常道。

②任性：听凭天性。

【译文】

情爱是最难长久保持的，所以感情丰富的人终会变得浅薄无情；天性运行本有其自身的规律，所以率性而为的人是不会丢失其本性的。

【跟进解读】

人生有两种特质，一是善（善心所）；二是恶（烦恼心所）。在善、恶的特质中，各有很多的成分（心所），而这些成分彼此错综复杂地交合，就形成了种种不同形态的感情表象。所以，关于感情问题，如果我们只是从感情的表象去了解，就会受困于感情的多样化而掌握不到问题的核心，只有当我们理解到人与人之间感情的最后关键点是人性深处的综合表现，是人性的本质，我们才能对感情问题做一个最忠实的评鉴。

我们应该看到，世间关系的建立大都有两种，一种源于“信”，如君臣关系，领导和下属的关系，父子关系等，这是一种存在的关系，不建立在情感之上；另一种就是源自“情”了，是在日常交往中而产生的关系，在很大程度上靠感情来维系，如朋友关系、情人关系就是最普通的“情”系关系了！

【原典】

甘人①之语，多不论其是非；激人之语，多不顾②其利害。

【注释】

①甘人：甘，甜，在此指说好话。甘人，指谄媚、奉承之人。

②顾：顾及，考虑。

【译文】

谄媚、曲意逢迎之人的话，多半不分是非清白；想要激怒别人的话，大多不顾及利害得失。

【原典】

真廉无廉名，立名[①]者，所以为贪；大巧无巧术[②]，用术者，所以为拙[③]。

【注释】

①立名：以名声标榜。

②术：方法。

③拙：拙笨，愚蠢。

【译文】

真正廉洁的人不是为了名声，那些以廉洁标榜自我的人，才是真正的贪图名望；最大的巧智是不使用任何心术，凡是运用种种心术的人，不免是笨拙之人。

【跟进解读】

廉与贪是相对的。无论是为官也好，还是平民百姓也罢，都本该把廉洁视为做人的本分。正因生活中有太多贪心之人，才使廉洁成为难行之事，真正的廉洁应该出于本心的要求，而不是名利的驱动。为廉洁而立名，虽不贪利，却是贪名。这和许多人做了好事一定要把名字公布出来是一样的，无非为了博取一个善字而已。其实，廉洁原是本分，由于有贪官污吏的存在，才使廉洁成了难得的事。廉声能为世人所称道，是因其难得，若是官官都能廉洁，廉洁成了稀松平常的事，又何必为此而立名呢?

一术对一事，此巧不可对彼事，因此，用术之人若为术所困，这个时候，巧术便成了拙术。巧本应是天性，机警聪明，反应敏捷，遇事善于灵活把握。真正的巧在来时不立，立而不滞，这样才能应万物而生其术，不因一术而碍万物。所以说大巧无术，要能兵来将挡，若是滞于术之为用，一旦事出突然，便毫无办法了。如果蓄意玩弄心术，要些小聪明，其结果往往是偷鸡不成倒蚀一把米，搬起石头砸了自己的脚，应了“聪明反被聪明误”的俗语。

【原典】

为恶而畏[①]人知，恶中犹[②]有善念；为善而急人知，善处即是恶根。

【注释】

①畏：害怕，畏惧。

②犹：依然，还。

【译文】

倘若做了坏事还畏惧别人知道的话，那么说明他恶中还有善念；倘若做了好事急着想被人知道的话，那么其行善之处就是恶根。

【原典】

谭[①]山林之乐[②]者，未必真得山林之趣；厌名利之谭者，未必尽忘名利之情。

【注释】

①谭：通“谈”，谈论，议论，热衷于。

②山林之乐：指隐居山林的乐趣。

【译文】

喜欢谈论隐居山林中的生活乐趣的人，未必真正领悟了隐居的乐趣；口头上说厌倦名利的人，未必真的将名利忘却。

【跟进解读】

表面和事实往往相差很远，有时甚至背道而驰。一个人的言谈只是外表的显露，不可轻易深信，就如同有些人嘴上说的是一套，但做起事来是另一套。喜欢谈论山林隐居之乐的人，并不一定就真正领悟了其中的乐趣，没准是借此衬托自己的高雅脱俗，甚至借此来引起别人的关注，因为真正悟得山居乐趣的人已经隐居其中自得其乐去了，哪还有闲情逸致去炫耀一番。

口口声声说将名利看得很淡，甚至做出不近名利的姿态，内心深处却无法摆脱名利的诱惑与束缚，便做出自欺欺人的姿态，其实未忘名利之心。像那些好作厌名利之论的人，内心不会放下清高之名，这种人虽然较之在名利场中追逐的人高明，却未必尽忘名利，这些人虽放下而心未放下，口是而心非。

名利犹如赌博，是以全部身心为筹码，去换取空无一物的东西。但名利本身并无过错，错在人为名利而起纷争，错在人为名利而忘却生命的本质，错在人为名利而伤情害义。就如酒，浅尝即可，过之则醉。可是普天之下又有几人怀着对名利的淡泊之心呢?

心口不一的人，实际上内心充满了矛盾，如果能够做到心中怎么想，口中怎么说，心口如一，那么不但自己活得坦然，与人交往也会很自在了。所以说若完全放弃对名利不动心的念头，自然也就能够不受名利的束缚了。

【原典】

从冷视热[①]，然后知热处之奔驰无益[②]；从冗[③]入闲，然后觉闲中之滋味最长。

【注释】

①从冷视热：以旁观者的角度看待名利场的钩心斗角。

②益：好处。

③冗：繁冗，繁杂。

【译文】

从冷静的地方去审视名利场，才知道名利场的追逐是徒劳无益的；在繁忙的时候去看看清闲的状态，才懂得清闲才是自己真心想要的生活。

【跟进解读】

一些人常以个人的利益得失为标准来看待幸福，名利双收、占便宜便高兴，无利可图、失算吃亏则郁郁寡欢或懊悔不已。可人生哪会永远在我们掌控之中，哪有那么多总是如意的事情，哪有我们想得到就能得到的事情，永远胜算是不存在的。所以，功利心太强的人则注定会为功利所累，过得不开心、不快乐。

功利、得失是我们大多数人心目中最具分量的砝码。许多人一遇到与功利、得失相关的问题，心里的天平便会发生倾斜，难以自持。虽然这是人之常情，却是严重影响一些人的心理。功利、得失是让人感受快乐的头号大敌，人要想活得快乐就要不执着于功利，超越世俗的得失，唯有这样才能够活得潇洒自在。

【原典】

贫士肯济人，才是性天①中惠泽；闹场能笃②学，方为心地③上工夫。

【注释】

①性天：与生俱来的本性。

②笃：专心。

③心地：佛教说法。

【译文】

贫穷的人肯帮助他人，才是天性中的仁惠与德泽；在喧闹的环境能专心学习，才算是净化心境的真功夫。

【跟进解读】

富有的人，能够施舍给人是比较容易的；贫穷的人，能够以财物助人却是很不容易的。有的人在物质上非常富有，心灵上却十分贫乏，不但毫无助人之心，反倒有害人之意，这就是为富不仁了。贫穷的人之所以乐于助人，是因为他有一颗善良的心，这就是人的本性中仁慈与恩泽的真实流露。富贵了不忘本，能拿出钱财与他人共享；贫穷了不自怜，仍以爱心对待他人，这才是真正具有高尚道德情操的人。

学习需要安静的环境，但能否静下来融入学习的情趣中去，在心而不在身。有的人佯装聚精会神，实则心猿意马，根本看不进书中的文字。有的人却能在喧闹的环境中静下心来踏实地学习，这种两耳不闻窗外事、一心只读圣贤书的精神才是求学者所需的真功夫。

【原典】

伏①久者，飞必高；开先者，谢独早。

【注释】

①伏：这里是指厚积薄发、蓄势以待之意。

【译文】

藏伏很久的事物，一旦腾飞则必定飞得高远；太早开放的事物，往往生命很短暂。

【跟进解读】

勾践卧薪尝胆数载终灭吴，姜尚水边垂钓多年任丞相，可见事物先要蓄势，而后才可待发。蓄久必高飞，因为蕴藏深厚，积蓄了充足的力量，爆发而出，则势必惊天动地，这就是不鸣则已，一鸣惊人。所以说不经过长久的潜伏蓄积，又何来高飞的力量呢？不经过冬天的孕育，又何来春天的万物复苏呢？

“开先者，谢独早”，也是很合理的，因为太早开发，各方面无法配合，自然很快就竭尽力量而凋萎。有的因为太早开发，不到中年便都成了平庸的人。倒是那些年轻时默默无闻的人，在岁月中不断储备实力而终于成了大器。生命的经验和宝藏的开发也是如此，就像一罐酒一样，越陈越香，要让它在岁月中酝酿、成熟，才会是一罐好酒。

这则话语给我们的启示是：看待事物应该用辩证的思想去分析，因为事物是处于不断发展变化中的，先开发的事物，随着环境的发展变化，必定失去存在的条件，就如同昙花一现。长江后浪推前浪，一代新人换旧人。后来者常居上，是自然的法则。如遇优胜劣汰的时代，我们一定要不断充实自我，才能适应社会发展的潮流。正如有些人厚积薄发，大器晚成，往往能脱颖而出，取得令人羡慕的成绩。

【原典】

贪得者[①]，身富而心贫；知足者，身贫而心富；居高者[②]，形逸而神劳；处下者[③]，形劳而神逸。

【注释】

①贪得者：贪得无厌的人。

②高者：指身居高位的人。

③处下者：地位低下、处于下层的人。

【译文】

贪得无厌的人，也许生活富足，心灵却很贫穷；知道满足的人，也许生活贫困，内心却很富有；处于高位的人，身体很安逸，精神却很劳累；地位低下的人，身体很劳累，精神却很闲逸。

【原典】

惜寸阴者，乃有凌铄[①]千古之志；怜微才者，乃有驰驱豪杰之心。

【注释】

①凌铄：驾驭。

【译文】

珍惜短暂光阴的人，才能驾驭远大的志向；尊重微末才干的人，才能赢得天下豪杰之心。

【跟进解读】

难题之所以成为“难”题，是因为大多数人都不能解决，大多数人都不在意细节中隐藏着的契机，再难的问题都有可以解决的突破口，而这个突破口只留给了少数有心人，能够关注细节的人。善于解决难题的人总是具备更周密的思维和更善于发现契机的慧眼。他们会留意任何一个细微的变化，把握每一个细小的环节，利用这些细节化繁为简，变难为易，让一个个难题因此而轻松解开。

【原典】

天欲祸人，必先以微福骄之，要看他会受；天欲福人，必先以微祸儆[①]之，要看他会救。

【注释】

①儆：同“警”，使人警醒。

【译文】

上天要给人灾祸，必然先给他一点福气让他骄傲，看他能否保持平和；上天想给人福气，必然先给人一些灾难警醒对方，看他是否懂得如何免去不幸。

【跟进解读】

上天是公平的，它让城市喧闹，却让乡村安宁；它让名花香飘万里，却让野草百折不挠；它让明月辉映大地，也让繁星点缀天空。所以天道的变化总是祸福相依的。祸事降临不必惊慌，自救之后得来的便是幸福；得到福分不必得意，如果不知珍惜，灾难便会到来。人生虽然没有一帆风顺，但也不会一辈子在逆境中行走。失意与得意总是交相而来的，有福时要想到居安思危，有祸时要学会摆脱厄运。就像老子所说：“祸兮福之所倚，福兮祸之所伏。”不必太在意一时的成败得失。只要我们明白了世事无常的道理，懂得了随缘而定，随遇而安，就能够寻找到生活的快乐所在。

欲降福而先降祸，是上天的善意。不明祸能降福？一旦福去祸来，又岂能消受得了？先以微祸警之，若能救助，即使是不日祸来，也能如此救助。通达事理之人处祸不忧，居福不骄，知福祸在于自己的掌握，天意虽然不测风云，但总能有自救的机会，所以心便可常保安静自然。

【原典】

世人破绽处，多从周旋[①]处见；指摘[②]处，多从爱护处见；艰难处，多从贪恋处见。

【注释】

①周旋：交际应酬。

②指摘：受到批评。

【译文】

世人多在与人交往的过程中，在言行上有所过失。指责对方，是出于爱护的缘故。觉得放不下，则多是因为贪恋而造成的。

【跟进解读】

做事试图八面玲珑、面面俱到是很困难的，因在与各方应酬时，是难以处处考虑周全的，稍一疏忽，也许就会酿成大错。更何况人的精力是有限的，如果事必躬亲，又必定影响工作的进程和完成的质量，所以做事不必要求人人满意，只要能够做到大部分人满意就很不错了。好在人情场上周旋的人，必定在人情场上见过失。交际应酬，本难面面俱到，此处应付得了，他处必定不及应付，任是八面玲珑的人，也难免落得个虚假油滑之名。何况交多必假，穷于应付，难免虚与委蛇，全天下都是好友，就是圣人也难以做到。周旋到烦人处，恩多反怨，种种嫌隙随之而生。

愿意指出别人的缺点，多是从爱护对方的角度出发。爱之故而责之，责备是要他好，如果不爱，任他死活，毫不相关，又何必责之。如果对别人的错误置之不理，任其发展下去，等到自己知道错误时，可能大错早已铸成，想改变也来不及了。所以责也有道，要责其堪受，以爱语导之。若是不堪接受，那么爱中生怨，责之又有何效。听到别人善意的批语时，我们要善于自我反省，虚心地接受，有则改之，无则加勉。

人情的艰难，往往在于留恋。贪生者畏死，恋情者畏失。大凡着于何处，何处便难；难舍何处，何处便难。唯有能舍一切难舍、不贪一切可贪的人，才能自由自在行于世间，而不为一切所缚。贪恋的人因有太多的欲望，所以觉得步履维艰；如果放弃了各种贪欲，那么就会心地清净、一身轻松了。生活中许多人埋怨生活太累，其实是我们的心累，把拖累身心的东西放下，才能轻松自在。

【原典】

山栖是胜事，稍一萦恋，则亦市朝；书画赏鉴是雅事，稍一贪痴，则亦商贾；诗酒是乐事，稍一狥[①]人，则亦地狱；好客是豁达事，稍一为俗子所挠，则亦苦海。

【注释】

①狥（xùn）：顺从，服从。

【译文】

山居本来是件愉快的事，但稍微起贪恋，就像俗世一般；鉴赏书画是件雅事，但太过痴迷，则和商贾没什么区别。饮酒作诗原本是件乐事，如果屈从于他人，则跟在地狱没什么不同。喜欢接纳和款待客人是件令人心胸舒畅之事，一旦成了俗人喧闹的场合，就变成了苦海。

【跟进解读】

做任何事情都要把握好火候，做不到位，固然达不到预期的效果；但要是做过了头，也可能会有事与愿违的后果。比如：管教儿女，既不能纵容维护，但也不能要求过于严格苛刻；面对钱财，应该取之有道、用之有度，既不可肆意挥霍，也不可小气吝啬。如果为人处世过了“度”，就会发生质的变化，甚至走向事物的反面。

山居的本意是要远尘嚣，如果对山林起了贪恋之心，那就有违本意了。作诗饮酒，要起之于兴，发之于情，如果既没有兴致又没有情趣的话，那为什么而饮酒呢？

如果借酒消愁那岂不是愁更愁了。好客也应有度，如果在一起杯酒人生，喝个烂醉如泥，那也真够让人头痛的了。所以寻乐不能起贪心，不能落于俗套，否则又哪里谈得上雅事呢？

爱好丰富多彩的生活，享受生活中各种各样的乐趣，本是人生的雅事。山中观日出日落，吟诗作画，谈古论今，这都是大雅之趣，但如一味痴迷，也就失去了享受这些情趣的本性，高雅也就变成了庸俗，继而便是桎梏。

【原典】

轻①财足以聚人，律己足以服人，量②宽足以得人，身先足以率人。

【注释】

①轻：轻视，看轻。

②量：度量，气量。

【译文】

不看重钱财便可以将众人聚集在自己身边，严格要求自己就能使人信服，气量宏大便可得到他人的帮助，凡事身先士卒就能成为他人的榜样。

【跟进解读】

为人处世之道贵在做到重义轻财，对自己严格要求，而对他人宽宏大量，做事身体力行，这都是具有高尚道德情操的君子之风。如果视钱如命，将利益全部捞入自己腰包，他人得不到一点好处，自然就会众叛亲离。能够自我约束，严于律己，宽以待人，有宰相肚里能撑船的气量，就会使人信服，受到他人的尊重，也容易得到他人的帮助。

做事率先垂范，为众人做出表率，那么又何愁大家不与我们齐心协力，将事情办成呢？所以说事情成功与否的关键还是掌握在我们自己手中，主要是看我们有没有以能力集众人之力把它做好。

【原典】

从极迷处识迷，则到处醒；将难放怀一放，则万境宽①。

【注释】

①宽：平静、豁达之意。

【译文】

在最容易使人迷惑的地方识破迷惑，那么在其他任何地方都会保持清醒的头脑；能把最难放下的事搁置一旁，那么心境就永远会平静豁达了。

【跟进解读】

迷失方向的人在迷惑之中能够顿然看破迷惑，寻找到走出黑暗的道路，就等于在最困难的时刻渡过了难关，那么以后人生之路上的其他磨难还有什么好害怕的呢？如果能在最迷惑处豁然开朗，必定会有“山重水复疑无路，柳暗花明又一村”的欣喜之感，那么其他难题也便会迎刃而解。因为有了破解之法，即使以后再有迷惑，也能保持清醒的头脑，静心破迷而不慌乱。

心中放心不下，可从最难处入手，将种种名利之心弃置一旁，才能让心荡漾在碧波万顷的大海上。所以说只有抛却了功名利禄的诱惑和束缚，我们的心境才会变得宽阔自然，才会一心了无牵挂，逍遥自在地生活于天地间。

【原典】

大事难事，看担当；逆境顺境，看襟度；临喜临怒，看涵养；群行群止[①]，看识见。

【注释】

①群行群止：在与众人相处中表现出来的言行举止。

【译文】

遇到大事和难事的时候，可以看出一个人担负责任的能力；处于逆境或顺境的时候，可以看出一个人的胸襟和气度；碰到喜怒之事的时候，可以看出一个人的涵养；在与人相处的言谈举止中，可以看出一个人对事物的见解和认识。

【跟进解读】

“路遥知马力，日久见人心。”观察一个人很难，但也不是完全没有了解对方的机会。只要我们善于从不同的角度考察，就能得出应对不同情况的态度，以及处理事务的各种能力。有人面对自己肩负的大事或难以解决的事情时，总是采取寻找借口推卸责任或逃避的态度，如此的懦弱之辈又岂能担当天下重任？而那些勇于担当责任的志士，在最需要的关键时刻便挺身而出，肩负起重任。唯有如此的人，才是具有高深修养和品性的人。无论是顺境还是逆境，他们都有着博大的胸怀和气魄，显示出“我自横刀向天笑，去留肝胆两昆仑”的英雄气概。

一个人的情绪受环境的影响容易产生变化，所以也常对事情的成功带来一些意想不到的影响，而只有那些喜怒不流露于表面的人，才能冷静而准确地对事物做出判断，因为他们不落世俗，具有远见卓识，所以分析问题更能从长远利益打算。

【原典】

良心在夜气清明之候，真情在箪食豆羹[①]之间。故以我索人，不如使人自反[②]；

以我攻人，不如使人自露。

【注释】

①箪（dān）食豆羹：指粗糙的食物。箪，这里指盛饭的竹器。豆，古代盛食物的器具。

②反：反省。

【译文】

在深夜清凉宁静的环境下，才容易看出一个人是否拥有善良正直的本心，真实的感情却在简单的饮食中表露。所以与其以自己的标准要求他人改正，不如让其自我反省；与其以自己的好恶去抨击他人，不如让他自行暴露其过错。

【跟进解读】

在合适的时机，真情就会表露出来，就好像我们在患难中才认识到谁是真正的朋友一样。夜深人静之时，正是万物收敛的时候，人的心灵容易流露出自己最真实的一面，所以此时正是我们观察一个人善良与否的最佳时刻。在平淡的生活中，也能反映出一个人真实的生活态度，所以以静待动是促人自省的好方法。

通过自己的行为不断去要求他人，不但自己疲劳，也许还令人生厌，倒不如让其通过自我反省，主动改正自己的错误更有效。别人若有弱点，不要急于给予指责批评，以免让对方感到没有面子，挫伤其自尊心，不如让他主动坦白暴露，使其在内心深处得到深刻认识，而后自行改正，倒可能对其帮助更大。

【原典】

一念之善，吉神随之；一念之恶，厉鬼随之。知此可以役使鬼神。

【译文】

心中有了行善的念头，就可以获得降福的吉神保佑；心中有了作恶的念头，就会招来为祸的恶鬼。明白了这一点便可以差使鬼神了。

【跟进解读】

事情的成败得失往往仅在一念之差，正所谓一着不慎，满盘皆输。行善与作恶也是如此。在善恶的岔路口，多走一步就可能身败名裂，后退一步就可能万事大吉，所以我们在平日生活中不得不谨慎行事，以免铸成大错。

佛家讲究善有善报，恶有恶报。心怀善念的人，其行为处世总是从有利于人的愿望出发，就连神灵也会暗中相助，使其事事能够成功；心怀恶念的人，对世界充满敌意，到处行不义之事，结果不但害人，还会害己，就好像有恶鬼跟随着一样。明白了善恶之理，那么就不用担心厉鬼害人而总能使吉神附己，哪还有什么鬼神不能驱使呢？

【原典】

眉睫才交[①]，梦里便不能张主；眼光落地[②]，泉下又安得分明。

【注释】

①眉睫才交：刚刚睡着。

②眼光落地：指人死去。

【译文】

当人闭上双眼进入梦境后，就不能自作主张了；一旦生命终结，在九泉之下怎么能够明白呢？

【跟进解读】

白日里，人们为了名利而奔波劳碌，或你争我夺，或玩弄阴谋，总是千方百计去实现自己的许多妄想。可是一到夜间，闭上眼睛进入梦乡之后，头脑便失去了思维，各种意念随之带入梦中去幻想了。梦中的人忘记了清醒时的事，变得身不由己，也许自己的亲人在梦中也素不相识，白日的故事在梦中大相径庭。到底梦中是真实的我，还是清醒时是真实的我，难以说得明白。

梦中既然都难以控制自己的主张，死亡时，哪里又放得下心中的迷幻呢？所以佛家劝人临死之时放下一切妄念，只有做到一了百了，才可以在死亡时彻底释怀。

【原典】

佛只是个了①，仙也是个了，圣人了了不知了，不知了了是了了，若知了了便不了。

【注释】

①了：了解，明白，通悟。

【译文】

佛只是个透彻明悟，仙其实也是个透彻明悟，圣人明明白白却不知道透彻明悟，不知道透彻明悟就是明明白白，如果透彻明悟就不会明明白白了。

【跟进解读】

人之所以痛苦，在于追求太多错误的东西。那些自以为聪明的人，不知道自己已整天被尘世的烦恼和欲望束缚，放不下心中的杂念，还期盼着很多事情来临，来临了又生出更多的非分之想，得不到的东西不断地期盼，能得到的东西也是念念不忘，结果事情只能是烦恼丛生。即使事情已过，心中仍放心不下，如此庸人自扰，岂不是无端地增添了心灵的压力与忧烦。

其实，如果你不给自己烦恼，别人也永远不可能给你烦恼，原因就是我们的内心放不下。尘世的功名难以摆脱，有些人就躲入山野，希望与世隔绝，以为这样便可过着无忧无虑的生活。殊不知，这是以为尘缘了了，其实未了，因为心中仍有欲念未放下。要做到真正的了却，只有连放下的念头也排除掉，生于世间才可超出物外。

【原典】

名茶美酒，自有真味。好事者，投香物①佐之，反以为佳②，此与高人韵士误堕尘网中何异③？

【注释】

①香物：香料。

②佳：好。

③高人韵士：高雅之士。尘网：世俗生活之中。异：差别。

【译文】

名贵的茶叶，醇美的浓酒，自有它们的真味。好事的人把一些香料放进去添加些味道，破坏了原本的清醇，却反而认为这样很好，这和那些高人雅士误入世俗生活之中又有什么差别呢？

【原典】

花棚石磴，小坐微醺[①]。歌欲[②]独，尤欲细，茗欲频，尤欲苦。

【注释】

①微醺：稍微有些陶醉。

②欲：想要。

【译文】

在美丽的花棚下，坐在清凉的石阶上，稍稍有些陶醉。突然想要独自唱歌，歌声尤为要细腻，茗茶要频繁地添加，尤为要带有苦味。

【原典】

善默[①]即是能语，用晦即是处明[②]，混俗[③]即是藏身，安心即是适境。

【注释】

①默：沉默。

②用晦即是处明：出自《易·明夷》：“利艰贞，晦其明也。”指韬光养晦为晦明。

③混俗：融入世俗。

【译文】

善于沉默就是能言善语，韬光养晦就是保身之法，混入世俗就是藏身之所，心灵平静就是适应环境。

【跟进解读】

老子认为，有智慧的人应该具备一种“大成若缺”“大盈若冲”“大直若屈”“大巧若拙”“大辩若讷”的内敛功夫，只有这样才能够在为人处世上游刃有余、置危险于身外。如此看来，有才能的人不一定是幸福的人，因为才能不仅能带来荣耀，更能导致灾难。才能让人羡慕，也让人嫉妒，才能出众如同树大招风，心胸狭窄的无能之辈总是与有才能的人为仇的。因此，有才能的人更应懂得内敛的重要性、懂得如何去运用它。

【原典】

气收自觉[①]怒平，神敛[②]自觉言简，容人自觉味和[③]，守静自觉天宁。

【注释】

①自觉：自然觉得。

②敛：敛聚。

③和：和睦。

【译文】

收敛气息自然会觉得愤怒平息，敛聚精神自然会觉得语言简练了，宽容别人自然会觉得氛围和睦，心神保持宁静自然会觉得天下安宁。

【原典】

处事不可不斩截[1]，存心不可不宽舒[2]，持己不可不严明[3]，与人[4]不可不和气。

【注释】

①斩截：斩钉截铁，形容说话做事十分果断。

②宽舒：宽广、舒缓。

③严明：严格。

④与人：与人相处。

【译文】

处理事情不能不果断，存心不能不宽广舒缓，对待自己不能不严格要求，与人相处不能不和睦。

【原典】

居不必无恶邻，会不必无损友[1]，惟在自持[2]者两得之。

【注释】

①损友：对自己不利的朋友。

②自持：自己克制，保持一定的操守、准则。

【译文】

居家不一定非要避开坏邻居，聚会也不一定要避开不好的朋友，能够自我把握的人也能够从恶邻和坏朋友中汲取有益的东西。

【跟进解读】

我们不但要善于总结成功的经验，也要善于吸取失败的教训。那些恶邻损友可以被我们视为反面的教员，只要我们在保持心性不变的前提下，也可以从他们的恶习中反省自身，让自己获得更好的启迪。

世人总是认为“近朱者赤，近墨者黑”，于是希望选择好的邻居，选择好的朋友，但是能够真正自我把握的人是不惧怕恶邻和损友的。即使生活在污浊的环境中，一样可以保持自己清白的本性，与外界不好的环境作比较，人才会做事更加小心谨慎。如果有一个坏邻居和品德不好的朋友，正可以考验自己的修为和定力，同时以

自己的言行去感化对方。

人际交往中，一个人道德品质和修养的高下，是决定与他人相处得好与坏的重要因素。道德品质高尚，个人修养好，就容易赢得他人的信任与友谊；如果不注重个人道德品质修养，就难以处理好与他人的关系，交不到真心朋友。我们身边就不乏这样的人：有的人看自己一枝花，看别人豆腐渣，处处自我感觉良好，盛气凌人；还有的人一事当前往往从一己私利出发，见到好处就争抢，遇到问题就相互推诿，甚至给别人拆台。这些人生活中之所以难有朋友，归根到底，就是在自身道德品质和个人修养方面出了问题。

【原典】

要知自家[①]是君子，小人只须五更头[②]检点，思想的是甚么[③]便得[④]。

【注释】

①自家：自己。

②五更头：五更时分，指天快要亮的时候。

③甚么：什么。

④得：知道，明白。

【译文】

要想知道自己是有道德的正人君子，小人只要在五更天时自我反省一下，检查一下头脑中想的是什么，就可以得出明确的结论。

【跟进解读】

一个人要想成为真正的人，他必须认真、正确地审视自己的内心，停止自己对生活的哭诉与咒骂，必须认识到伟大的自然法则在精神和道德世界中的作用，唯有如此，他才能正确看待目前的处境，而不将其归咎于他人；唯有如此，他才会认真地反思，并在不断地反省中逐渐成熟强大；唯有如此，他才会不去抱怨环境，而是去积极利用环境，并试图通过环境发现自身隐藏的巨大能量和可能创造的奇迹。

【原典】

以理听言，则中有主；以道窒[①]欲，则心自清。

【注释】

①窒（zhì）：抑制，控制。

【译文】

以理智的态度来听取各方面的意见，那么心中就会有正确的主张；用道德规范来约束心中的欲望，那么心境就自然清明。

【原典】

先淡后浓[①]，先疏后亲[②]，先远后近[③]，交友道也。

【注释】

①浓：浓烈。

②亲：亲近。

③近：亲近，相知。

【译文】

先淡薄而后浓厚，先疏远而后亲近，先接触而后相知，这是交朋友的方法。

【原典】

苦恼世上，意气须温[①]；嗜欲[②]场中，肝肠欲冷。

【注释】

①温：温和，平和。

②嗜欲：嗜好和欲望。

【译文】

在充满苦恼的世间，心境要平和；在喜好与欲望中，内心要硬。

【跟进解读】

“苦恼世上，意气须温。”意思是要守住平常心。我们应该承认有些东西得不到，学会放下，放下求之而不得的东西，才会轻松快乐起来。那就拿起平平凡凡的事吧！脚踏实地认认真真地做下去。其实，往往平凡的表面蕴藏着深层次的规律和道理，你会越干越高兴，越干越快乐。

守住平常心，还表现在对名誉和困难的态度。学会放下美丽的光环，才能轻松前行。学会迎难而上，才能踏平坎坷上大道。顺境和逆境都是人生的财富，只有懂得珍惜和品尝的人，才会读懂“平常”二字的“不平常”真谛。

【原典】

形骸非亲，何况形骸[①]外之长物[②]；大地亦幻，何况大地内之微尘[③]。

【注释】

①形骸：人的躯体、躯壳。

②长物：多余的东西。

③微尘：极细小的物质，这里指人。

【译文】

连自己的身体四肢都不属于亲近之物，何况那些属于身体之外的声名财利；天地山川也只是一种幻影，更不用说生活在天地间如尘埃的芸芸众生。

【跟进解读】

让自己的本性在净秽之间徘徊、生死之间轮回，又怎能寻找到快乐的清净之地呢？人们往往摆脱不了物欲的束缚，心系身外之物不能自拔。贪得无厌，只会使人走向极端；心无牵挂，才可不受束缚而怡然自得，获得一身轻松。人的生活离不开物质，但是物质的需要也是有限的。按照佛家的说法，人的肉身也是幻而不实的东西，形骸身体都不是亲近之物，既然如此，何况人们生不带来、死不带去的身外之物呢？

身体形骸如此，大地也是沧海桑田，昔日山川变成了今天的大海，古代的大海，也许是今天的高山。既然大地都如此变幻，无法把握，那么生活在大地上的芸芸众

生，当然也犹如微尘一样，显得渺小。既然如此，那么何不眼界更开阔一些，何必去斤斤计较那些细枝末节呢?

【原典】

人当溷[①]扰，则心中之境界何堪[②]；人遇清宁，则眼前之气象自别。

【注释】

①溷（hùn）：混浊，不净。

②何堪：如何忍受。

【译文】

人碰到混乱的局面，内心可怎么能承受啊；而遇到清净安宁的局面，那么眼前的景象自然会有很大差别。

【原典】

寂而常惺[①]，寂寂之境[②]不扰；惺而常寂，惺惺之念不驰[③]。

【注释】

①惺：清醒。

②寂寂之境：清静的心境。

③驰：丢失。

【译文】

寂静的时候要保持清醒，但不要打扰清静的心境；清醒的时候要保持心静，但心念不要奔驰太远。

【跟进解读】

处世也要讲究哲学。人生在世，有时要清醒，清醒就是知道事情的轻重得失，把握得住事物发展的方向，该争取处要做百倍的努力，该放弃处也要舍得松手；有时却要装糊涂，糊涂就是善于藏巧露拙，有大度有气量，不为小事左右。所以说糊涂有时也是一种格调，它是一条从本质上检视自我、重塑新生、改善人际关系的捷径，也是一条磨砺心志，使自己更快走向成功的必由之路。

清醒并不是要我们自作聪明，处处觉得高人一等，而是要善于观察世事的变化，但不可太沉迷于世事，干扰寂静之心；糊涂并不是要我们无所事事，每天得过且过地过日子，而是说对无关紧要的小事不必耿耿于怀，可以一笔带过，但面对大事我们切不可敷衍了事。

【原典】

童子智[①]少，愈少而愈完[②]；成人智多，愈多而愈散[③]。

【注释】

①童子：孩子。智：智谋，智慧。

②完：完善，完满。

③散：散乱。

【译文】

孩子们接受的知识很少，他们的天性却越完整；成人接受的知识丰富，他们的思维却越分散杂乱。

【跟进解读】

一个人得到的越多，并不意味着他越富有、越轻松，没准反受其累，成为一种生活的负担。随着人的慢慢长大，儿童时代的天性便受到外界环境的破坏，使得内心和外在不能统一，开始变得圆滑世故，所以成人有时真该向儿童学习，感受一下他们单纯的天性。

尺有所短，寸有所长。孩童虽然知识少，但感情单纯，天性中充满了天真烂漫的情趣，所以他们大多显得活泼可爱，无拘无束，更能体现生命的向上与美好，有些孩童常常提出一些能令成人受到启发的问题，就是这个道理。而成人的知识丰富，智能也很多，却成天疲惫地奔波劳碌，做事还要考虑周到，以免出现不必要的差错，故受的束缚也很多，所以知识越多，天性就变得越迷乱。

【原典】

无事[①]便思有闲杂念头否，有事便思有粗浮意气[②]否。得意便思有骄矜辞色[③]否；失意便思有怨望情怀否。时时检点[④]得到，从多入少，从有入无，才是学问的真消息[⑤]。

【注释】

①无事：没事的时候。

②粗浮意气：浮躁的心气。

③骄矜辞色：傲慢、飞扬跋扈的神色。

④检点：反省。

⑤真消息：真谛。

【译文】

闲暇无事的时候要反省自己是否有一些杂乱的念头，忙碌的时候要思考自己是否有心浮气躁的习气。得意的时候反省自己的言谈举止是否骄慢，失意的时候要反省自己是否有怨恨不满的想法。时时自我检查到位，使不良的习气由多而少，由有到无，这才是求取学问的关键。

【跟进解读】

无事可做时不产生懈怠之心，有事可做时就脚踏实地，不存浮躁之气；得意时不忘形，失意时就不气馁，从而检点自己产生不良习惯的各个源头，以求做到防微杜渐，把杂念消灭在萌芽状态。人在无事时，容易产生很多轻浮杂乱的念头；在忙碌时，又容易因浮躁而缺少理智的思考，所以此时就急需我们控制自己的情绪，戒骄戒躁，不浮不虚，办事按部就班，忙而不乱，这样才会将事情处理得更妥当，与人相处才会更加和谐友爱。

由于人各自的性情不见得能够被全社会的成员都接受，于是必须加以克制和调整。人们都愿意掌权做官，一个重要的原因就是要大家都来接受自己的性情。有了权势，居高临下，自己也许就可以为所欲为了。但当自己放纵性情而为所欲为，很有可能会遭到众人的反对。所以，不管是什么人，在与社会的交往中，都必须调整自己的性情，以至于能够与人相处融洽。在得意时，有些人容易产生骄傲自满的情绪，目中无人，这样往往容易遭人嫉妒，受到打击，所以在得意时应注意收敛，保持谦虚谨慎的作风，才可立于不败之地；在失意时，人往往怨天尤人，甚至悲观绝望，这样往往会失去前进的动力和他人的帮助，所以我们在日常生活中要注重总结失败的教训，为成功积累更多的经验。

【原典】

笔之用以月计[①]，墨之用以岁[②]计，砚之用以世[③]计。笔最锐[④]，墨次之，砚钝[⑤]者也，岂非钝者寿[⑥]而锐者夭[⑦]耶？笔最动，墨次之，砚静者也，岂非静者寿而动者夭乎？于是得养生焉，以钝为体，以静为用，唯其然[⑧]是以能永年。

【注释】

①计：计算。

②岁：年。

③世：代。

④锐：锐利。

⑤钝：不锋利。

⑥寿：长寿。

⑦夭：夭折。

⑧唯其然：只有这样。

【译文】

笔使用的时间要用月来计算，墨使用的时间要以年来计算，砚使用的时间要以代来计算。毛笔最为锋锐，墨次之，砚是最不锋利的，这难道不是不锋锐的长寿而锋锐的夭折吗？笔动得最为厉害，墨次之，而砚是静止的，这难道不是静止的长寿而运动的寿命短吗？因此知道了养生的道理，要以驽钝为体，以静为用，只有如此才能长寿。

【原典】

贫贱之人，一无所有，及临命终时，脱一厌[①]字；富贵之人，无所不有，及临命终时，带一恋字。脱一厌字，如释重负；带一恋字，如担枷锁。

【注释】

①厌：厌倦，失望。

【译文】

贫穷低贱的人，一无所有，到生命将终结之时，因为对贫贱的厌倦而得到一种解脱感；富有高贵的人，无所不有，到生命终结之时，因对名利的痴迷而恋恋不舍。因厌倦而解脱的人，仿佛放下重担般轻松；因眷恋而不舍离去的人，如同戴上了枷锁般沉重。

【跟进解读】

在世之时，不管生活得幸福也好，还是贫穷也罢，但在死后是什么都带不走的。这个世界很公平，来时我们没有带来任何东西，走时也只能让我们赤裸裸而去了。虽然我们人生走过的路程各不相同，但在死亡这一点上是相同的，没有人能够逃避得了，如果我们在世之时能够看透生死的关口，那其他一切事情便更容易把握了。

贫穷低贱的人，一生在贫困中挣扎，什么财富也没有，死时自然没有什么留恋，反而如释重负般轻松，就如同终于盼到了脱离苦海的那一刻；富贵位高的人，一生有享不尽的荣华、用不尽的财富，死时自然会恋恋不舍，身死之时还戴上枷锁，看来他们真是死不瞑目了。

【原典】

透[①]得名利关，方是小休歇[②]；透得生死关，方是大休歇。

【注释】

①透：看透，看破，领悟。

②休歇：意指伴留，放下心中挂碍，达澄明之境。

【译文】

能够看得透名利这一关，只是小休息；看得透生死这一关，才算大休息。

【跟进解读】

世间芸芸众生，都在名利之中拼命追逐，把人生的大好时光消耗在痛苦而劳累的奔波之路上。回头看看我们身边的人，能不为名利所困的又能有几人。名利是祸，万事都由名利而起；名利是灾，万恶也从名利始。能够看透名利的本质，不为物欲所扰，不为名利所惑，虽算得上觉悟者，但也只能算作小的休息。

生与死才是人生的最大关口。常人总认为生是喜，死是悲，而在悟道人眼里，

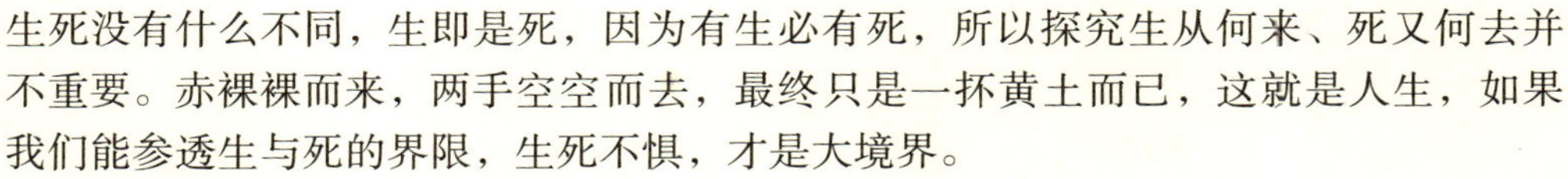

生死没有什么不同，生即是死，因为有生必有死，所以探究生从何来、死又何去并不重要。赤裸裸而来，两手空空而去，最终只是一抔黄土而已，这就是人生，如果我们能参透生与死的界限，生死不惧，才是大境界。

【原典】

人欲[①]求道，须于功名上闹一闹[②]方心死，此是真实语。

【注释】

①欲：想要。

②闹一闹：闯荡一下。

【译文】

人想要求仙得道，必须在功名利禄中闯荡、争夺之后才会死心，这是实话。

【原典】

病至[①]，然后知无病之快[②]；事来，然后知无事之乐。故御病[③]不如却病，完事不如省事。

【注释】

①至：来。

②快：快乐，痛快。

③御病：治好病。

【译文】

病来了，之后才知道没有病是多么痛快；事情来了，之后才知道没有事情是多么快乐。因此，治愈疾病不如在疾病没来之时就断绝了病，把事情做完不如省去事情。

【原典】

讳[①]贫者死于贫，胜心[②]使之也；讳病者死于病，畏心蔽[③]之也；讳愚者死于愚，痴心覆[④]之也。

【注释】

①讳：忌讳。

②胜心：好胜心。

③畏心：畏惧之心。蔽：蒙蔽。

④覆：掩盖。

【译文】

忌讳贫穷的人，最终死于贫困，这是好胜心使他这样的；忌讳生病的人，最终死于病，这是被畏惧之心蒙蔽的结果；忌讳愚钝的人，最终死于愚钝，这是掩盖痴愚之心的结果。

【原典】

古之人，如陈玉石于市肆[①]，瑕瑜[②]不掩；今之人，如货古玩于时贾[③]，真伪难知。

【注释】

①陈：陈列。市肆：市井店铺。

②瑕瑜：玉的瑕疵和光彩，指人的过失与美德。

③货：买。贾：商人。

【译文】

古代的人，就好像将玉石陈列在市场店铺之中一样，美丽与缺点都不加以掩饰；当今的人，就好像向商人购买的古玩，真假难辨。

【原典】

士大夫损德处，多由[1]立名心太急。

【注释】

①由：由于。

【译文】

士大夫有损德行的地方，往往是由于立名的心太急切了。

【原典】

多躁者，必无沉潜[1]之识；多畏者，必无卓越之见；多欲者，必无慷慨之节；多言者，必无笃实[2]之心；多勇者，必无文学之雅[3]。

【注释】

①沉潜：意为深刻、深邃。

②笃（dǔ）实：指扎实、基础牢固。

③文学之雅：指优雅的风度、举止等。

【译文】

性情浮躁的人，对事物难以有深刻的认识；处事胆小畏惧的人，对待时事难以有卓越的见解；贪欲强烈的人，很难有慷慨的节操；日常话语过多的人，难以拥有笃实的心态；逞强好勇的人，难以拥有高雅的文学修为。

【跟进解读】

做任何事情都要有良好的基础，就如同建楼房要打好地基，做教师一定要有相关学科的渊博知识一样。如果没有扎实的基础，建起的房屋就会是空中楼阁，当老师也不可能做得合格称职。一个人做事若是浮躁气盛或者是缩手缩脚的话，就会影响他对学问的深刻研究和对事物的正确判断，要想有真知灼见是很困难的。

一个人如果欲望太多，说话不分轻重，经常海阔天空地胡言乱语，就难以有正直激昂的斗志、沉稳踏实的作风，做事可能会主次不分，甚至舍本逐末。而勇力过人的鲁莽之士，多是有勇无谋之人，做事草率鲁莽，缺少成熟的思考和全面的分析，这样的人多是由于内心修养不足所致，因此他们也很难拥有文人骚客的雅兴和志趣。

【原典】

剖去胸中荆棘[1]，以便人我往来，是天下第一快活世界。

【注释】

①荆棘：间隙、隔阂。

【译文】

去除胸中容易伤己伤人的棘刺，以便和人们交往，是天下最快意的事了。

【原典】

拙之一字，免[①]了无千罪过；闲之一字，讨[②]了无万便宜。

【注释】

①免：免去。

②讨：讨得，获得。

【译文】

“拙”这个字，只要好好运用，就能免去千万次罪过；“闲”这个字，只要好好运用，就能获得千万次便宜。

【原典】

书画为柔翰[①]，故开卷[②]张册贵于从容；文酒[③]为欢场，故对酒论文忌于寂寞。

【注释】

①柔翰：毛笔。

②卷：卷轴，书册。

③文酒：谈诗论酒。

【译文】

书法绘画是用毛笔写就，因此打开卷轴、书卷贵在从从容容；谈诗论酒是在欢乐的场景，因此把酒论诗忌讳寂寞。

【原典】

荣利造化[①]，特以戏人[②]，一毫[③]着意，便属桎梏[④]。

【注释】

①荣利造化：荣华，利禄，福运。

②戏人：戏弄人。

③毫：稍微，一点。

④桎梏：束缚。

【译文】

荣华富贵、功名利禄，这些都是专门戏弄人的，一旦稍稍动了点心思，它们就都会成为束缚和枷锁。

【跟进解读】

身外之物看得轻了，也就不会有患得患失的惊扰了。那么为什么人们总是对身外之物看得这样重，而使得自己宠辱若惊呢？这是因为人们把自己的这副臭皮囊看得太重了，把自己的各种欲望看得太重了。人们总以为如果不这样看重外物，就是不符合这个社会的规则，就不容易在社会上生存。例如学历、财富、汽车、楼房，如果没有这些平常人都认为是有用的东西，那么生活就不会快活。可是社会终究也是自然的一部分，它的运行也是符合“道”的，因此真正能顺“道”而行的人，也就不会在真正意义上背叛了社会的规则。一个人若是把外物看得太重了，就难免被外物所役，而忘记自身本来是应该役使外物的。这就像人们平常所说的，某个人爱财如命，结果就成了守财奴。其实金钱只有在流通的时候才有意义，将金钱囤积起来是葛朗台的做法，是既可笑又可悲的。

世俗之人对于眼前的利益看得太重，所以当有荣宠利益降临的时候，便迫不及待地迎上去，哪怕因此趋炎附势丢掉自己的尊严也在所不惜。因为有宠与辱的利害关系，所以人们就会对上级表现为溜须拍马、吹捧颂扬，然而从长远来看，这是不可取的。当人们为了这些利益而宠辱若惊的时候，就已经失掉了平常心，也就看不清事物运行的方向了，当然也就不能够规避祸患了。所以真的不必因为顾忌世俗的眼光而把自己安排进一场场争名逐利的闹剧里去，相比之下保持心的清静才是更重要的。

【原典】

士人不当以世事分①读书，当以②读书通世事。

【注释】

①分：占用。

②以：通过。

【译文】

读书人不应该因为世间的一些事情而使读书分心，而应当通过读书来明白世间之事。

【原典】

天下之事，利害常相半①。有全利而无小害者，惟书。

【注释】

①相半：各占一半，一说为“相伴”。

【译文】

天下的事，利害常常相伴相生；全部都是利，而没有一点害处的，只有书。

【原典】

事忌脱空①，人怕落套②。

【注释】

①脱空：脱离实际，成为空谈。

②落套：落入俗套。

【译文】

做事最忌讳脱离实际，为人最怕落入俗套。

【原典】

烟云堆里[1]浪荡子，逐日称仙；歌舞丛中淫欲身，几时得度[2]。

【注释】

①烟云堆里：烟雾缭绕的山林中。

②度：超度。

【译文】

生活在烟雾缭绕的山林中的洒脱之人，整日过着神仙一样的生活；歌台舞榭之中，那些充满淫欲之人什么时候才能得到超度？

【原典】

山穷[1]鸟道，纵[2]藏花谷少流莺；路曲羊肠[3]，虽[4]覆柳阴难放马。

【注释】

①穷：穷尽。

②纵：纵然，纵使。

③路曲羊肠：像羊肠一样弯弯曲曲的小道。

④虽：即使。

【译文】

倘若高山阻断了所有的鸟道，纵然是开满鲜花的山谷也很少有流莺歌唱；倘若山道像羊肠一样弯弯曲曲，即使是绿柳如荫也很难信马由缰。

【原典】

能于热地思冷[1]，则一世不受[2]凄凉；能于淡处求浓，则终身不落枯槁。

【注释】

①热地思冷：炎热的地方思念寒冷，在此比喻处于荣华富贵之中还能记得卑微贫贱之时。

②受：遭受。

【译文】

能够在炎热的地方思念寒冷，那么一生都不会遭受凄凉；能在恬淡之处寻求浓厚之感，那么一生都不会落到形容枯槁的境地。

【原典】

会心之语，当以不解解之[1]；无稽之言，是在不听听耳[2]。

【注释】

①不解解之：不解释而能理解它。

②不听听耳：姑妄听之。

【译文】

那些与自己的心灵产生共鸣的话语，只要领略其中的意义就可以了；而别人所说的那些无稽之谈，随意听听当成耳旁风就足够了。

【跟进解读】

语言是沟通的最佳方式，是人类生活所必须掌握的一门学问，其中有许多技巧性。由于语言的表达程度有限，有些语言，对于能够理解的人，不用道明自会心领神悟，大有“身无彩凤双飞翼，心有灵犀一点通”的感觉；对于不理解的人，即使说得头头是道，讲得清晰明白，也未必能够使对方理解，使人有种对牛弹琴的感觉。所以有时一些事用语言点破反倒会失去其中的意趣，甚至费了力也收不到好的效果。

对我们身边的一些捕风捉影的流言蜚语，切不可听后便生出烦恼之意，倒不如视为生活的笑料罢了，一只耳朵进一只耳朵出，听与不听也就无所谓了。如果真拿这些无稽之谈当回事，我们只会更加烦心，更加感觉到身心的疲惫不堪。

【原典】

佳思[①]忽来，书能下酒；侠情[②]一往，云可赠人。

【注释】

①佳思：美好的神思。

②侠情：豪放的情怀。

【译文】

美好的情思突然来时，有书便能佐酒；不羁的情意一发，可以赠人。

【原典】

蔼然可亲，乃自溢[①]之冲和，妆[②]不出温柔软款[③]；翘然[④]难下，乃生成之倨傲，假不得逊顺从容。

【注释】

①溢：流露。

②妆：同“装”。

③软款：柔软，温柔。

④翘然（qiáo）：昂首阔步的样子。

【译文】

和蔼可亲，这是自然而然流露出的恬淡平和，假装是装不出来温柔、深情真挚的样子的；高高在上，不能与下人亲近，这是自然生成的傲慢，假装是装不出来谦逊从容的。

【原典】

风流得意，则才鬼独胜顽仙[①]；孽债为烦，则芳魂毒于虐祟[②]。

【注释】

①顽仙：冥顽不灵的仙人。

②虐祟：凶恶的鬼怪。

【译文】

论举止潇洒、风雅浪漫的情趣，那么有才气的鬼胜过冥顽不灵的仙人；谈到感情的烦恼，那么美丽女子的芳魂却比凶恶的鬼神还要可怕。

【跟进解读】

有的人表面慈眉善目，但内心阴险毒辣；有的人表面生活得轻松快活，实际上却疲惫不堪。风流得意，重在实而不在名。如果身为神仙，实则木讷无半点儿生气，又怎能谈得上潇洒呢？即使是冥冥中的鬼魂，如果具备风流意趣，也会有许多闲情逸致。故不在外表的名相，而在实际的内容，就如同一本好书，其价值体现在充实的内容中，而不是精美的封面上。

谈到感情，不过是一段折磨人的孽缘罢了，完全是由自己的心魔造成的，与外界毫无关系。由情才生怨，由怨才生恨，如魔如痴，谁也无法给予帮助。内心得不到解脱，必然会魂牵梦萦甚而憔悴不堪，所以称为孽债，孽债不除，必遭报应，所以比恶鬼还要毒上十分。

【原典】

极难处是书生落魄[①]，最可怜是浪子白头。

【注释】

①极难处：最困难的。落魄：生活潦倒，科举不第。

【译文】

最困难的是书生落魄潦倒，最可怜的是浪子虚度青春直到白发苍苍之时。

【原典】

密交，定有夙缘[①]，非以鸡犬盟也；中断，知其缘尽，宁关萋菲[②]间之。

【注释】

①夙缘：前世的缘分。

②萋菲：同“萋变”，错综复杂的花纹，比喻流言飞语。

【译文】

交往密切，必定是彼此之间有前世的缘分，不像鸡犬之间的盟交一样；友情中断，知道是缘分已尽，与小人离间无关。

【原典】

堤防不筑，尚难支移壑之虞[①]；操存不严，岂能塞[②]横流之性。发端[③]无绪，归结[④]还自支离；入门一差，进步终成恍惚[⑤]。

【注释】

①虞：忧虑。

②岂：怎么能。塞：堵住。

③发端：开端。

④归结：最终。

⑤恍惚：模模糊糊。

【译文】

一条河如果不修建堤坝，尚且很难应付改变沟壑的忧患；一个人倘若不能严守节操，又怎么能够堵住欲望横流的人性呢？开端没有条例，终究还是会支离破碎；入门走错一步，向前走也终究会恍惚不清。

【原典】

打诨[①]随时[②]之妙法，休嫌终日昏昏[③]；精明当事之祸机，却恨[④]一生了了。

【注释】

①诨：说笑话。

②随时：顺应时势。

③休：不要。昏昏：浑浑噩噩，不清醒。

④恨：悔恨。

【译文】

戏谑是顺应时势的高妙之法，不要嫌弃整日浑浑噩噩；精明是面对事情时的祸根，最终只能悔恨一生毫无收获。

【原典】

形[①]同隽石，致[②]胜冷云，决非凡士[③]；语学娇莺，态摹[④]媚柳，定是弄臣[⑤]。

【注释】

①形：外形。

②致：意态。

③凡士：平庸之人。

④摹：模仿，模拟。

⑤弄臣：玩弄权术的奸佞小人。

【译文】

外形上如同是山中的美石，情致胜过清冷的云，这样的人绝不是平庸之人；语调学习娇莺，姿态模拟妩媚的杨柳，这样的人必定是奸佞小人。

【原典】

开口辄生雌黄月旦之言[①]，吾恐微言[②]将绝，捉笔[③]便惊。

【注释】

①辄：就。雌黄月旦之言：指说话不负责任，信口开河。

②微言：精微却深藏大义的语言。

③捉笔：提笔。

【译文】

一张口就是信口雌黄，我担心精微却深藏大义的语言将要绝迹，提笔就是缤纷绮丽的藻饰。

【原典】

风波肆险[①]，以虚舟震撼，浪静风恬；矛盾相残，以柔指解分，兵销戈倒[②]。

【注释】

①肆险：肆虐惊险。

②兵销戈倒：指矛盾化解。

【译文】

在风波惊险的时刻，能够以虚空的一叶小舟从容应对风波的摇撼，就会风平浪静；处在针锋相对、你争我夺的矛盾之中，能够以柔指轻轻巧妙破解，就会化解纷争和矛盾。

【原典】

豪杰向简淡[①]中求，神仙从忠孝上起[②]。

【注释】

①简淡：简单平淡。

②起：做起。

【译文】

做豪杰志士应从简单平淡中着手，成神成仙要从忠孝做起。

【原典】

人不得道[①]，生死老病四字关，谁能透过[②]？独[③]美人名将老病[④]之状，尤为可怜。

【注释】

①得道：领悟，彻悟。

②透过：参透，悟透。

③独：尤其。

④老病：年老病弱。

【译文】

人如果不能对生命大彻大悟，面对生、老、病、死这四个关卡，又有谁能看得透呢？尤其是美人和名将，当看到他们红颜消逝和年老力衰的悲惨境况时，真使人感到十分无奈和惋惜。

【跟进解读】

人生在世，如果说生是偶然的，那死就是必然的了，但这是我们自身无法改变的。不论生命之路怎样走，都会有一个共同的结局，就是由慢慢地衰老到死亡，至于病痛的折磨，也是难以避免的。只有那些看透了生死之道的人，才明白生命的价值所在，才会克服生的痛苦、死的遗憾。

美好的东西总有消失的一天。美丽随着衰老渐渐远去，年轻时健康的体魄在人老后也变得老态龙钟，甚至弱不禁风。这样的情景让人想起来不免有无尽的感叹。然而事物的发展从兴盛到衰落同样是无法避免的，感叹又有何用呢？倒不如珍惜当下，过着平凡人的生活，以求生无所悔，死无所憾。

【原典】

日月如惊丸①，可谓浮生矣，惟静卧是小延年；人事如飞尘，可谓劳攘②矣，惟静坐是小自在。

【注释】

①惊丸：惊飞的子弹。

②劳攘：纷扰，烦躁。

【译文】

光阴就像是受了惊吓狂奔的弹丸，可以称得上是半日浮生，只有静卧才可以稍稍益寿延年；人生就像是飘浮在空中的尘埃，可以称得上是辛劳攘乱，只有静坐才是小小的自在。

【原典】

平生不作皱眉事①，天下应无切齿②人。

【注释】

①皱眉事：指让人仇恨的事。

②切齿：指十分憎恨。

【译文】

平生不做令人皱眉憎恨的事情，天下就应该没有咬牙切齿的人。

【原典】

暗室之一灯，苦海之三老①，截疑网②之宝剑，抉盲眼③之金针。

【注释】

①苦海：佛教术语，认为俗世充满了痛苦，故称为“苦海”。三老，指帮助世人摆脱苦海的舵工。

②疑网：疑虑、猜忌之网。

③盲眼：瞎了的眼。

【译文】

暗室中的一盏灯，尘世苦海中的舵工，就如同是斩断疑虑之网的宝剑，治愈了盲目的金针。

【原典】

能脱俗①便是奇，不合污②便是清。处巧若拙，处③明若晦，处动若静。

【注释】

①脱俗：脱离世俗。

②合污：一起污浊。

③处：居于。

【译文】

能够超脱世俗便是不凡，不同流合污便是清高。处理巧妙的事情要以笨拙的方法，处于广众中要善于掩盖锋芒，处于动荡的环境要像处在平静的环境中一样。

【跟进解读】

追求心灵的超凡脱俗，并不一定要做出惊天动地的奇特之事来，也并非要显得比任何人都要伟大，只要能够保持心灵的纯正洁净，不落俗套，不受外界环境的影响，能出淤泥而不染，便可称得上洁净。

世俗之中还要注重讲究雄韬伟略的计谋，越是机巧之事，越要朴拙，切不可自以为是，表现自己的小聪明，而落得聪明反被聪明误；越是在高处、明处，越要行事谨慎小心，不可招摇过市、炫耀才能，以免成为众矢之的；越是面对动荡的环境，越要保持镇定自若的心态，随机应变，灵活处世，既不可缩手缩脚，也不可手忙脚乱，以免忙中出错，乱上加乱。

【原典】

参玄借以见性[①]，谈道借以修真[②]。

【注释】

①见性：洞察人性。

②修真：修身养性。

【译文】

参悟玄理以洞察人性，谈论道学以修身养性。

【原典】

世人皆醒时作浊事[①]，安得[②]睡时有清身；若欲睡时得清身，须于醒时有清意。

【注释】

①浊事：糊涂事。

②安得：怎么能够。

【译文】

世间的人都是在清醒之时做糊涂事，怎么能够在睡觉的时候拥有清白之身呢?倘若想在睡着的时候拥有清白之身，必须在清醒的时候存有清白之意。

【原典】

好读书非求身后之名，但异见异闻[①]，心之所愿[②]，是以孜孜搜讨[③]，欲罢不能[④]，岂为声名劳七尺[⑤]也。

【注释】

①但异见异闻：只是为了获得独特的见解和见闻。

②愿：希望，盼望。

③孜孜搜讨：指非常勤奋认真搜索知识、探讨问题。

④欲罢不能：想要停下来都不行。罢，罢手，停止。

⑤劳七尺：使七尺之躯劳累。

【译文】

喜好读书不是为了谋求身后的名声，而只是为了获得独特的见解和见闻，这才是心中的愿望，因此会孜孜不倦地搜索讨教，想要停下来都不能，怎么会是为了赢得好名声而使七尺身躯劳累呢？

【原典】

招客留宾，为欢可喜，未断尘世之扳援[1]；浇花种树，嗜好虽清[2]，亦是道人之魔障[3]。

【注释】

①扳援：攀附。

②清：清雅。

③魔障：佛教用语，恶魔所设的障碍，也泛指波折。

【译文】

招呼、款待宾客，虽然大家十分欢乐，却是无法了断尘情的攀附；喜欢浇浇花、种种树，这种嗜好虽然十分清雅，却也是修道的障碍。

【原典】

人常想病时，则尘心[1]便减；人常想死时，则道念[2]自生。

【注释】

①尘心：尘世之心。

②道念：修道的想法。

【译文】

人经常想到生病的痛苦，就会使追求名利之心减少；人经常想到有死亡的那一天，那么追求生命永恒的念头便自然而生。

【原典】

入道场[1]而随喜，则修行之念勃兴；登邱墓而徘徊[2]，则名利之心顿尽[3]。

【注释】

①道场：道士、和尚修行或做法事的场所。

②徘徊：来来回回地走。

③顿尽：立刻就消失。顿，立刻。

【译文】

来到寺院道观并随之欣喜，那么修行的念头就会很强烈；登上邱墓而来回徘徊，那么争名夺利的想法就会立刻熄灭。

【原典】

铄金[1]玷玉，从来不乏乎谗人；洗垢索瘢[2]，尤[3]好求多于佳士。止作秋风过耳[4]，何妨尺雾障[5]天。

【注释】

①铄金：取自"众口铄金"，比喻太多人都说一件事，哪怕是错的也会被当成是对的，混淆视听。

②洗垢索瘢（bān）：洗去污秽后，仍然索寻瘢痕。形容过分地挑剔。

③尤：尤其。

④秋风过耳：秋风吹过耳朵，比喻不在意，漠不关心。

⑤障：遮蔽。

【译文】

诽谤诋毁他人，自古以来从来就不缺少进谗言的人；洗去污秽后仍然索寻瘢痕，尤其喜欢对那些佳士吹毛求疵。就当是秋风吹过耳朵，要知道一尺的雾怎么能够遮住整个天呢？

【原典】

真放肆[①]不在饮酒高歌，假矜持偏于大庭卖弄。看明世事透，自然不重功名；认得当下真，是以常寻乐地[②]。

【注释】

①放肆：不拘泥，不羁。

②乐地：意为心中的乐土，理想所在。

【译文】

真正的放肆并不是大碗喝酒、大声唱歌，而应该是心灵上的无所束缚，有些人总是假装严肃庄重，但偏偏喜欢在人多的时候自我炫耀。将世间的事情都看透彻，自然不会把功名利禄看得过重；懂得只有此时此刻才是最真实的，应该时常寻找内心最真实的快乐。

【跟进解读】

唐代大诗人李白就是放荡不羁、不拘形迹之人。他曾经骑驴经过华阴县，县令不认识李白，不准他骑驴过境，李白云："曾使龙巾拭唾，御手调羹，贵妃捧砚，力士脱靴。想知县莫尊于天子，料此地莫大于皇都，天子殿前尚容吾走马，华容县里不许我骑驴。"知县听后大惊，向他谢罪。可见性情中人往往不拘于常礼，或者纵酒高歌，或者狂放不羁。但是真正的性情中人既不在饮酒高歌，更不必故作姿态于人前卖弄。他们看透了世事分明，却在表面上守拙若愚；他们远离了功名利禄，却生活得逍遥自在。

真正懂得生命的人，知道珍惜当下，惜福眼前。他们认为活着就是自己的福分，就该享受每一天的快乐时光，而不会让日常的俗事打扰他们的快乐情趣。

【原典】

欲[①]不除，似蛾扑灯[②]，焚身乃止[③]；贪无了[④]，如猩嗜酒[⑤]，鞭血方休。

【注释】

①欲：欲望。

②似蛾扑灯：指为了实现欲望不惜牺牲生命。语出《梁书·到溉传》“如飞蛾之赴火，岂焚身之可吝”。

③乃：才。止：停止。

④了：了断。

⑤如猩嗜酒：指为了实现欲望不惜牺牲生命。《唐国史补》有云：“猩猩者好酒与屐，人有取之者，置二物以诱之。猩猩始见，必大骂曰：‘诱我也！’乃绝走远去，久而复来，稍稍相劝，俄顷俱醉，因遂获之。”

【译文】

欲望不除去，就好像是飞蛾扑火一样，直到最后将自己焚烧了才停止；贪念不了断，就好像是猩猩嗜好饮酒一样，直到最终身体被鞭打出血才肯罢休。

【原典】

涉[①]江湖者，然后知波涛之汹涌；登山岳者，然后知蹊径[②]之崎岖。

【注释】

①涉：跋涉。

②蹊径：小路。

【译文】

走过江湖的人，才知道江湖波涛汹涌的凶险；登过山岳的人，才能明白山间小道的崎岖不平。

【原典】

人生待足[①]何时足，未老得闲始[②]是闲。

【注释】

①待足：等待满足。

②始：才。

【译文】

人活在世上，等待着得到满足，什么时候才能真正满足，在未衰老时能得到清闲的心境，这才是真正的清闲。

【跟进解读】

生活是不会累人的，累的是我们自己的身心，确切地说是我们的欲望和贪恋太多，束缚了我们去享受生活的乐趣。世人总是在年轻时闷闷不乐，但到老时品行深厚了才知那是因为为名所累、为利所扰，不能自拔罢了。实际上富贵是没有止境的，贪婪的胃口是无法得到满足的，只有学会适可而止，适时放弃，才能知足常乐。

有的人生活富裕了，却依然感受不到殷实的生活给自己带来的快乐，反而觉得压力倍增，甚至还不如以前清贫的日子过得轻松，这就是心底的欲望越来越多，贪婪的胃口越来越大造成的。而一个真正懂得知足常乐的人，放下了心中所有的尘情

与牵挂，自然会生活平静。如果要想得到清闲的心境，及时放弃为物欲所驱使的生活就行，何必一定要等到白发之时才醒悟过来呢！

【原典】

谈空反被空[①]迷，耽[②]静多为静缚。

【注释】

①空：超乎于现实之上的境界。

②耽：耽误，沉迷。

【译文】

空谈一些玄奥的道理，反而会被这些空乏的道理所迷惑，过度地追求清静，反而会被这种心态所束缚。

【跟进解读】

空是空寂之道。佛法说万法皆空，是让人们知道万事万物本无永恒的道理，一切终将消散，教人们不要执迷于万物之中，使身心不得自在。然而有人谈空而又恋空，对空执着而不放弃，结果往往被空寂所迷惑。实际上是空的念头没有除去，仍是心有牵挂，放不下杂念。

静是沉寂静境。教人清净不是要躲到安静的地方，远离尘世喧嚣而不想不听、不管不顾其他一切事情，如果真是这样就又要为静所困了。因为真正的静不在外界环境中，不需要我们极力外求，而是在我们的心里，只有内心清净，保持一份静的心境，处闹市而心不乱，才是真正做到了静而不受束缚。

【原典】

旧无陶令[①]酒巾，新撇张颠[②]书草；何妨与世昏昏[③]，只问吾心了了[④]。

【注释】

①陶令：陶渊明。

②张颠：草书名家张旭，有“草圣”之誉。

③昏昏：指生活的不清醒。

④了了：清楚明白。

【译文】

以前我没有陶潜的酒巾漉酒，现在也撇下了张颠酒醉后的狂草；表面上与世俗一样浑浑噩噩又有何妨呢，只要我内心清如明镜就行。

【原典】

以书史[①]为园林，以歌咏为鼓吹，以理义为膏粱[②]，以著述为文绣[③]，以诵读为菑畬[④]，以记问为居积[⑤]，以前言往行[⑥]为师友，以忠信笃敬[⑦]为修持，以作善降祥为因果[⑧]，以乐天知命[⑨]为西方。

【注释】

①书史：书籍经史。

②理义：道理正义。膏粱：美食佳肴。

③文绣：华美的刺绣。

④菑畬（zī yú）：指耕作。

⑤记问：记诵讨教。居积：囤积。

⑥前言往行：以往的贤圣之人的言行。

⑦忠信笃敬：忠实守信，笃学恭敬。

⑧因果：佛教的因果报应说。

⑨乐天知命：安于天命，知足常乐。

【译文】

把阅读书籍经史当作园林观赏，把歌咏当作鼓吹乐器，把道理正义当作人间美食，把著书立说当作美丽的刺绣，把诵读诗书当作劳动耕作，把记诵讨教当作囤积物品，把以往的贤人的言行当作老师和朋友，把忠实守信、笃学恭敬当作修身自持之道，把行善积德视为因果循环，把乐天知命视为西方极乐世界。

【原典】

云烟影里见真身[①]，始悟形骸为桎梏[②]；禽鸟声中闻自性[③]，方知情识[④]是戈矛。

【注释】

①云烟影里：比喻如同烟云一样飘忽不定、模糊不清的尘世。真身：真实的自我。

②形骸：躯体。桎梏：原为犯人所戴的手铐和脚镣，后泛指束缚、约束。

③自性：原本的性情。

④情识：感情和妄见。

【译文】

在缥缈的云影烟雾中显现出真正的自我，才明白肉身原来是拘束人的东西；在鸟鸣声中听见了自然的本性，才知道感情和识见原来是攻击人的戈矛。

【跟进解读】

“菩提本无树，明镜亦非台，本来无一物，何处惹尘埃。”佛家认为色身是空幻虚无的，就如梦幻、泡影一般，看到云影烟雾，悟见肉身也如云烟一般易逝，明白生命实在不应为肉身所缚。人生只有如云烟般随心所欲、自由自在，才能真正体会到生命的本意。

“业精于勤，荒于嬉。”我们之所以感到生活疲惫，空虚乏味，就是因为我们的心灵沉寂在荒凉的沙漠中，而得不到一点水分的滋润。如果我们想让心灵快乐地感悟到生活的情趣，就要在平常的日子里找些自己分内事做，而不是毫无作为地让时光匆匆溜走。唯有如此，我们才会摆脱尘世间的爱恨情仇的拖累，让自己变得活泼开朗，乐观豁达。

【原典】

事理因人言①而悟者，有悟还有迷，总不如自悟之了了②；意兴③从外境而得者，有得还有失，总不如自得之休休④。

【注释】

①因人言：依靠别人的话认识、理解事物。

②了了：清楚明白。

③意兴：意趣、兴致。

④休休：安闲快乐。

【译文】

事物的道理经过他人的提醒才领悟，那么即使暂时明白了，一定还会有迷惑的时候，总不如由自己领悟来得清楚明白；意趣和兴味由外界环境而产生，得到了也还会再失去，总不如自得于心那样真正地快乐。

【原典】

白日欺人，难逃清夜之愧赧①；红颜失志，空遗皓首②之悲伤。定云止水③中，有鸢飞鱼跃的景象；风狂雨骤④处，有波恬浪静的风光。

【注释】

①赧（nǎn）：脸红。

②皓首：白头。

③定云止水：静止的白云碧水。

④骤：急。

【译文】

在白天欺负人，那么在清净的晚上就难以逃脱愧疚羞赧之情；年纪轻轻就丧失志气，则徒然流露年迈之时的悲伤。在静止的白云碧水之中，有鸢在云间穿飞，鱼在水中跳跃的景象；在狂风骤雨之中，也有风平浪静的恬美风光。

【原典】

世上人事无穷[1]，越干越做不了；我辈[2]光阴有限，越闲越见清高。

【注释】

①无穷：没有穷尽。

②我辈：像我这样的人。

【译文】

世上人们之间的事没有穷尽，越干越觉得干不完；而像我这样的人光阴有限，越是清闲就越显得清高。

【原典】

两刃相迎俱[1]伤，两强相敌[2]俱败。

【注释】

①刃：兵刃。俱：都。

②敌：匹敌。

【译文】

两件兵器锋刃相接，则两件兵器都会受到损伤；两个强敌相拼打，则两个人都会遭受失败。

【原典】

我不害人，人不我害；人之害我，由[1]我害人。

【注释】

①由：因为。

【译文】

我不伤害别人，别人也不会伤害我；有人伤害我的话，必定是因为我伤害了别人。

【原典】

博览广[1]识见，寡[2]交少是非。

【注释】

①广：增长，增加。

②寡：少。

【译文】

广泛观览可以增长见识，少与人交际可以减少无妄的是非。

【原典】

明霞可爱，瞬眼[1]而辄空；流水堪听，过耳而不恋。人能以明霞视美色，则业障[2]自轻；人能以流水听弦歌，则性灵何害。休[3]怨我不如人，不如我者常众[4]；休夸我能胜[5]人，胜如我者更多。

【注释】

①瞬眼：转眼间，形容很快。

②业障：佛教中所指的罪孽。

③休：莫，不要。

④常众：很多。

⑤胜：超过。

【译文】

明丽的云霞十分可爱，往往转眼之间就无影无踪了；流水之声十分动听，但是听过后便不再留恋。人们如果以观赏云霞的眼光去看待美人姿色，那么贪恋美色的恶念自然会减轻；如果能以听流水的心情来听弦音歌唱，那么弦歌对我们的性灵又有什么危害呢？不要怪我比不上别人，不如我的人多得是；不要夸我比别人强，比我强的人还有很多。

【跟进解读】

人可以平凡，但不能庸俗；人喜欢美丽，但不能娇媚；人可以张扬，但不能疯狂；人可以谦虚，但不能做作。美是人们所喜欢的东西，但欣赏美是有距离的，也是有分寸的。正如刘禹锡在《爱莲说》中所说："可远观而不可亵玩焉。"美丽的云霞纵然绚丽多姿，但往往转瞬即逝；流水的声音固然美妙动听，却过而难留。

美好的事物如果能存留在你的心中，保存在心中一隅，已是难得，不要有更深的占有之心。贪心不足是痛苦的，得不到的东西拼命去追求，必然会身心交瘁，疲惫不堪，这无异于作茧自缚。只有懂得放弃，才会让身心得到净化。蔚蓝的天空，朵朵的白云，婉转的鸟鸣，潺潺的流水，都是陶冶我们情操的美景，同样是我们笑对生活的理由。

【原典】

人心好胜[①]，我以胜应[②]必败；人情好谦[③]，我以谦处反[④]胜。

【注释】

①好胜：争强好胜。

②应：应付，应对。

③谦：谦虚。

④反：反而。

【译文】

人总是会争强好胜，倘若我也用争胜心来应对的话，最终必然会失败；人总是爱谦虚，假如我用谦虚来应对的话，反而会取胜。

【原典】

人言天不禁[1]人富贵，而禁人清闲，人自[2]不闲耳，若能随遇而安，不图将来，不追既往[3]，不蔽[4]目前，何不清闲之有？

【注释】

①禁：禁止。

②自：自己。

③既往：已经过去的，以往。

④蔽：遮蔽。

【译文】

人们常说上天不会禁止人去追求和享受荣华富贵，但禁止人们过清闲的日子，这实际上也是人们自己不愿意清闲下来罢了。如果一个人在任何环境下都自得其乐，不为将来去悉心计划，不对过去的生活追悔不安，也不被眼前的名利所蒙蔽，这样哪能不清闲呢？

【原典】

暗室贞邪[1]谁见，忽而万口喧传；自心善恶炯然，凛[2]于四王[3]考校。

【注释】

①贞邪：忠贞与邪恶。

②凛：严肃。

③四王：佛教中的四大天王。

【译文】

暗室中的忠贞与奸邪有谁看到了，忽然间大家就都在议论言说；自己是善还是恶心中很明白，所以能凛然地接受执掌刑法戒律的四大天王的拷问审查。

【原典】

寒山[1]诗云："有人来骂我，分明了了[2]知，虽然不应对，却是得便宜。"此言宜深[3]玩味。

【注释】

①寒山：寒山子。

②了了：清楚，明白。

③深：仔细。

【译文】

寒山子在诗中说："有人来辱骂我，我分明听得很清楚，虽然我不会去应对理睬，却是已经得了很大的好处。"这句话很值得我们深入地品味。

【跟进解读】

寒山子是唐代贞观年间的得道高僧，喜参禅悟道，留下了不少著名诗偈。他曾经在一首诗里这样说：别人骂我，我心里很清楚，却不去理睬他，这就是得了便宜。其道理与中国传统提倡的以君子之德对付小人之行，所谓"打不还手，骂不还口"有异曲同工之妙，在意境上却更深一层。

不回敬别人的辱骂，首先是战胜了自己，因为"生气是拿别人的错误来惩罚自己"；其次是战胜了对手，任凭辱骂，不予理睬，对手则会自感无趣，自动罢休；再次，如果别人骂得有理，证明自己有错，岂不要感谢那位骂者的指点？所以当我们遭受辱骂时，保持沉默，并不代表着自己懦弱或无能，相反倒有诸多收获。

【原典】

恩爱，吾之仇也；富贵，身之累[①]也。

【注释】

①累：拖累，累赘。

【译文】

恩情爱意是我的仇敌，富贵荣华是身心的拖累。

【原典】

有誉[①]于前，不若无毁于后[②]；有乐[③]于身，不若无忧于心。

【注释】

①誉：美誉，赞美。

②后：身后，背后。

③乐：快乐，享受，此多指物质方面。

【译文】

追求当面的赞美，不如避免他人背后的诽谤；追求身体上的快乐，不如追求无忧无虑的心境。

【原典】

富时不俭[①]贫时悔，潜时[②]不学用时悔，醉后狂言醒时悔，安不将息[③]病时悔。

【注释】

①俭：节俭。

②潜时：潜藏还没有显露的时候，在此指平常的时候。

③将息：调息。

【译文】

富贵的时候不知道节俭，等到贫穷之时就会懊悔；平时不好好学习，等到用得着的时候就会后悔；喝醉之后说出狂妄之言，等到酒醒之后就会懊悔；安康的时候不好好休息调养，等到生病的时候就会悔恨。

【原典】

寒灰、内半星之活火[①]，浊流中一线之清泉。

【注释】

①活火：可以燃烧、没有熄灭的火。

【译文】

已经寒冷的灰烬中，尚且还存有半星可以燃烧的火，污浊的河流之中，尚且还有一丝清泉。

【原典】

攻[①]玉于石，石尽而玉出；淘金于沙，沙尽而金露。

【注释】

①攻：在此指雕琢打磨。

【译文】

雕琢打磨玉石以求得玉，石头磨耗尽了，玉就呈现出来了；在沙中淘金，沙淘尽了，金子也就显露出来了。

【原典】

乍交不可倾倒[①]，倾倒则交不终；久与不可隐匿[②]，隐匿则心必崄[③]。

【注释】

①乍：刚开始。倾倒：全部都倒出来，在此指把所有的话都说出来。

②隐匿：隐瞒。

③崄：同“险”，险恶。

【译文】

刚刚与人结交的时候不能什么话都说，什么话都说，交情就不能善始善终；交往时间长了，说话就不能再有所隐瞒，说话有所隐瞒，必然会心存险恶。

【原典】

丹之所藏者赤[①]，墨之所藏者黑。

【注释】

①赤：红。

【译文】

保存丹砂的物品时间长了就会变红，保存墨的物品时间长了就会变黑。

【原典】

懒可卧，不可风[①]；静可坐，不可思；闷可对[②]，不可独；劳可酒，不可食；醉可睡，不可淫。

【注释】

①风：行走。

②对：指与人共处。

【译文】

懒的时候可以卧躺着，而不能奔走吹风；平静的时候可以闲坐，而不能思考；烦闷的时候可以与人共处，而不可自己独自一人；劳累的时候可以喝点小酒，而不能暴饮暴食；喝醉了可以睡觉，而不能淫乐。

【原典】

书生薄命原同妾[①]，丞相怜才不论官[②]。

【注释】

①原同妾：原本就和女子一样。

②丞相怜才不论官：出自《汉书·公孙弘传》，公孙弘出身贫贱，数年之后官至丞相，“于是起客馆，开东阁以延贤人，与参谋议，弘身食一肉，脱粟饭，故人宾客仰衣食，俸禄皆以给之，家无所余。”

【译文】

书生命运悲惨，原本就和女子一样；丞相爱惜人才，不管是否为官。

【原典】

拨开世上尘氛[①]，胸中自无火炎冰兢[②]；消却心中鄙吝[③]，眼前时有月到风来。

【注释】

①尘氛：尘世的氛围。

②火炎冰兢：比喻强烈的渴望和恐惧不安。

③鄙吝：卑鄙庸俗。

【译文】

能够将世界上凡俗纷扰的气氛搁置一边，那么心中就不会有像火烧一样焦灼，也不会有如履薄冰般的胆战心惊；消除心中的卑鄙与吝啬，就可以感受到如同处在清风明月中的心境。

【原典】

市[①]争利，朝[②]争名，盖棺日何物可殉蒿里[③]；春赏花，秋赏月，荷锸时[④]此身常醉蓬莱[⑤]。

【注释】

①市：市井。

②朝：朝廷。

③蒿（hāo）里：死人所葬的地方。

④荷锸（chā）时：扛着铁锄，随时准备将死者埋葬。典出《晋书·刘伶传》，刘伶每次乘坐鹿车出游，都会带上一壶酒，同时让人荷锸跟随着，并扬言如果自己死了，就地掩埋即可。

⑤蓬莱：传说中的神仙境界。

【译文】

市井之中争夺利益，朝廷之中争夺名声，等到死去盖棺之日，这些名利又有什么可以殉葬到葬地之中呢？春天赏花，秋天赏月，等到死的时候就会觉得自己如同处在蓬莱仙境一样。

【原典】

驷马难追[①]，吾欲三缄其口[②]；隙驹易过[③]，人当寸惜乎阴。

【注释】

①驷马难追：话一旦说出去，四匹宝马也追不回，指说话做事一旦成为事实，就难以挽回了。

②三缄其口：出自汉代刘向《说苑·敬慎》，“孔子之周，观于太庙，右阶之前有金人焉。三缄其口，而铭其背曰：‘古之慎言人也，戒之哉，戒之哉！无多言，多言多败。’”

③隙驹易过：比喻时间过得飞快，出自《庄子·知北游》，“人生天地之间，若白驹之过隙，忽然而已。”

【译文】

君子一言既出，驷马难追，所以我说话要十分慎重，沉默思考几次之后再说；时间如同白驹过隙，转眼即逝，因此人应该珍惜每寸光阴。

【原典】

万分廉洁，止是[①]小善；一点贪污，便为大恶。

【注释】

①止是：只是。

【译文】

万分的廉洁，也只是一点小小的善行；一丁点贪污，就是极大的罪恶。

【原典】

炫奇[①]之疾，医以平易；英发[②]之疾，医以深沉；阔大[③]之疾，医以充实。

【注释】

①炫奇：标新立异。

②英发：表露英气才华。

③阔大：本意为博学且气度宽宏，这里指华而不实。

【译文】

卖弄炫耀的毛病，要用简易平实来纠正；好表现聪明才智的毛病，要用深厚沉着来纠正；言行迂阔、随意的毛病，要用充实来纠正。

【原典】

才[①]舒放即当收敛，才言语便思简默。

【注释】

①才：刚刚。

【译文】

刚刚舒缓放松就应该注意收敛自己，刚刚开始说话就要想到要沉默。

【原典】

贫不足[①]羞，可羞是贫而无志；贱不足恶，可恶是贱而无能；老不足叹，可叹是老而虚生；死不足悲，可悲是死而无补[②]。

【注释】

①不足：不足以，不值得。

②无补：没有益处。

【译文】

贫穷不足以羞愧，值得羞愧的是贫贱而没有志向改变现状；卑贱不足以厌恶，值得厌恶的是低贱但没有技能傍身；人的衰老不足以叹息，值得叹息的是老了感觉自己虚度了终生；人死也不足以悲伤，值得悲伤的是自己对他人再也无法做出有益的事了。

【跟进解读】

贫贱并不代表着羞愧与地位低下，富贵也不代表着高尚与完美。判断一个人是否值得尊敬，关键还是看其品德操行如何，贫穷但不失奋斗的志气，低微却有自己的能力，那么也是可敬的，如果因贫穷便精神颓废，委靡不振；因地位低下便无所事事，毫无能力，那才是真正的悲哀。

生老病死都是人生的必然经历，没有什么值得叹息的。我们活着所要做的事就是生而尽其力，尽最大的努力走好脚下的路，让自己一生活得有价值可言，这就要求我们为社会多做一些有益的事，在临死时能够自豪地说：我此生并没有虚度年华，而觉得活得很充实，因为我做了一些有益于社会、有益于他人的事，那么还有什么值得悲哀的呢！

【原典】

休委罪于气化[①]，一切责之人事[②]；休过望于世间[③]，一切求之我身。

【注释】

①气化：世事变迁，这里指人的命运。

②人事：自己该做的事。

③过望于世间：把过分的希望寄托于世间。

【译文】

不要把罪过推给所谓的气数，一切都应该怪罪人事；不要把过分的希望寄托于世间，一切都应该自己去努力。

【原典】

世人白昼寐语[①]，苟[②]能寐中作白昼语，可谓常惺惺[③]矣。

【注释】

①寐（mèi）语：梦话。

②苟：倘若。

③惺惺：清醒的样子。

【译文】

世上的人白日里尽讲些梦话，倘若能在睡梦中讲清醒时该讲的话，这人可说是能常常保持觉醒的状态了。

【原典】

观世态之极幻，则浮云转有常情[①]；咀世味之昏空[②]，则流水翻多浓旨[③]。

【注释】

①常情：通常的清理。

②昏空：苦涩空虚。

③浓旨：浓烈的美味。

【译文】

观察世间种种情态急剧变化，会感觉到天上浮云的变动反而比人情世态的剧变还更有常情可循；体味世间人情苦涩虚空，倒不如看潺潺的流水浪花旋转更能使人品味其中深厚的意趣。

【原典】

大凡聪明之人，极是误事，何以故？惟其聪明生[①]意见，意见一生[②]，便不忍舍割。往往溺[③]于爱河欲海者，皆极聪明之人。

【注释】

①生：萌生，产生。

②一生：一旦萌生。

③溺（nì）：沉溺。

【译文】

一般而言，聪明之人很容易误事。这是何原因呢？只是因为聪明人会有很多意见，而意见一旦萌生，就不忍心割舍。往往沉溺于爱河欲海之中的人，都是非常聪明的人。

【原典】

是非不到钓鱼处[①]，荣辱常随骑马人[②]。

【注释】

①钓鱼处：喻指与世无争的隐逸之处。

②骑马人：喻指尘世中追名逐利的达官贵人。

【译文】

是是非非不会到达尘世之外与世无争的垂钓之处，荣辱纷争常常伴随骑马的达官贵人。

【原典】

名心未化，对妻孥[①]亦自矜庄；隐衷[②]释然[③]，即梦寐皆成清楚。

【注释】

①孥：儿女。

②衷：想法，念头。

③释然：释放，释怀。

【译文】

争名好利之心还没有消除，纵然是对妻子儿女也要矜持庄重；隐衷释怀了，即使是在梦中也会十分清醒。

【原典】

观苏季子[①]以贫穷得志，则负郭[②]二顷田，误[③]人实多；观苏季子以功名杀身，则武安六国相印[④]，害人不浅。

【注释】

①苏季子：苏秦，字季子。

②负郭：临近城郭。

③误：耽误。

④武安六国印：武安君的爵位、六国兵印。

【译文】

从苏秦因为贫穷反而实现了志向来看，那么临近城郭的两顷良田，对人的耽误实在是太大了；从苏秦因为争夺功名而被杀害来看，那么武安君的爵位、六国兵印，也的确是害人不浅啊。

【原典】

己情不可纵[1]，当用逆之法制[2]之，其道[3]只在一忍字；人情不可拂[4]，当用顺之法调之，其道在一恕[5]字。

【注释】

①纵：放纵。

②制：限制，抑制。

③道：方法。

④拂：拂逆，违背。

⑤恕：宽恕。

【译文】

自己的欲念不可放纵，应当用抑制的办法制止，关键的方法就在一个“忍”字。他人所要求的事情不可拂逆，应当用顺应的办法控制，关键的方法就在一个“恕”字。

【原典】

文章不疗[1]山水癖，身心每被野云羁[2]。

【注释】

①疗：治疗，疗养。

②羁（jī）：羁绊，束缚。

【译文】

文章不能治愈沉溺山水的癖好，身体和心灵常常被山野白云所羁绊。

卷二　集情

【原典】

语云，当为情死，不当为情怨。明乎情者，原可死而不可怨者也。虽然，既云情矣，此身已为情有，又何忍死耶？然不死终不透彻耳。韩翊之柳[①]，崔护之花[②]，汉宫之流叶[③]，蜀女之飘梧[④]，令后世有情之人咨嗟想慕，托之语言，寄之歌咏；而奴无昆仑[⑤]，客无黄衫[⑥]，知己无押衙[⑦]，同志无虞侯，则虽盟在海棠，终是陌路萧郎[⑧]耳。集情第二。

【注释】

①韩翊（yì）之柳：典出唐代许尧佐《柳氏传》。安史之乱中韩翊与爱妾柳氏失散，由于两人原本十分恩爱，柳氏为了保留自己的贞洁，出家为尼。后来韩翊曾寄书信给柳氏询问她是否还爱着自己，是否芳心已经另有所属，而柳氏回信说她一直在等待韩翊。可是不久，番将沙咤利恃平反有功强抢柳氏，柳拒不从，最终虞侯巧设计策，二人才终得团聚。

②崔护之花：典出《本事诗·情感》："去年今日此门中，人面桃花相映红。人面不知何处去，桃花依旧笑春风。"讲述崔护在清明时节到城南郊游，遇到一个心仪的女子，第二年清明再到这里来的时候，没有遇到，十分感慨。

③汉宫之流叶：典出唐代范摅《云溪友议》。唐宣宗时，卢渥前往京城赶考，途中在御沟的流水中洗手，在清冽的水中忽然发现一片较大的红叶上面有墨印。他随手将叶子取出，发现红叶上竟然题着一首诗："流水何太急，深宫尽日闲。殷勤谢红叶，好去到人间。"后来唐宣宗将一部分宫女送出宫外，许配给官吏，卢渥又巧得到那位题诗于红叶之上的女子。

④蜀女之飘梧：典出前蜀金利用《玉溪编事》，书中记载，尚书侯继图的妻子曾在梧桐叶上书写相思的诗词，之后得偿所愿与侯继图成婚，完成了自己书写在梧桐树叶上的爱情愿望。

⑤奴无昆仑：典出唐代裴铏的传奇小说《昆仑奴》。唐代大历年间，崔生奉父亲的命令去拜见一位官员。在酒宴之上，这位官员让一位美姬为崔生献酒，崔生对这个美姬一见钟情。回到家后崔生告诉昆仑奴摩勒自己对美姬的爱慕，摩勒最终将红绡女子从勋臣府中偷出。

⑥客无黄衫：典出唐代雏的传奇小说《霍小玉传》。霍小玉作为当时著名的才女，与才子李益互许终身，之后李益无情将霍小玉抛弃，霍小玉忧郁成疾。侠士黄衫客了解其中原委之后，把李益挟持到霍小玉面前。霍小玉见到李益后，心中百感交集而亡。

⑦押衙：典出唐代传奇《无双传》。尚书之女刘无双与贫寒书生王仙客在押衙的帮助下最终有情人终成眷属。

⑧陌路萧郎：典出唐代范摅《云溪友议》。"侯门一入深似海，从此萧郎是路人。"崔郊本是一介书生，在姑母家与婢女相遇并相爱，后来姑母家道中落将婢女卖给连帅。崔郊伤心不已，两人相见泣不成语。最后连帅知道此事，就将婢女归还给

崔郊，两人终成眷属。

【译文】

有人说：应当为情而死，不可为情而生怨。关于感情的事，本来就是可为对方而死，却不应当生出怨心的。虽然对情这么看，但既已身在情中，又有什么不愿死的呢？然而不到死时又不见情爱的深刻。韩君平的章台之柳，崔护的人面桃花，宫廷御沟的红叶题诗，蜀女题诗梧叶飘飞，这些故事都让后世的有情人叹息羡慕，有的用文字记载下来，有的写成诗歌吟咏；既然没有能劫得佳人的昆仑奴，又没有身着黄衫的豪客，没有押衙古生那样的知己，更没有像虞侯一样志向相同的人，即使是有海棠花下的誓约，终究不免成为陌路萧郎。集情第二。

【原典】

几条杨柳，沾来多少啼痕；三叠阳关[①]，唱彻古今离恨。

【注释】

①三叠阳关：典出王维的《渭城曲》，又名《送元二使安西》，后来被收入乐府，成为著名的送别诗。

【译文】

送别折下的几条柳枝，沾上了多少离人的泪水；阳关三叠的乐曲，唱尽了古今分离时的幽怨。

【跟进解读】

杨柳自古以来是赠别之物，离别时折柳为赠，致以送别之情。自古离别最是伤感，生离死别中就更饱含了许多的哀怨。《诗经》中有“昔我往矣，杨柳依依；今我来思，雨雪霏霏”的诗句；刘禹锡《竹枝词》中有“杨柳青青江水平，闻郎江上踏歌声。东边日出西边雨，道是无晴却有晴。”但离别也有豪迈之情，如王维的“劝君更进一杯酒，西出阳关无故人”，李白的“孤帆远影碧空尽，唯见长江天际流”，虽然其中也有苍凉之意，但更多的是心灵深处的鼓励。

【原典】

荀令君[①]至人家，坐处留香三日。

【注释】

①荀令君：荀彧。

【译文】

荀令君到别人家，所坐之处香气常常三日不绝。

【原典】

罄南山[1]之竹，写意[2]无穷；决[3]东海之波，流情不尽；愁如云而长聚[4]，泪若水以难干。

【注释】

①罄（qìng）：完。南山：指终南山。

②写意：写出心中的情意。

③决：决开。

④长聚：长时间的聚集。

【译文】

用尽了终南山的竹子，也写不完心中的情意；决开东海的碧浪波涛，也流不完心中的感情；忧愁就像云彩一样，长久不散，眼泪就像川流不息的水一样难以干涸。

【原典】

弄绿绮之琴[1]，焉得文君[2]之听；濡[3]彩毫之笔，难描京兆之眉[4]；瞻云望月，无非凄怆之声；弄柳拈花，尽是销魂之处。

【注释】

①绿绮之琴：古琴名，司马相如的琴。傅玄《琴赋序》中有云："齐桓公有鸣琴曰号钟，楚庄王有鸣琴曰绕梁，中世司马相如有绿绮，蔡邑有食尾，皆名器也。"

②文君：卓文君。

③濡：沾遂，润泽。

④京兆之眉：指《京兆眉》诗歌，唐代诗人刘方平的作品，为五言绝句。

【译文】

拨弄着名为绿绮的琴，如何才能招来文君之类的女子来听？湿了画眉的彩笔，难以描画像张敞所绘的眉线；举首遥望天山浮动的明月，听到的无非是凄惨悲凉的声音；攀柳摘花，处处是魂梦无依的地方。

【跟进解读】

绿绮是司马相如的琴名。司马相如，字长卿，西汉著名的辞赋家。他作了很多赋，至今尚有《子虚》《上林》等名篇传世；他的文章首尾温丽，但构思淹迟，内容控引天地，错综古今，大多忽然而起兴，几百日而后成。

司马相如与临邛县令王吉到富人卓王孙家做客，当时卓王孙的女儿卓文君新寡在家，由于她精通琴艺，司马相如便弹奏了一曲《凤求凰》招引文君。当天夜里，卓文君就和司马相如私奔而去，因为卓王孙不同意他们的婚事，司马相如夫妇俩便流浪在外，以卖酒为生。

京兆之眉，汉代张敞任京兆尹之职，夫妻之间很恩爱。他曾在家中亲自为妻子画眉，还为此遭到嘲笑。但他不为所动，可见张敞对妻子的情意是至深至诚的。

【原典】

悲火[①]常烧心曲，愁云[②]频压眉尖。

【注释】

①悲火：悲伤像火一样。

②愁云：忧愁像云彩一样。

【译文】

悲伤像火一样常常灼烧内心，愁绪像云彩一样频频地压在眉梢。

【原典】

五更三四点[①]，点点生愁；一日十二时[②]，时时寄恨。

【注释】

①五更三四点：古时将一夜分为五更，每更又分为五点。

②一日十二时：古时白天分为十二时。

【译文】

五更天三四点的时候，每一点都让人生出愁绪；一日有十二时，无时无刻不寄生出离恨。

【原典】

燕约[①]莺期，变作鸾悲凤泣；蜂媒蝶使[②]，翻成绿惨红愁。

【注释】

①约：约会。

②使：使者。

【译文】

燕子、黄莺的约会幽期，最终变成了凤凰与鸾鸟的悲伤哀泣；蜜蜂、蝴蝶作为媒介、使者，反而增添了红花绿叶的忧愁。

【原典】

花柳深藏淑女居，何殊三千弱水[①]？雨云不入襄王梦，空忆十二巫山[②]。

【注释】

①三千弱水：典出《十洲记》："凤麟洲在西海之中央……洲四面有弱水绕之，鸿毛不浮，不可越也。"

②"雨云不入"两句：语出宋玉《高唐赋》楚怀王与巫山神女相会的故事，襄王即楚怀王，十二巫山即指巫山十二峰。

【译文】

美丽贤淑的女子深居在花丛柳荫处，就像蓬莱之外三千里的弱水一样，难以渡到对岸；行云布雨的女神，不到襄王的梦里，只是空想巫山十二峰，又有什么用呢？

【跟进解读】

三千弱水：据说古代蓬莱原在海中，难以到达，相传曾有仙女泛海而来。后一道士说："蓬莱弱水三千里，非飞仙不可到。"雨云：指巫山云雨的典故。楚国宋玉作《高唐赋》，叙述了楚襄王在高唐梦见巫山神女自愿献身的故事，神女离去时留言说："妾在巫山之阳，高丘之阴，旦为行云，暮为行雨，朝朝暮暮，阳台之下。"据《神女赋·序》记载，后来楚襄王在此云游之时，夜里与神女在梦中相遇，情景甚为壮观美丽。

可见落花有意，但流水无情。居住在令人羡慕的花柳丛中的美丽女子，好似那蓬莱远隔三千里，是我们可望而不可求的。虽然巫山神女十二，令人心生幻想，可是神女不入梦中又有什么办法呢?

【原典】

枕边梦去心亦去，醒后梦还心不还[①]。

【注释】

①心不还：心情留驻，不能恢复。

【译文】

心随着梦境到达情人身边，醒来之后心却留在情人身边不肯归来。

【跟进解读】

日有所思，夜有所梦。如果一个人白天想的事太多，晚上就会难以入眠，即使进人了梦境，心也会随梦而去。如果是思念情人，心也就到达情人身边，在梦中尽情享受重逢的快乐与幸福。可是梦醒之后，心却留在梦中情人身旁，不肯归来。痴情能致梦中情，就更难回到现实中来了。魂牵梦绕，醒来仍是梦，这是多么痛苦可悲的事啊！与其如此，何不放下相思心，去感悟大自然的春华秋实，因为快乐是比情爱更重要的东西，只要我们不爱得死心塌地，便可拥有潇洒自在的生活。

在爱情的天地中，我们无法改变别人去顺从自己的心愿，但我们可以改变自己的爱情观，可以学着慢慢看透爱情背后的真相，想方设法让自己不迷恋其中，就像徐志摩所说的一样：我将于茫茫人海中追寻我生命中之唯一伴侣，得之，我幸；不得，我命。

【原典】

万里关河，鸿雁[①]来时悲信断；满腔愁绪，子规[②]啼处忆人归。

【注释】

①鸿雁：古时通信不方便，经常有人借鸿雁来传书信。

②子规：即杜鹃，杜鹃的啼声十分哀绝，容易引起人的悲伤。

【译文】

中间隔着万里关山，每当鸿雁飞来之时都会因音信断绝而悲伤；满腔的忧愁，每当杜鹃啼叫的时候，都会幻想离人的归来。

【原典】

千叠云山千叠愁，一天明月一天恨。

【译文】

千万层的云彩、高山，就像心中愁绪一样层层叠叠，明月一天天地变化，离恨

也一天天地增加。

【原典】

豆蔻[①]不消心上恨，丁香[②]空结雨中愁。

【注释】

①豆蔻（kòu）：豆蔻年华，指十三四岁的女孩。

②丁香：果实由两片如同鸡舌的子叶合抱而成，就像同心结一样，因此丁香暗指忧愁。唐代李商隐《代赠》："芭蕉不展丁香结，同向春风各自愁。"

【译文】

豆蔻年华的少女难消心中的幽恨，空将心中的忧愁系结在雨中绽放的丁香花上。

【跟进解读】

豆蔻年华的少女，本应是天真纯洁的，不应有愁有恨，然而对空结在雨中的丁香花忧愁起来。这该是多么纯真的情窦初开，若是情人有知，应该倍加珍惜呵护啊！李伯玉诗云："青鸟不传云外信，丁香空结雨中愁。"丁香为结，娇嫩美丽，楚楚动人，但因所盼之人没有来到，已经使人感到惆怅无比了，更何况是杜牧《赠别诗》中"娉娉袅袅十三余，豆蔻梢头二月初"的大好年华呢！

【原典】

月色悬空，皎皎明明，偏自照人孤另；蛩声[①]泣露，啾啾唧唧，都来助我愁思。

【注释】

①蛩（qióng）声：蟋蟀叫声。

【译文】

月亮悬挂在天空，十分皎洁，却偏偏照着孤零零一个人；蟋蟀的叫声在露水中如同哭泣一样，啾啾唧唧，都在加重我的愁思。

【原典】

慈悲筏[①]，济[②]人出相思海[③]；恩爱梯[④]，接人下离恨天[⑤]。

【注释】

①筏：竹筏。

②济：渡。

③相思海：以海喻相思之辽阔无极，佛法常以情爱作苦海。

④梯：梯子。

⑤离恨天：充满离愁别恨的天空。

【译文】

用慈悲做筏，可以渡人驶出相思的苦海；用恩爱做梯子，可以使人走出离恨的天地。

【跟进解读】

佛家讲慈悲，因为慈悲是人的最好武器，慈悲筏可以济人出苦海，慈悲之心可以规劝芸芸众生放弃满腹的情欲、心中的贪婪。相思之情深广辽阔，就像大海一样，由于我们时常为情爱所困，那些相思泪便长流不止，使大海之水永不干涸。但由于凡夫俗子在情海中苦苦挣扎而不能得到解脱，又如何能消受得起。爱极成恨，终成泡影，当梦幻破灭后，该如何走出离恨之天呢？所以有情人只有在慈悲之下才能脱离苦海，在永远恩爱中才能走出离恨天。

情爱是痛苦的泥淖，一旦陷入其中就难以自拔，我们在走得进的同时，也能出得来，方可不为情所困，真正享受到爱情的趣味与格调。

【原典】

费长房[①]，缩不尽相思地；女娲氏[②]，补不完离恨天。

【注释】

①费长房：相传费长房曾经跟随壶公学道修行，能够医治百病，还会缩地术，缩地行走十分迅速。

②女娲氏：传说中的女娲娘娘，曾用五色石补天。

【译文】

即使有传说中费长房的缩地法术，也无法将相思的距离拉近；即使有女娲氏补天之术，也补不了离别的情天。

【跟进解读】

《神仙传》中说，东汉的费长房曾从壶公学道，壶公问他想学什么，费长房说，要把全世界都看遍，壶公就给了他一根缩地鞭。其鞭能挞众鬼、祛百病，又能缩地。费长房有了这根缩地鞭，想到哪里，就可用缩地鞭缩到眼前。女娲，传说是上古帝王，人类始祖之一。据说当时天上缺了一块，女娲于是炼出五彩石将缺口补好。

情爱的相思之苦，即使有缩地鞭，也不能将相思两人的距离缩短；离恨的愁苦，即使有女娲的五色石，也难将离恨天补圆。所以情天恨海只能由相思的人去细细品味了。那些为爱苦苦挣扎的痴情人如果能够看透情爱，便会少几分愁苦，要是深陷爱情中不能自拔，便难以在情网中获得解脱。

【原典】

孤灯夜雨，空把青年误[①]。楼外青山无数，隔不断新愁来路。

【注释】

①空：徒然。误：耽误。

【译文】

孤灯一盏，凄凉夜雨，徒然把大好青春给耽误了。楼外虽然有无数的青山，却阻隔不了新愁前来的道路。

【原典】

黄叶无风自落，秋云不雨[①]长阴。天若有情天亦老，摇摇幽恨难禁[②]。惆怅旧人如梦，觉[③]来无处追寻。

【注释】

①雨：下雨。

②禁：忍受。

③觉：睡觉醒来。

【译文】

黄叶在无风时也会自然凋落，秋日虽不下雨却总弥漫着乌云。如果天有感情，那么也会因情愁而衰老的，心中无所依着的怨恨真是难以承受啊！回想曾经的欢乐，仿佛在梦中一般，可醒来后又无处寻觅。

【跟进解读】

为情所困，为爱流泪，所以愁怨难解。秋风吹来，黄叶凋零，更添几分愁情。天本无情，所以天不会老，人为情愁，哪能不愁肠寸断？旧时的欢欣已如梦不在，又何必去过多地留恋。与其为爱如此费神劳力，倒不如放下不切实际的幻想与渴望，去享受一下被爱松绑后的轻松与快乐；与其勉强维持苦涩的关系，不如坦白相告，各自寻觅相知的伴侣；与其借酒消愁，不如挥刀斩断情丝，在痛苦的深渊中解脱出来。

常言道，强闯少不免逆流，不如随缘而定，守好自己的那片缘分天空。只要我们相信自己有爱，用真心对待，就会拥有美好的明天。

【原典】

蛾眉[①]未赎，谩劳[②]桐叶寄相思[③]；潮信[④]难通，空向桃花寻往迹[⑤]。

【注释】

①蛾眉：代指美丽的女子。

②谩劳：徒劳。

③桐叶寄相思：据载前蜀时的尚书侯继图的妻子曾在梧桐叶上写诗以寄托相思之情。

④潮信：音信。

⑤空向桃花寻往迹：典出《本事诗·情感》中崔护的故事。崔护曾在清明之时到城南游赏，看到一位清丽脱俗的女子。第二年为了再次见到这个女子，同一时间再次来到城南，故地重游时桃花依旧，门墙如故，但再也没有见到心中的女子，因此题诗："去年今日此门中，人面桃花相映红。人面不知何处去，桃花依旧笑春风。"

【译文】

美丽的女子还未能赎身，即使是用梧桐叶寄托相思也无济于事；音信不通，只能徒然在桃花中寻找往日的足迹。

【原典】

野花艳目，不必牡丹；村酒酣[①]人，何须绿蚁。

【注释】

①酣：醉。

【译文】

野花就已经十分光彩夺目了，不必非要是牡丹；农家自酿的酒就已经足以使人酒酣，不必一定要绿蚁般的美酒。

【原典】

琴罢辄举酒，酒罢辄[1]吟诗，三友递[2]相引，循环无已时[3]。

【注释】

①辄（zhé）：就。

②递：交替。

③无已时：没有停止的时候。

【译文】

弹奏完琴就举杯痛饮，喝过酒就吟赏诗文，三位朋友接替相邀，循环往复没有停下来的时候。

【原典】

阮籍[1]邻家少妇有美色，当垆沽酒[2]，籍尝诣[3]饮，醉便卧其侧。隔帘闻坠钗声[4]而不动念[5]者，此人不痴则慧，我幸在不痴不慧中。

【注释】

①阮籍：魏晋时期的名士，字嗣宗，是建安七子之一阮瑀的儿子，博览群书，崇奉老庄之学。据有关资料记载，阮籍邻家有位少妇，十分美貌，以卖酒为生，阮籍经常与一些朋友前去喝酒，醉了就在少妇的旁边躺下睡觉，但是并没有什么邪念，光明磊落，只是性情有些乖张而已。

②当垆沽酒：古时酒店里为了安放酒瓮就用泥土垒砌成垆，卖酒的人坐在旁边，故称“当垆沽酒”。

③诣：到。

④坠钗声：玉钗落地的声音。

⑤念：邪念。

【译文】

阮籍邻家有个少妇，十分美貌，以卖酒为业，阮籍常去饮酒，醉了便睡在她的身旁。隔着帘子听见玉钗落下的声音而心中不起邪念的人，不是痴人便是绝顶聪明的人，幸亏我是个不痴不慧的人。

【跟进解读】

阮籍是三国时期魏国人，曾任步兵校尉，善弹琴，好长啸，与嵇康等并称“竹林七贤”。爱好美色不露声色，而藏于心中，能够做到坐怀不乱心志的人往往才是真君子，就像阮籍这样才华横溢、性情豪放的怪诞之人一样。据《世说新语》记载，阮籍的邻居中有一位貌美的少妇，开着酒铺卖酒，阮籍常与王安丰等人前去少妇那里买酒喝，喝醉了就睡在少妇的旁边，少妇的丈夫开始怀疑他有什么邪念，仔细观察才发现他并没有什么恶意。

以上这则故事正说明真君子会让自己的内心不再遭受情爱的折磨，能够随缘而定，随遇而安。如果不是阮籍这种极慧之人，不要说听到钗玉落地的声音，哪怕只

是睹其背影，都会生出邪念来。

【原典】

桃叶题情[1]，柳丝牵恨[2]。

【注释】

①题情：题写诗句，寄托别情。

②牵恨：牵动离恨。

【译文】

桃叶题写诗句寄托着别情，柳丝摇摆牵动着离恨。

【原典】

蝴蝶长悬[1]孤枕梦，凤凰不上断弦鸣。

【注释】

①悬：悬系。

【译文】

蝴蝶经常出现在孤枕的梦境之中，凤凰不会在断弦之上鸣叫。

【原典】

吴妖小玉飞作烟[1]，越艳西施化为土[2]。

【注释】

①吴妖小玉飞作烟：典出《搜神记》。女子紫玉与书生韩重情投意合，但紫玉是吴王夫差的女儿，因身份差距遭到吴王阻止，后紫玉以身殉情。得知紫玉死讯后韩重前往凭吊，紫玉魂魄现身，韩重想抱住她，可是紫玉却化作一缕青烟消失了。

②越艳西施化为土：典出西施与范蠡的故事。越国被吴国灭后，越王将西施送给了吴王，最终越王勾践卧薪尝胆复国成功之后，西施与范蠡也得到了较好的结局。

【译文】

吴宫妖艳的美女小玉已经化作烟尘飘散了，越国美面的西施也已成为黄土融入自然了。

【跟进解读】

美丽的女子往往薄命，红颜也终有香消玉殒的一天。即使是像小玉那么美丽的女子，也只能化作烟尘而去；纵然是越国西施那样的绝色佳人，最终也化为尘土一堆。情爱如同烟尘一般，沉陷其中必受其伤害。

【原典】

妙唱[1]非关舌，多情岂在腰。

【注释】

①妙唱：美妙的歌声。

【译文】

美妙的歌声并不是都源自舌头，妖娆多情的姿态也并不是都在腰上。

【原典】

楚王宫里，无不推其细腰[①]；魏国佳人，俱言讶其纤手[②]。

【注释】

①“楚王宫里”两句：典出《韩非子二柄》，楚灵王喜欢细腰，大臣们为了博得楚灵王赏识，全部都节食挨饿，最后上朝时只能扶着墙才能站立。

②“魏国佳人”两句：典出《诗经·卫风·硕人》赞扬卫庄公夫人的语句：“手如柔荑，肤如凝脂，领如蝤蛴，齿如瓠犀，螓首蛾眉。”

【译文】

即使是在楚灵王的宫中，也没有人不推举她的腰之细；即使是卫国的佳人，也都惊讶她的手指之纤细。

【原典】

传鼓瑟于杨家[①]，得吹箫于秦女[②]。

【注释】

①传鼓瑟于杨家：语出徐陵《玉台新咏序》中杨恽妻子夸赞的句子：“家本秦人，能为秦声；妇赵女也，雅善鼓瑟。”

②得吹箫于秦女：语出徐陵《玉台新咏序》中“萧史弄玉”的句子：“萧史善吹箫，作凤鸣。秦穆公以女弄玉妻之，作凤楼，教弄玉吹箫，感凤来集，弄玉乘凤，萧史乘龙，夫妇同仙去。”

【译文】

传承杨家鼓瑟和鸣，夫妻恩爱的传统，得以像萧史弄玉乘龙乘凤飞仙而去一样。

【原典】

春草碧色，春水绿波。送君南浦，伤如之何。[①]

【注释】

①“春草碧色”四句：语出江淹《别赋》，代表离别。南浦，语出屈原《九歌》：“子交手兮东行，送美人兮南浦。”泛指送别或者离别的地方。

【译文】

春草青翠，春水碧波荡荡。在这样的景色中送你到南浦，我是多么悲伤啊。

【原典】

青牛帐[①]里，余曲既终；朱鸟窗[②]前，新妆已竟[③]。

【注释】

①青牛帐：帐上画有青牛，古代认为青牛可以避邪。

②朱鸟窗：典出《博物志》：“王母将于九华殿，王母索七桃，以五枚以帝，母食二枚，时东方朔窃从殿南厢朱鸟牖中窥王母。”

③竟：完毕。

【译文】

青牛帐中，曲子已经弹奏完了；朱鸟窗前，新人已经装扮完毕。

【原典】

山河绵邈，粉黛若新。椒华承彩，竟虚待月之帘[①]。夸骨[②]埋香，谁作双鸾之雾。

【注释】

①椒华承彩，竟虚待月之帘：语出《拾遗记·周灵王》："越又有美女二人贡于吴，吴处以椒华之房，贯细珠为帘幌。"

②夸骨：指女子的尸骨。

【译文】

山河连绵不断，美人的装扮如同新人一样。华美的房子流光溢彩，空挂着玉珠串成的帘子等待。美人的尸骨已经香消殒尽，又有谁能作双鸾在雾中齐飞。

【原典】

蜀纸麝媒[①]添笔媚，越瓯犀液[②]发茶香，风飘乱点更筹转，拍送繁弦曲破长[③]。

【注释】

①麝（shè）媒：古代研制墨的原料，其中疑有麝香，增加墨的香气。

②犀液：桂花水。

③长：长夜。

【译文】

蜀地的纸张和麝墨使得笔下的字体更为妩媚，越地的瓷器和桂花水促发着茶叶的清香，风雨中的更筹转动得更快，节拍伴着急促的管弦声合成的曲子打破了幽静的长夜。

【原典】

教移兰烬[①]频羞影，自试香汤[②]更怕深。初似染花难抑按，终忧沃雪不胜任[③]，岂知侍女帘帏外，赚取君王数饼金。

【注释】

①兰烬：蜡烛燃烧后的灰烬。因为形状比较像兰花，因此称为兰烬。

②香汤：指用于沐浴的水。

③不胜任：不能忍受。

【译文】

让人移开带着燃烧过的灰烬的蜡烛，对着自己的影子经常会很害羞，自己用带有香味的沐浴之水擦身，却又更害怕水深。起初的时候就像露水滋润着花瓣一样让人难以自控，最终却又担忧像热水沃雪一样难以忍受。怎能知道窗帘外的侍女，却赚取了君王多少的金子。

【原典】

静中楼阁春深雨，远处帘拢半夜灯。

【译文】

站在寂静的楼阁，聆听淅淅沥沥的春雨，远处被如同玉帘的雨滴所笼罩，只能望见漆黑夜色中的半夜灯火。

【原典】

绿屏无睡秋分簟[1]，红叶伤时月午[2]楼。

【注释】

①簟（diàn）：竹席。

②月午：月半时分。

【译文】

到了秋分的时候，在凉凉的竹席绿屏边无法再安睡，月半之时，小楼旁侧的红叶令人触时感伤。

【原典】

但[1]觉夜深花有露，不知人静月当楼；何郎烛暗谁能咏[2]，韩寿香熏[3]亦任偷。

【注释】

①但：只。

②何郎烛暗谁能咏：语出魏晋南北朝时期南朝梁诗人何逊的诗句："夜雨滴空阶，晓灯暗离室。"表达离别之时的感伤情怀。

③韩寿香熏：典出晋代美男子韩寿。韩寿起初在贾充门下任司空掾，之后与贾充之女互生情愫，贾女将西域上供给贾充的香料赠给韩寿作为礼物，最终贾充闻到韩寿身上的异香，明白二人情根深种，无奈之下，只能将自己的女儿许配给了韩寿。

【译文】

只觉得夜深的时候花上会有露珠，不知道人静之时皎洁的明月正照在小楼上，诗人何逊的诗歌在晦暗的烛光下有谁能够吟咏，韩寿身上的熏香也可以随便让人偷走。

【原典】

阆苑有书多附鹤[1]，女墙[2]无树不栖鸾。星沉海底当窗见，雨过河源隔座看。

【注释】

①阆（làng）苑有书多附鹤：见于唐代李商隐的诗歌《碧城》。阆苑，传说中神仙居住的地方，因此多有仙鹤栖居。附，归附。

②女墙：城墙上的小矮墙。

【译文】

阆苑有很多书，因而有许多仙鹤归附于此，城墙的矮墙上没有高大的树木，因此没有鸾鸟前来栖息。临窗远望能够看到星星陨落沉入海底，隔着座位能看到飘洒的大雨掠过河源。

【原典】

当场笑语，尽如形骸[1]外之好人；背地[2]风波，谁是意气中之烈士[3]。

【注释】

①尽：全，都。形骸：躯体，身体。

②背地：暗地里。

③烈士：此处指能够仗义执言的正直之人。

【译文】

当场欢声笑语，好像全部都是有着形骸放浪的癖好的人；背地里制造风波，谁是意气风发、志趣相投的侠义忠烈之士。

【原典】

山翠扑帘，卷不起青葱[1]一片；树阴流径，扫不开芳影几层。

【注释】

①青葱：郁郁葱葱。

【译文】

青山苍翠欲滴，扑帘而入，无论如何卷帘都卷不起这一片青色；树木繁盛，小道上绿树成荫，扫不走阳光投射而来的斑斑芳影。

【原典】

珠帘蔽[1]月，翻窥窈窕之花[2]；绮幔[3]藏云，恐碍扶疏之柳[4]。

【注释】

①蔽：遮蔽。

②窥（kuī）：窥探，偷窥。窈窕之花：借花来暗指窈窕女子。

③绮（qǐ）幔：绮丽的帷幔。

④扶疏之柳：借柳来暗指身姿曼妙的女子。

【译文】

珠帘遮蔽月光，以防止它翻越过来窥探窈窕淑女；绮丽的帷幔遮住了外面的浮云，以防止云彩影响了屋内身姿曼妙的女子。

【原典】

幽堂昼深[1]，清风忽来好伴；虚窗夜朗，明月不减[2]故人。

【注释】

①昼深：白昼显得特别深长。

②减：减退。

【译文】

幽静的厅堂使白天显得更加漫长，忽然吹来一阵清风，仿佛是知己伴侣来到身旁；推开虚掩的窗子，看到夜色清朗，月光当空，就像老朋友一样，情意一点都没有减少。

【跟进解读】

明月千里寄相思。李白曾有诗曰："举杯邀明月，对影成三人。"能够以明月为伴，共饮杯中酒，其情怀是何等的豪放洒脱，真不愧为浪漫主义大诗人。再如王维在《山居秋暝》中所说："明月松间照，清泉石上流。"这笔下的景色显得如此的幽静清明、美丽宜人，此等超然之境也非一般人所能体会。

文人的雅趣，重在内心的情感丰富，能够找到寄托情感的事物，在他们的内心里，天地万物都是富有情感的，都与我们人性有着相通的地方。白天在幽静的厅堂中，没有良友做伴，确实令人感到寂寞难耐，但所幸清风徐来，吹拂面颊，似有玉指拂面的快意；夜色之中，似有凄清之感，所幸月光如老友照在窗前，不减故人情意。这是多么的给人安慰，使人的心底充满了感激与快意。

在人生这个大舞台上，我们并不总是有舞伴的，或者我们舞得正欢，舞伴突然走了，那就让我们以繁星或明月为伴，远离悲伤、愤懑，或是孤独之感，更不可从此停止舞动的脚步。

【原典】

多恨赋花[①]，风瓣乱侵笔墨；含情问柳，雨丝牵惹衣裾。

【注释】

①赋花：吟诗赏花。

【译文】

心中怀有太多的离情别恨吟诗赏花，风儿却吹乱了花瓣，浸染了我的笔墨；带着浓浓情意问柳，蒙蒙细雨飘飘洒洒，沾湿了我的衣裙。

【原典】

天涯浩渺[①]，风飘四海之魂；尘土流离，灰染半生之劫。

【注释】

①浩渺：形容极为广阔，没有边际。

【译文】

天涯如此浩渺广阔，离家的游子就像是随风飘散在世间的离魂；就像是空中飘浮的尘土四处流离，蒙受着奔走途中的灰尘已有半生之久。

【原典】

蝶憩[①]香风，尚多芳梦；鸟沾红雨[②]，不任娇啼。

【注释】

①憩（qì）：本为短暂休息，栖息，此指享受、安享其中。

②红雨：被雨打落的花瓣同雨一起落下，称为"红雨"。

【译文】

当蝴蝶沐浴在春暖日和的气息中时，梦境还是芬芳美好的；当落花无情地飘洒在鸟的羽毛上时，那凄切哀婉的叫声就更显得悲凉了。

【跟进解读】

青春是美好的，在无限的春光中我们享受着青春年少的芬芳之梦和快乐，充满了对爱情的无限追求与渴望，在融融暖意中享受造物主营造的柔情蜜意和长相厮守，这是多么令人流连忘返啊！可是狂风疾雨不识这如梦的情趣，更不会珍惜我们的海誓山盟，疯狂地摧残盛放的花枝，致使落英缤纷，杜鹃为此泣血，其娇愁的悲鸣之声让人不忍心听下去。

岁月易逝，春光难留。我们谁也不能永葆青春，就像那盛开的鲜花一样，总有枯萎凋谢的时刻。在有限的生命中，我们不如也像那蜂蝶一般尽情地玩耍，去品味一番生活中的快乐，即使时光在我们身边无情地流逝，我们也不会感到后悔了，因为我们珍惜了生命中的每一寸光阴。

【原典】

幽情化而石立①，怨风结而冢青②。千古空闺之感，顿令薄幸惊魂。

【注释】

①幽情化而石立：典出《幽明录》。相传古代有位妇人，丈夫外出从役，她前往北山相送，在北山上望着丈夫远行的背影，时间长了就变成了一块石头立在了山崖上面。

②怨风结而冢青：典出“昭君出塞”。相传昭君出塞之时，曾经弹奏琵琶诉说衷情，十分哀怨，后来死后埋骨黑河之畔，早晚都会有愁云怨雾笼罩在她的坟冢之上。

【译文】

一腔深情化为伫立的望夫石，一缕哀怨的幽情凝成坟上草。千古以来独守空闺的怨恨，真令负心的男子心惊。

【跟进解读】

石立：指痴情的女子为了盼望服役丈夫早日归来，便整天站在路口遥望，最后化为石头的故事。冢青：即青冢，指昭君坟。王昭君是汉代时湖北姊归人，后被选入宫中，由于她自恃美貌过人，不愿向宫中画师毛延寿送礼，以致皇帝见不到她的真实美貌。后来选送昭君塞外和亲时，元帝见到昭君后才后悔不已，因此将毛延寿杀掉了。据说昭君死后，冤气不散，早晚都有愁云怨雾笼罩在坟上。

对夫君一往情深，至死不渝，遥望夫归，最终变成了石头立于路口；怨恨皇帝不识佳颜而远嫁，死后坟上长满青草为其鸣不平。痴情的女子为了心上人倾尽心血，古来这样的故事感人至深，怎能不使那些薄情的男子羞愧难当呢？真可谓痴情女子负心汉啊！

【原典】

一片秋山，能疗①病客；半声春鸟，偏唤愁人。

【注释】

①疗：治疗，治愈。

【译文】

一片美好的秋光山色，能够治疗他乡游子的苦痛；春天半声的鸟啼，偏偏就能唤起人的愁思。

【原典】

李太白酒圣[①]，蔡文姬书仙[②]，置之一时，绝妙佳偶[③]。

【注释】

①李太白酒圣：李太白，即唐代大诗人李白。李白嗜酒，而且酒后往往能出佳作。

②蔡文姬书仙：东汉人，即蔡邕之女蔡琰，我国古代著名的女诗人，精通音律，有《悲愤诗》传世，为人所称道。

③佳偶：很好的配偶。

【译文】

李太白可谓是酒中之圣人，蔡文姬可谓是诗中之仙子，倘若让他们生活在同一个时代，可以说是一对绝妙的佳偶。

【原典】

缘之所寄[①]，一往而深。故人恩重，来燕子于雕梁；逸士[②]情深，托凫雏[③]于春水。好梦难通，吹散巫山云气[④]；仙缘未合，空探游女珠光[⑤]。

【注释】

①寄：寄托，寄寓。

②逸士：隐逸之士。

③凫雏：幼小的凫鸟。

④好梦难通，吹散巫山云气：出自宋玉《高唐赋》中楚怀王巫山云雨的典故。

⑤仙缘未合，空探游女珠光：《文选·江赋》引《韩诗内传》有云："郑交甫遵游彼汉皋台下，遇二女，与言曰：'愿请子之佩。'二女与交甫，交甫受而怀之，超然而去。十步循探之，即亡矣。回顾二女，亦即亡矣。"游女，汉水中的水神。

【译文】

缘分所寄寓的，是一如既往的深情。原来的朋友恩情颇重，明年的燕子依然会在雕梁搭窝筑巢。隐逸之士情深似海，把幼小的凫鸟托付给春水。倘若缘分未到，好梦就难以实现，只能是像楚怀王吹散了巫山云雨一样；倘若仙缘尚且不合，想要探求二位水神的珠光，到头来也只能是像郑交甫一样一场空。

【原典】

桃花水泛，晓妆宫里腻胭脂[①]；杨柳风多，堕马[②]结中摇翡翠。

【注释】

①晓妆宫里腻胭脂：典出唐代杜牧《阿房宫赋》："明星荧荧，开妆镜也；绿云扰扰，梳小鬟也；渭流涨腻，弃脂水也；烟余雾横，焚椒兰也。"

②堕马：古代妇女的一种发式。

【译文】

桃花水泛滥涨水，是由于早晨宫中梳妆打扮用过的胭脂水；杨柳风变大了，是因为宫中女性堕马发髻上的翡翠在摇晃。

【原典】

对妆则色殊，比兰则香越[①]。泛明彩于宵[②]波，飞澄华于晓[③]月。

【注释】

①越：超过。

②宵：夜晚。

③晓：拂晓，天快要亮了的时候。

【译文】

对镜梳妆气色就会不同，与兰花相比更为清香。夜间将会泛起比波涛更为明亮的光彩，拂晓时会散发出比明月更为皎洁的光华。

【原典】

纷弱叶而凝照，竞新藻而抽英[①]。

【注释】

①抽英：开花。

【译文】

纷乱而柔弱的叶子，得到了阳光的普照，与新的水藻竞相生长，也开了花。

【原典】

手巾还欲燥[①]，愁眉即使开[②]。逆想行人[③]至，迎前含笑来。

【注释】

①燥：干燥。

②开：展开，舒展。

③行人：游子。

【译文】

即使擦拭眼泪的手巾还没有干，因离愁而紧锁的眉心也可以舒展。遥想着在外的游子归来，含着笑前来迎接归来的游子。

【原典】

临风弄笛，栏杆上桂影[①]一轮；扫雪烹茶，篱落边梅花数点。

【注释】

①桂影：代指月亮。

【译文】

迎风吹奏着笛子，栏杆上挂着一轮明月；扫除积雪烧水沏茶，篱笆上的雪就像是朵朵梅花。

【原典】

银烛轻弹[①]，红妆[②]笑倚，人堪惜情更堪惜；困雨花心，垂阴柳耳，客堪怜春亦堪怜。

【注释】

①轻弹：轻轻地弹去蜡烛燃烧后的余烬，挑亮灯芯。

②红妆：指梳妆美丽的女子。

【译文】

轻轻拨亮银台上的蜡烛，梳妆美丽的女子含笑依偎在身旁，人值得珍惜，情意更值得珍惜；花心被雨所困扰，恐被大雨所淋，柳叶被柳荫所遮盖，客值得怜惜，春也值得怜惜。

【原典】

陌上繁华[①]，两岸春风轻柳絮；闺中寂寞，一窗夜雨瘦梨花[②]。芳草归迟，青骢[③]别易[④]，多情成恋，薄命何嗟；要[⑤]亦人各有心，非关[⑥]女德善怨。

【注释】

①陌：乡间小路。繁华：即繁花，指开满鲜花。

②瘦梨花：梨花经过春雨之后往往会十分娇弱动人，因此唐代白居易有“梨花一枝春带雨”之诗句，在此是借雨后梨花之娇弱暗指闺中女子因寂寞之愁而变得十分瘦弱。

③骢（cōng）：良马。

④别易：轻易就离别了。

⑤要：重要。

⑥非关：不是因为。女德善怨：女子天生就善于抱怨。

【译文】

路旁鲜花盛开，河流两岸的春风吹起柳絮；深闺中的寂寞，宛如一夜风雨后的梨花，使人迅速消瘦。骑着马儿分别是很容易的事，但望断芳草路途，人却返迟不归，因多情而依依不舍，慨叹命苦又有何用；人的心中各怀有情意，并非女人天生就善于怨恨。

【跟进解读】

离情别绪，千古哀怨，如此寂寞的情感确是闺中女子难以忍耐的。芳草萋萋，虽然美景依旧像从前那样美丽，但是情人已远去，心也随之而去，以致人瘦比黄花，只愿远行的男儿能早日归来。

清冷的闺阁是纯情女子思念情郎的地方，她们为了等待在外风流的负心汉，宁可独守空房，直到红颜老去。但她们所盼的旧梦重圆日，再续曾经天荒地老、海誓山盟的时刻，却一直未曾到来，让世人怎能不可怜这些薄命的女子呢？但感叹命苦

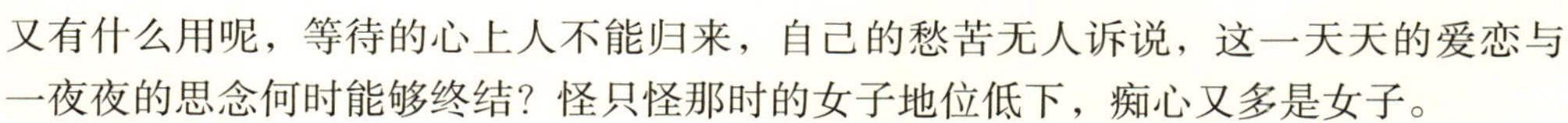

又有什么用呢，等待的心上人不能归来，自己的愁苦无人诉说，这一天天的爱恋与一夜夜的思念何时能够终结？怪只怪那时的女子地位低下，痴心又多是女子。

【原典】

山水花月之际，看美人更觉多韵[1]，非美人借[2]韵于山水花月也，山水花月直借美人生韵耳。

【注释】

①韵：风韵，韵味。

②借：借助。

【译文】

在水光山色、花前月下的情景中，端详美人会觉得更添了些情韵，并非是美人借助于山水花月的情韵，山水花月正是借助于美人的风韵才生出了情韵。

【原典】

深花枝，浅花枝，深浅花枝相间[1]时，花枝难似伊[2]；巫山高，巫山低，暮雨潇潇郎不归，空房独守时。

【注释】

①相间：相交错。

②伊：你。

【译文】

深色的花枝，浅色的花枝，都如此美丽，但即使是深色浅色的花枝相互交错搭配的时候，其花枝的美也无法与你相比；巫山高高的山峰，巫山低矮的山峰，傍晚下起潇潇细雨，情郎始终没有归来，独守空房寂寞难耐。

【原典】

青娥[1]皓齿别吴倡，梅粉妆[2]成半额黄。罗屏绣幔围寒玉，帐里吹笙学凤凰[3]。

【注释】

①青娥：年轻美丽的女子。

②梅粉妆：古代女子的一种妆式，在额头上画上梅花，即是梅粉妆。

③帐里吹笙学凤凰：典出徐陵《玉台新咏序》“萧史弄玉”的故事。“萧史善吹箫，作凤鸣。秦穆公以女弄玉妻之，作凤楼，教弄玉吹箫，感凤来集，弄玉乘凤，萧史乘龙，夫妇同仙去”。

【译文】

年轻美丽的女子，明眸皓齿，结束了以往的歌舞生涯，将额头上的梅粉妆涂成半额头的黄色；罗屏绣幔包裹着美丽的容颜，在帐中学萧史、弄玉吹笙招引凤凰，成仙归去。

【原典】

初弹如珠后如缕[1]，一声两声落花雨。诉尽平生云水心[2]，尽是春花秋月语。

【注释】

①如缕：形容乐声如细丝般悠长、深远。

②云水心：如云如水一般，漂流不定的心情。

【译文】

琴声初落下时像珠落玉盘，之后又如绵绵细丝一样，偶尔蹦出一两声；似乎要将平生似水柔情全部倾诉，仔细谛听又都是春天百花齐放或秋天月明星稀下的柔声细语。

【跟进解读】

一个心中充满无限情感的人，也会把自己的感受传达给周围许多事物，从而感觉外界处处有情。这种情绪的互动，我们也可以从音乐中感受到，从《高山流水》中我们明白了知音难觅的渴望；从《十面埋伏》中我们感到了决战时刻的紧张；从《梅花三弄》中我们领悟了借物咏怀的心声。你可能为《二泉映月》哭过，你也可能为《百鸟朝凤》笑过，可见不同的音乐能让我们有不同的感受。

落花时节的琴声，像在倾诉着人们对良辰美景的眷恋，又像是抒发着内心深处的愁苦与哀怨，就连那春花秋月也能勾起人们无限的情思之苦。绵绵细雨，滴落在美丽的花瓣上，触景生情后，使人心碎不已，因为此情此景，使人联想到自己曾经拥有过的浪漫情怀，虽然早已物是人非，但细心品味，一丝温馨之感仍存心头。

【原典】

春娇满眼睡红绡[①]，掠削云鬟[②]旋妆束。飞上九天歌一声，二十五郎[③]吹管逐。

【注释】

①春娇满眼睡红绡：出自唐代元稹的《连昌宫词》。

②云鬟：如云一样的发鬟。

③二十五郎：代指李承宁，因排行二十五，故有此称。

【译文】

睡在红绡之中的满眼娇羞的女子在春色美景中醒来，掠过如云一样的发鬟开始梳妆打扮。清亮的歌声穿过云霄飞上九天，二十五郎李承宁吹笛与之相和。

【原典】

琵琶新曲，无待石崇[①]；箜篌杂引[②]，非因曹植。

【注释】

①“琵琶新曲”二句：西晋富豪石崇曾作《琵琶引》。

②箜篌（kōng hóu）杂引：指陈思王曹植的《箜篌引》。

【译文】

《琵琶引》这样的新曲，不用等着石崇来谱写；《箜篌引》这样的杂曲，也并不一定要曹植谱写。

【原典】

休文腰瘦，羞惊罗带之频宽[①]；贾女[②]容销，懒照蛾眉之常锁。

【注释】

①休文腰瘦，羞惊罗带之频宽：语出沈约信中："百日数旬，革带常应移孔；以手握臂，率计月小半分。"是向好友告知自己的病情。

②贾女：指贾充的女儿，韩寿之妻。

【译文】

沈约的腰日渐消瘦，面对衣带频频变宽的情景而羞愧惊奇；贾充之女容颜已经消瘦，懒得再对镜自照娥眉紧锁的样子。

【原典】

琉璃砚匣，终日[①]随身；翡翠笔床[②]，无时离手。

【注释】

①终日：整天。

②笔床：毛笔架。

【译文】

琉璃做就的砚匣，整天随身携带；翡翠做的笔架，无时无刻不在手中。

【原典】

清文满箧[①]，非惟[②]芍药之花；新制连篇[③]，宁止葡萄之树。

【注释】

①箧（qiè）：箱子。

②惟：只，仅。

③连篇：文章。

【译文】

清丽文雅的文章堆满了书匣，并不仅仅是关涉芍药花的；刚刚写就的文章，也不只是关于葡萄树的。

【原典】

西蜀豪家，托情穷于鲁殿[①]；东台甲馆[②]，流咏止于洞箫。

【注释】

①托情：寄托情意的诗文。鲁殿：指山东的孔子旧宅，藏有很多书籍。

②东台甲馆：东台，唐代的官署名称。甲馆，比较高级的馆舍。

【译文】

西蜀的富豪之家，寄托情意的书籍超过了山东的孔府；朝廷中的东台甲馆，仅仅流于吟咏洞箫。

【原典】

醉把杯酒，可以吞江南吴越[①]之清风；拂剑长啸，可以吸燕赵秦陇之劲气。

【注释】

①江南吴越：皆属于中国南部地区，整体而言南部气势阴柔，北部强悍。

【译文】

喝醉的时候手持酒杯，可以吞进江南吴越之地的清风；手持宝剑长啸一声，可以吸入燕赵秦陇之地的强劲之气。

【原典】

未知枕上曾逢女[①]，可认眉尖与画郎。

【注释】

①女：同“汝”。

【译文】

不知道是否在枕上梦中曾与你相逢，但从画郎的画中还是认出了你的眉尖。

【原典】

蘋风未冷催鸳别，沉檀[①]合子留双结。千缕愁丝只数围，一片香痕才半节。

【注释】

①沉檀：沉香檀香。

【译文】

风还没有冷就催促着鸳鸯别离，沉香、檀香合在一起就能结成同心结。成千上万缕的愁思只有几围，一片香痕刚刚燃烧到半节。

【原典】

金钱赐侍儿，暗嘱[①]教休语[②]。

【注释】

①暗嘱：暗中嘱托。

②休语：不要乱说话。

【译文】

赏赐侍仆一些金钱，暗中嘱托他不要乱说话。

【原典】

薄雾几层推月出，好山无数渡江来；轮将秋动虫先觉[①]，换得更深[②]鸟越催。

【注释】

①觉：发觉。

②更深：夜深。古时夜晚以更作为时间单位，一夜有五更。

【译文】

好像是几层薄薄的轻雾将月亮推了出来，无数的锦绣高山好像要渡江而来；时间的车轮不停地转动，当秋天将要到来的时候，昆虫们最先察觉，夜色越深鸟儿的鸣声越大，好像是在催促时间流转一样。

【原典】

花飞帘外凭笺讯[①]，雨到窗前滴梦寒。

【注释】

①笺（jiān）讯：传递讯息的信笺。

【译文】

花儿飞到窗帘外，就把它当作传递讯息的信笺，任它飞舞；雨儿在窗前滴落，使梦境更加的凄凉、寒冷。

【原典】

樯标[①]远汉，昔时鲁氏之戈[②]；帆影寒沙，此夜姜家之被[③]。

【注释】

①樯标：船上的桅杆。

②鲁氏之戈：典出《淮南子·览冥训》中的故事。“鲁阳公与韩构难，战酣日暮，援戈而挥之，日为之反三舍。”

③姜家之被：典出《后汉书·姜肱传》中的故事。“姜肱字伯淮，彭城广戚人也，家世名族，肱与二弟仲海、季江，俱以孝行着闻。其友爱天至，常共卧起，及各娶妻，兄弟相恋，不能别寝，以系嗣当立，乃递往旧室。”

【译文】

桅杆已经远离了汉土，希望能够像古时的鲁阳公一样挥动手中的戈，挽回局面；船帆的影子已经接近寒沙之地，在这样的寒夜希望能够得到姜家的被子以供取暖。

【原典】

良缘易合，红叶亦可为媒[①]；知己难投，白璧未能获主[②]。

【注释】

①“良缘易合”两句：据唐代范摅《云溪友议》记载，唐宣宗之时，卢渥前往京城赶考，途中在御沟的流水中洗手，在清冽的水中忽然发现一片较大的红叶上面有墨印，他随手将叶子取出，发现红叶上竟然题着一首诗：“流水何太急，深宫尽日闲。殷勤谢红叶，好去到人间。”后来唐宣宗将一部分宫女送出宫外，许配给官吏，卢渥碰巧得到那位题诗于红叶之上的女子。

②“知己难投”两句：典出“进献和氏璧”，楚国人卞和得到一块美玉，想将其献给君王，先后向厉王、武王进献，不仅没有得到重用，反而以欺骗之罪被截去双脚。这块玉就是闻名于后世的和氏璧。

【译文】

一段美好的姻缘如果容易成就的话，那么一片红叶也可以充当媒人；如果真的遇不到知己或者欣赏自己的人，即使洁白无瑕的美玉，也只能是明珠暗投。

【跟进解读】

凡事随缘而定，便可随遇而安。如果无缘，纵然擦肩而过也不会相识，正所谓有缘千里来相会，无缘对面不相识。高山流水，知音难求。但愿天下有情人都能够终成眷属。

红叶作媒：讲的就是诗人卢渥在赶考途中，因红叶之缘，最终与宫女韩翠屏结为连理的故事。

白璧：春秋时期的楚国人卞和，在荆山得到了玉石。当献给楚厉王和楚武王时，他们不但不认识玉石，还以为被卞和欺骗，便分别砍去了他的左右脚。卞和为玉不被人识而抱着玉石在荆山下痛哭。后来楚文王过问此事，让人琢出了美玉，这便是后来著名的和氏璧。

【原典】

填平湘岸都栽竹①，截住巫山不放云②。

【注释】

①竹：在此指斑竹，化用了舜帝之妻娥皇、女英，在舜帝死后整日以泪洗面，泪落竹叶，化为斑竹之典故。

②截住巫山不放云：化用宋玉《高唐赋》中楚怀王与巫山神女相会之典故。

【译文】

把湘水的两岸都填平种满斑竹，把巫山的浮云截住不让飘走。

【原典】

鸭为怜①香死，鸳因②泥睡痴。

【注释】

①怜：怜惜。

②因：因为。

【译文】

鸭子因为怜惜香草而死，鸳鸯因为贪睡于泥中而痴。

【原典】

零乱如珠为点妆①，素辉乘月湿衣裳；只愁②天酒倾如斗，醉却琼姿③傍玉床。

【注释】

①点妆：化妆。

②愁：担心。

③姿：蜷缩着身子。

【译文】

面前如同是散开的珠子一样凌乱，只是为了化妆打扮，晶莹的露珠借着月亮的清辉，不知不觉沾湿了衣裳；只担心他喝酒如漏斗一样倾尽所有，喝醉之后蜷缩着身子依偎在玉床上。

【原典】

有魂落红叶，无骨锁青鬟[①]。

【注释】

①青鬟：乌黑的发鬟。

【译文】

有心之人可以将情意寄托于飘落的红叶之上，无心之人只能空锁自己乌黑的发鬟。

【原典】

书题蜀纸愁难浣[①]，雨歇巴山话亦陈[②]。

【注释】

①蜀纸：蜀地盛产纸张，纸质极好。浣：浣洗，涤去。

②雨歇巴山话亦陈：语出李商隐《夜雨寄北》："君问归期未有期，巴山夜雨涨秋池。何当共剪西窗烛，却话巴山夜雨时。"这里故意反其意而用之。

【译文】

即使把诗写在蜀地的纸张上，也难以将心中的愁苦浣洗去；即使巴山的夜雨停歇了，所说的也只是旧话。

【原典】

盈盈[①]相隔愁追随，谁为解语[②]来香帷。

【注释】

①盈盈：美好的样子。

②解语：解语花，在此指美人。

【译文】

美丽的女子遥遥相隔，但是相思之愁还是追随而去，谁能让我的美人来到我的香帐中？

【原典】

斜看两鬟垂，俨似行云嫁[①]。

【注释】

①嫁：出嫁。

【译文】

斜看美女头上的两个发鬟高垂，就好像是飘浮在空中的美丽云彩要出嫁一样。

【原典】

欲[①]与梅花斗宝妆，先开娇艳逼寒香。只愁[②]冰骨藏珠屋，不似红衣侍玉郎。

【注释】

①欲：想要。

②只愁：只担心。

【译文】

想要与梅花比赛装扮，先开放娇艳的花朵凌逼梅花的幽寒之香，只担心藏于珠屋之下冰清玉洁的美女，不像红衣女郎一样侍奉情郎。

【原典】

从[①]教弄酒春衫浣，别有风流上眼波。

【注释】

①从：纵使。

【译文】

把酒临风，即使是沾湿了春衫，在流转的眼波中也别有一番风流韵味。

【原典】

听风声以兴思[①]，闻鹤唳以动怀[②]，企庄生之逍遥[③]，慕尚子之清旷[④]。

【注释】

①听风声以兴思：语出《世说新语·识鉴》："张季鹰辟齐王东曹掾，在洛见秋风起，因思吴中莼菜羹、鲈鱼脍，曰：'人生贵得适意尔，何能羁宦数千里以要名爵！'遂命驾便归。"

②闻鹤唳以动怀：语出《世说新语·尤悔》。据记载陆平原在河桥战败，因受卢志所诋毁而被诛杀，行刑之前感叹道："欲闻华亭鹤唳，可复得乎？"

③庄生之逍遥：即庄子，道家的代表人物，作《逍遥游》，宣扬绝对的自由。

④尚子之清旷：即尚长，东汉人，据载其在子女婚嫁之后，远离家乡，四处云游。

【译文】

听到风声就引发了我的思乡之情，听闻鹤唳之声就触动了我的心怀，企盼能够像庄子一样逍遥，羡慕尚子的清净旷达。

【原典】

灯结细花成穗[①]落，泪题愁字带痕红。

【注释】

①成穗：熟透了的谷穗。

【译文】

灯芯结成细花就像是熟透了的稻穗一样低垂着，含泪题写"愁"字，字也带着红红的泪痕。

【原典】

无端[①]饮却相思水，不信相思想杀人。

【注释】

①无端：无缘无故。

【译文】

无缘无故地喝下了相思水，这才不得不信相思真的能害了人的性命。

【跟进解读】

千里姻缘一线牵，缘本是上天注定的，如果有缘无情，或者是有情无缘的话，都是很痛苦的事。关于爱情很多事是无法说清楚的，会无缘无故真心地喜欢上某人，无缘无故认识他，无缘无故牵挂他。心中无尽的相思，自己都无法说得清楚，无法摆脱，心不随缘，却又落在了缘中，想摆脱又不能，想离弃又不舍，真是使人苦恼不已。

缘分已到尽头，情却难舍难分，这种在爱情海中苦苦挣扎的滋味真是让人难以忍受，难怪说“衣带渐宽终不悔，为伊消得人憔悴”。当初有缘饮相思水，本想陶醉其中一时，却不曾想只是那么一滴，便要让自己受一辈子的煎熬。无端饮了这杯苦酒，既无道理可言，也无结局可言，岂不令人愁肠寸断，哀怨无限。

【原典】

渔舟唱晚①，响穷彭蠡②之滨；雁阵惊寒，声断衡阳③之浦。

【注释】

①渔舟唱晚：见唐代王勃《滕王阁序》。

②彭蠡：指今江西境内的鄱阳湖。

③衡阳：位于今湖南省境内，相传此地又叫回雁峰，大雁到此地就不再南飞。

【译文】

傍晚，渔夫荡着渔舟高歌，歌声响彻了彭蠡之滨；大雁为天寒所惊，排成阵形南飞，凄凉的叫声在衡阳之浦断断续续地传来。

【原典】

爽籁发而清风生①，纤歌凝②而白云遏。

【注释】

①爽籁发而清风生，纤歌凝而白云遏：见唐代王勃《滕王阁序》。爽籁：长短不齐的管子组成的排箫。

②凝：在此指声音不绝于耳，就像是凝结了一样。

【译文】

排箫发出美妙的声音，清风都随之而生，轻柔的歌声就好像凝结了一样，就连飘浮的白云也停下了脚步。

【原典】

杏子轻衫初脱暖，梨花深院自多风[1]。

【注释】

①梨花深院自多风：语出北宋晏殊《无题》："梨花院落溶溶月，柳絮池塘淡淡风。"

【译文】

杏子随着天气的变暖刚刚脱掉外面披着的一层轻纱，梨花盛开的深深院落自然多风。

卷三　集峭

【原典】

今天下皆妇人矣！封疆缩其地，而中庭[1]之歌舞犹喧；战血枯其人，而满座之貂蝉[2]自若。我辈书生，既无诛乱讨贼之柄，而一片报国之忱，惟于寸楮尺只字间[3]见之；使天下之须眉而妇人者，亦耸然有起色。集峭第三。

【注释】

①中庭：古代庙堂前阶下或厅堂的中央。

②貂蝉：指貂尾和附蝉，古代权贵之人常常以此为饰，故此处以貂蝉代指权贵之臣。

③寸楮尺只字间：在文章字里行间之中。寸楮，代指纸。

【译文】

当今天下的男儿都如同妇人一般！眼看着国土逐渐沦丧，然而厅堂中仍是歌舞喧嚣；战场上战士因血流尽而枯干了，而满朝的官员仿佛无事一般。我们这些读书人，既然没有平叛讨逆的权柄，而一片报效国家的赤诚之心，只能在白纸黑字上表现出来；使天下那些身为男子却似妇人的人，能够被触动而有所改进。集峭第三。

【原典】

忠孝，吾家之宝；经史，吾家之田[1]。

【注释】

①田：田地，民以食为天，田也就是安身立命的根本。

【译文】

忠孝，我的持家之宝；熟读经史，就像是家里的田地一样是根本。

【原典】

闲到白头真是拙，醉逢青眼不知狂[1]。

【注释】

①青眼不知狂：出自《晋书·阮籍传》，阮籍的母亲去世，嵇喜前来凭吊，阮籍白眼相对。后来嵇喜的弟弟嵇康听闻之后也前去凭吊，带着酒挟着琴，阮籍见了十分高兴，青眼相待。正眼相看露出眼青，称为青眼；斜眼相看露出眼白，称为白眼。

【译文】

虚度光阴，无所事事，直到白头，这真是笨拙，喝醉之后碰到别人正眼相看，也不知道自己的狂妄。

【原典】

兴之所到，不妨呕出[1]惊人；心故不然[2]，也须随场作戏。

【注释】

①呕出：说出。

②不然：不以为然。

【译文】

兴致来了的时候，不妨吐出惊人之语；即使心中不以为然，也需要逢场作戏。

【原典】

放得俗人心下，方[①]可为丈夫；放得丈夫心下，方名为仙佛；放得仙佛心下，方名为得道。

【注释】

①方：才。

【译文】

能够将世俗之心放下，才能算作真正的大丈夫；放得下大丈夫之心，方能称为仙佛；放得下成仙成佛之心，才能彻悟世间的真相。

【跟进解读】

事物的发展都是循序渐进、按部就班来进行的。如果没有基础就想一步登天，就如那脱了线的风筝一样，即使飞得再高，但最终结果是摔个粉身碎骨。

从平凡到大丈夫，从大丈夫到成仙佛，从成仙佛到得道，这就是修炼心性由低到高的几个层次。所谓大丈夫，就是富贵不能淫，威武不能屈，贫贱不能移。大丈夫渴望建功立业，干一番惊天动地的事业，成为世人敬仰的英雄。但佛家认为世事纷争、战火频仍往往是功利之心驱使的，只有收敛欲望，让迷途的心灵回归本性，才可放下屠刀，立地成佛，百姓才会安居乐业，国家才会繁荣昌盛。更进一层说，虽成仙佛，但只有做到心无牵挂，视名利如过眼云烟，才可称真正得道，如果仍是心有余念，凡心不改的话，也只是空有仙佛之名罢了。

【原典】

吟诗劣于[①]讲书，骂座恶于足恭[②]。两而揆之[③]，宁为薄倖狂夫，不作厚颜君子。

【注释】

①劣于：比……差。

②足恭：过分恭顺。

③两而揆（kuí）之：两相比较之下。揆，忖度。

【译文】

吟诗不如讲解书中的道理收获大，在座位上破口大骂当然比恭敬待人要恶劣。

但两相比较之下，宁愿做个轻薄的狂人，也不做个厚脸皮的君子。

【原典】

观人题壁，便识文章。

【译文】

观察人在石壁上题写的诗句，就可以知道此人的文章如何。

【原典】

宁为真士夫[①]，不为假道学。宁为兰摧玉折，不作萧敷艾[②]荣。

【注释】

①真士夫：真正的读书人。

②萧、艾：古代将其视为恶草，品行低劣。

【译文】

宁可做一个真正的君子，也不愿做一个假装有道德学问的先生；宁愿像兰花美玉那样被摧残，也不愿像草萧和艾蒿那样长得繁茂。

【跟进解读】

读书人不能只注重学问，也必须重视道德，如果空读诗书，品德不足，那不过是一个假道学先生罢了。

追求美好的德行，宁可做兰花芳草被摧折，也不做贱草茂盛生长。晋代诗人陶渊明曾做过彭泽县令，他为官清正廉洁，不骚扰百姓，日子过得悠闲自在。一天郡里派督邮来彭泽视察，其他官员都劝他重礼相迎，陶潜抛掉官印，气恼地说："我可不为五斗米折腰。"之后，他隐居终南山，过着淡泊的田园生活。如今像陶渊明这样的清高之人不多了，但满口假话、满口仁义道德，内心却充满邪恶，只看他人的短处，却不要求自己的"挂榜圣贤"人屡见不鲜。

我们要活得真实，不仅对他人负责，也要对自己负责，不坠青云之志，走出一条属于自己的路来，随心所愿地生活。

【原典】

随口利牙，不顾天荒地老；翻肠倒肚，那管[①]鬼哭神愁。

【注释】

①那管：哪管。

【译文】

尖牙利齿，随口就说，哪怕天荒地老也不会顾及；翻肠倒肚，将心中的话都说出来，哪管什么鬼哭神嚎。

【原典】

身世浮名，余以梦蝶视之[①]，断不受肉眼相看。

【注释】

①余以梦蝶视之：化用"庄生梦蝶"的典故，《庄子·齐物论》云："昔者庄周梦为蝴蝶，栩栩然蝴蝶也。自喻适志与，不知周也。俄然觉，则蘧蘧然周也。不知

周之梦为蝴蝶与，蝴蝶之梦为周与？周与蝴蝶，则必有分，此之谓物化。”

【译文】

人世间的浮名，我当成庄周梦蝶去看待，绝不用世俗的眼光看待它。

【跟进解读】

庄周梦蝶是一则浪漫的寓言故事，给我们的启示就是：在很多时候，许多虚幻的东西倒成了真实的，真实的东西也许是虚幻的。就像生命，从无到有，又从有到无，生命中的情境，也许有刻骨铭心的爱恋，也许有痛哭流涕的伤心，但时过境迁之后，一切都像是昨日的一场梦。生命、经历如此，名与利、得与失更是如此。

生活中有些事物仿佛就在眼前，但极力捕捉后仍然得不到，让人琢磨不透它到底是真是假。就像我们生活中执着追求的东西一样，没有时总想得到，一旦得到后才知它并不像我们想象的那么美好。

【原典】

达人①撒手悬崖②，俗子沉身苦海。

【注释】

①达人：通达之人。

②悬崖：比喻危险的境地。

【译文】

通达生命之道的人能够在危险的境地放手离去，凡夫俗子则沉溺在世间的苦海中无法自拔。

【原典】

销骨①口中，生出莲花九品②；铄金舌上，容他鹦鹉千言。

【注释】

①销骨：销毁枯骨。语出《史记·张仪列传》：“众口铄金，积毁销骨。”指人们口中的言语作用极大，人言可畏。

②莲花九品：佛家术语，指佛家的极乐境界，修行圆满之人死后会到极乐世界，并且以莲花台为座，莲花台又分为九种，九品莲花代表最高境界。

【译文】

能销毁枯骨的嘴巴，也能吐出美丽的莲花；能让金属熔化的舌头，也一定能说出很多好话。

【跟进解读】

小小的亲切可以推动世界，轻轻的掌声足以温暖人生。的确，再也没有比赞美更便宜而又不花钱的东西。

由衷地赞美，是人生中最令对方温暖却最不令自己破费的礼物，当然，它的价值也是难以估计的。当你用心观察到对方的优点，并且发自真心地表达赞美，友善的关系便在一言一语中逐渐建立、累积。情人间的赞美，让爱情更加滋润；亲人间的赞美，让家庭更加幸福。许多实验证明：在充满赞美的环境中长大的人，比较有自信。经常受到老师赞美的学童，课业成绩比较好。甚至，连农夫在牧场上赞美一头母牛，都能使它产出更多、更好的牛奶。千万不要忽视赞美的力量。

对一个人来说，说话的重要性无论怎样强调都不过分：上至事业，下至家庭，你人生的高度往往是说话水平的高度决定的。因为一个人办事能力的高低，为人处世怎么样，以及由此留给周围人的印象，大多是通过说话体现出来。大家天天在说话，有的人说起话来口若悬河，似乎很能说，但这不代表你会说话。会说话的人话不在多，能一语中的，声不在高，能让所有人洗耳恭听。

【原典】

竹外窥鸟，树外窥山，峰外窥云，难道[①]我有意无意；鹤来窥人，月来窥酒，雪来窥书，却看他有情无情。

【注释】

①难道：很难说。

【译文】

在竹林外面窥探黄莺，在树林之外探看山峰，在山峰之外窥测白云，很难说我是有意还是无意；仙鹤来窥视人，月亮来偷窥酒，雪来窥看书，却看他是有情还是无情。

【原典】

体裁如何[①]，出月隐山；情景如何，落日映屿[②]；气魄如何，收露敛色；议论如何，回飙[③]拂渚[④]。

【注释】

①如何：怎么样。

②屿：岛屿。

③回飙（biāo）：回旋的飙风。

④渚：水中的小块陆地。

【译文】

体裁怎么样，要看出来的月亮以及隐去的青山；情景怎么样，要看落下的太阳以及被余晖映照的岛屿；气魄怎么样，要看蒸发的露水和色彩的凝敛；议论怎么样，要看回旋的风轻拂着的水渚。

【原典】

雾满杨溪，玄豹[①]山间偕日月；云飞翰苑，紫龙天外借风雷。

【注释】

①玄豹：比喻隐居之人。

【译文】

杨溪大雾弥漫，隐居之人在山间与日月相伴；白云飞过翰苑，紫龙乘借着风雷之势从天外而来。

【原典】

一失脚[①]为千古恨，再回头[②]是百年人[③]。

【注释】

①一失脚：一时不小心犯下错误。

②再回头：指发现错误。

③百年人：年纪很大的老人。

【译文】

错误会让你后悔一辈子，老了醒悟也就迟了。

【跟进解读】

过去的往往不会再次出现，错过的往往不会重来，失去的也往往无法重新拥有，与你擦肩而过的那些人、那些事往往不会与你再相逢，这就是残酷的人生。很多时候，走过你就无法再回头，失去就不会再让你拥有，这让我们必须学会珍惜当下，把握好每一天，因为人生是条单行道，明天不会重复今天的事。既然人生不能掉头，不能重新开始，那么，在这条单行道上，我们就应该珍惜现在，珍惜我们的所有，让每一分、每一秒都过得十分有意义。

在这条人生的单行道上，有的时候你能在这条宽阔的路上自由行驶，有的时候却被堵得无法动弹。但不论你遭遇了什么，你都只能沿着这条道路向前行驶，无法掉头，所以，把握当下是我们唯一的选择，也是人生最好的选择。

【原典】

居轩冕[①]之中，要有山林[②]的气味；处林泉之下，常怀廊庙[③]的经纶[④]。

【注释】

①轩冕：乘轩车戴冕冠，指达官显贵之人。

②山林：代指山间隐士。

③廊庙：朝廷。

④经纶：治国才能。

【译文】

跻身仕宦显达之中，必须要有山间隐士那种清高的品格；闲居在野的居士和隐者，也应常怀治理国家的韬略。

【原典】

名衲[①]谈禅，必执经[②]升座，便减三分禅理[③]。

【注释】

①衲（nà）：僧人。

②执经：手拿经书。

③便减三分禅理：禅理讲究自己参悟，真正高深的禅理是不能靠他人言说的。

【译文】

有名的僧人谈禅，必定会手持经书升座讲堂，这样就会减少三分禅理。

【原典】

穷通之境未遭，主持之局已定；老病之势未催[①]，生死之关先破[②]。求之今人，谁堪语此？

【注释】

①催：遭受。

②破：看破。

【译文】

在还未遭受贫穷或显达的境遇时，自我生命的方向已经确定；在还未受到年老和疾病的折磨时，对生与死的认识预先看破。面对今天社会上的芸芸众生，可以和谁谈论这些问题呢？

【原典】

一纸八行[①]，不遇寒温之句；鱼腹雁足[②]，空有往来之烦。是以嵇康不作[③]，严光口传[④]，豫章掷之水中[⑤]，陈泰挂之壁上[⑥]。

【注释】

①一纸八行：古时候的纸张多是一页写八行。

②鱼腹雁足：指书信，古人有借鱼腹、雁足来传书之说。鱼腹，语出汉代蔡邕《饮马长城窟行》云："客从远方来，遗我双鲤鱼，呼儿烹鲤鱼，中有尺素书。"鸿雁，苏武被困于匈奴，最后利用鸿雁传书与汉朝通信，汉朝知晓此事之后派遣使者前往匈奴接回苏武。

③嵇康不作：典出嵇康《与山巨源绝交书》，声言自己不愿放弃自己的气节侍奉他人，其中有云："素不便书，又不喜作书，而人间多事。堆案盈几，不相酬答，则犯教伤义，欲自勉强，则不能久。"

④严光口传：典出《后汉书·严光传》。严光曾经与光武帝刘秀一起游学，光武帝很欣赏他的才能，即位之后就派使者带上书信请严光辅佐自己。严光没有回写书信，而是派人带去口信："君房足下：位至鼎足，甚善。怀仁辅义天下悦，阿谀顺旨要领绝。"

⑤豫章掷之水中：典出《世说新语》。殷洪乔将要成为豫章郡守，临走之时，很多人都送来了书函，有百许之多。后来殷洪乔把这些书信都掷于水中，因祝曰："沉者自沉，浮者自浮，殷洪乔不能作致书郎。"

⑥陈泰挂之壁上：典出三国时期魏臣陈泰的故事。当时陈泰司职并州刺史，京邑许多达官贵人都给他送去珍宝，"因泰市奴婢，泰皆挂之于壁，不发其封，及征为尚书，悉以还之"。

【译文】

一张纸八行的书信，不过都是嘘寒问暖的话而已；藏于鱼腹、雁足中的书信，白白地带来往来的烦恼。因此嵇康不作书信，严光不写书信而只是使人口耳相传，豫章郡守殷洪乔把百封书信都掷于水中，陈泰没有打开书信就把它们都挂在了墙壁上。

【原典】

枝头秋叶，将落犹然[①]恋树；檐前野鸟，除死方得[②]离笼。人之处世，可怜如此。

【注释】

①犹然：仍然，依旧。

②方得：才能得以。

【译文】

秋天枝头的树叶，直到无奈落去后还是依恋着树枝不肯落下；而笼中的小鸟，一直想要离开笼子，却只有死的那天才能够离开。人在世上，也如同这般可怜。

【原典】

士人有百折不回[①]之真心，才有万变不穷[②]之妙用。

【注释】

①百折不回：遭遇百次挫折也不会动摇意志。

②穷：绝。

【译文】

一个人只有真正具备百折不挠的坚强意志，才能碰到任何变化都有应付自如的办法。

【原典】

立业建功，事事要从实地着脚；若少[①]慕声闻，便成伪果[②]；讲道修德，念念要从虚处立基，若稍计功效，便落尘情。

【注释】

①少：通“稍”，稍微。

②伪果：这里指虚伪不实的后果。

【译文】

开创事业、建立功名，都要有脚踏实地扎扎实实的作风；如果稍有一点追求虚名的念头，就会造成虚伪不实的后果。探究事理、修炼心性，时刻都要在安身立命之处打好基础，如果稍有一点计较功利得失的思想，便落入俗套了。

【跟进解读】

要想建立功业，有所作为，关键在于要有实际的能力。首先要做到识大体、顾大局，只有做到总揽全局，才不会顾此失彼。其次就是从小处着手，奠定良好的基础，因为只有地基打得牢固，才可以建造出高楼大厦来。如果幻想平步青云、一步登天，那建成的只能是空中楼阁，就像墙上芦苇，头重脚轻根底浅，经不住风雨飘摇；如果所作所为只是为了求取名利，那么也不会修成正果，只能是华而不实的伪君子。

修身养性，都要从安身立命处着想，抛弃世俗的杂念，才能达到修行的彼岸。如果稍有功利之心阻碍，就很可能会因他人的影响而偏离修养的目标，从而落入凡夫俗子的人群中。

【原典】

执拗①者福轻，而圆融之人其禄必厚；操切者寿夭②，而宽厚之士其年必长；故君子不言命，养性即所以立命；亦不言天，尽人③自可以回天。

【注释】

①执拗：固执。

②操切者寿夭：做事急切的人寿命短促。切，急切，急躁。夭，少。

③尽人：尽了人的力量。

【译文】

性格过于倔强的人福运就会少，而性格圆滑的人财富就会多。性格急躁的人很可能会减少寿命，宽厚的人才会心态平稳、息事宁人，不易做出损害生命的事情。君子不谈天命，他们以修缮德行来延长自己的生命；君子也不谈天意，他们会用自己的勤奋来挽留天意。

【跟进解读】

人们常说“生死有命，富贵在天”，那是因为他们主宰不了自己的命运。一个人的福分禄命，往往与他的性情有关系。因为福气不是吃喝玩乐、富贵名利，而是一种和平安宁的生活，是一个人在精神上能够保持快乐。性情执拗的人稍有违逆不顺之事便会大发雷霆，或者自关禁闭，这样怎么还能经常保持自己精神的愉快呢？同样，一个人如果操守峻切，不能容人，禀性急躁，一遇到麻烦就会跟人较上劲来，又如何能够延年益寿呢？

所以说在很多情况下，一个人的性格往往决定着他的命运走向，因为对待生活的态度不同，便会有不同的结局。固执己见、顽固不化的人，脾气暴戾、度量狭小的人，都难以顺应时代潮流发展的需要。三国的张飞性情暴躁乖戾，周瑜争强好胜，结果都是有福难享。性格温顺平和，别人才会愿意与我们交往；遇事随机应变的人，才能够获得更多成功的好机遇，才会享受更大的福禄。

【原典】

才智英敏者，宜以学问摄①其躁；气节激昂者，当以德性融②其偏。

【注释】

①摄：统摄。

②融：融合，融化。

【译文】

才华和智慧敏捷出色的人，应该用学问来理顺浮躁之气；志向和气节激烈昂扬的人，应当加强品性道德的修养来消融他偏激的性情。

【原典】

苍蝇附骥[①]捷则捷矣，难辞处后之羞；茑萝[②]依松，高则高矣，未免仰扳之耻。所以君子宁以风霜自挟[③]，毋为鱼鸟亲人。伺察以为明者，常因明而生暗，故君子以恬养智；奋迅[④]以求速者，多因速而致迟，故君子以重持轻。

【注释】

①苍蝇附骥：语出汉光武帝《与隗嚣书》："苍蝇之飞，不过数步，若附骥尾，可至千里。"

②茑萝：一种蔓草，常常依附松树而生。

③风霜自挟：寓意个人提高自身修养，培养高尚情操。

④奋迅：冒进急躁。

【译文】

苍蝇附着在马的尾巴上，虽然不费力就能够驰骋千里，但不免遭受落在马屁股上的肮脏和耻辱；茑萝顺着青松的枝干向上攀爬，虽然可以轻松地生长到很高的位置，但不免受到攀附依赖的羞辱。所以君子宁愿像风霜一样令人讨厌，也不会像鱼鸟一般为了生存而谄媚他人获取欢心。那些看起来光鲜的事情，背后都可能有阴暗的一面，所以君子以恬淡的心态来养护自己的智慧；那些奋力追求快速的人，往往会因为想要变得更加快速而变得更加迟缓，所以君子采取以重持轻的处世原则。

【跟进解读】

苍蝇之类的小昆虫即使不停地飞舞，最多也飞不过数十米远，但是它如果依附在骏马的尾巴上，就可以跟随其达到日行千里、夜走八百的速度；茑萝这种草本植物没有挺拔的枝干，所以便依附在松柏的枝条上生长，可以爬到很高的位置。因此，自然界中各种生物之间，有着某种天然的关系，这对它们各自的生存发展来说是必需的，这对我们人类的生存方式也有一定的启示。

不过做人应另当别论，如果我们随波逐流、缺少主见，甚至把自己的命运寄于别人手中，那就失去了生存的意义。人生路还是要靠我们自己去开拓、去跋涉的，唯有走自己的路才能让我们活得更坦然自在，更具生命的意义，所以我们应有一种独立、洁身自好的精神，以鼓舞我们不断奋进。

【原典】

宇宙内事[1]，要担当，又要善摆脱。不担当，则无经世[2]之事业；不摆脱，则无出世之襟期[3]。

【注释】

①宇宙内事：天下之事。

②经世：经国济事。

③襟期：胸怀，胸襟。

【译文】

世间的事，既要能够承担重任，又要善于摆脱羁绊。不能承担重任，就不能从事改造世界的事业；不善于解脱，就没有超出世间的襟怀。

【原典】

待人而留有余不尽之恩，可以维系无厌[1]之人心；御事[2]而留有余不尽之智，可以提防不测[3]之事变。

【注释】

①无厌：不会满足。

②御事：处理事情。

③不测：无法预测。

【译文】

人要保留一份永远不会断绝的恩惠，才可以维系永远不会满足的人心；处理事情要留有余地而不是竭尽智慧，才可以提防无法预测的突然变故。

【原典】

无事如有事时提防，可以弭[1]意外之变；有事如无事时镇定，可以销局中之危。

【注释】

①弭：消除。

【译文】

没事的时候，要当成有事一样谨慎，这样就可以消除意外发生的变故；有事的时候要像没事一样淡定自若，这样才能够帮助自己冷静地处理危难。

【跟进解读】

许多事情的发生往往都在预料之外，所以让我们经常遭受很大的损失，但这与我们的准备不足也是有很大关系的。无论看似多平稳的事，我们都要有所提防，以起到未雨绸缪、防微杜渐的效果。平时把眼光放长远，而不是只盯住眼前的利益。对于可能出现隐患的地方都要细微观察，切不可疏忽大意。在危急之时，也不必惊慌失措，而是镇定应对，以消除祸患，即使有损失也要尽力降到最低点。

我们应该牢记“居安思危”的古训，即使身处顺境也要时刻预防各种意外事件

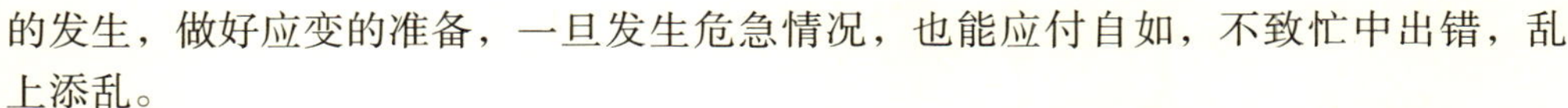

的发生，做好应变的准备，一旦发生危急情况，也能应付自如，不致忙中出错，乱上添乱。

【原典】

爱是万缘之根，当知[①]割舍；识是众欲[②]之本，要力扫除。

【注释】

①当知：应当知道。

②欲：各种欲望。

【译文】

爱是人间一切缘分之根，应该知道割舍；识是各种欲望之本，要尽力扫除。

【原典】

荣宠傍边[①]辱等待，不必扬扬[②]；困穷背后福跟随，何须戚戚[③]。

【注释】

①荣宠：荣耀，宠幸。傍边：旁边。

②扬扬：形容非常自得的样子。

③戚戚：形容十分伤心的样子。

【译文】

荣耀、宠幸的旁边就有耻辱在等待，不必那么自得；困厄贫穷的后面福气紧紧跟随，何必如此伤心悲戚呢？

【跟进解读】

荣耀、宠幸就是一个“舍得”的过程。我们生活在舍与得的世界，我们在选择中走向成熟。做学问要有取舍，做生意要有取舍，爱情要有取舍，婚姻也要有取舍，实现人生价值更要有取舍……正如孟子所说：“鱼，我所欲也；熊掌，亦我所欲也。二者不可兼得，舍鱼而取熊掌者也。”人生即是如此，有所舍而有所得，在舍与得之间蕴藏着不同的机会，就看你如何抉择。倘若因一时贪婪而不肯放手，结果只会被迫全部舍去，这无异于作茧自缚，而且错过的将是人生最美好的时光，即使最后能获得什么，那也是一种得不偿失，何苦来哉！

【原典】

看破有尽身躯，万境之尘缘自息[①]；悟入无怀[②]境界，一轮之心月独明。

【注释】

①自息：自然就会熄灭。

②无怀：指没有牵挂。

【译文】

看破了人生之有限，一切尘世杂念自然就都熄灭了；参悟了了无牵挂的境界，心中的月亮将永远澄明。

【原典】

霜天闻鹤唳[①]，雪夜听鸡鸣，得乾坤[②]清绝之气；晴空看鸟飞，活水观鱼戏，识宇宙活泼之机。

【注释】

①唳（lì）：高亢的鸣叫。

②乾坤：天地。

【译文】

在秋霜之日闻仙鹤的唳鸣，在寒冷的雪夜听金鸡报晓，可以获得天地间的清净高雅、消除杂念的气韵；仰望晴朗的天空看鸟儿飞翔，俯观水中的鱼儿嬉戏，可以洞察宇宙中活泼的生机。

【原典】

斜阳树下，闲随老衲[①]清谈；深雪堂中，戏与骚人白战[②]。

【注释】

①衲：本为僧人所穿的衣服，后代指僧人。

②骚人：指文人墨客。白战：本指徒手搏斗作战，在此指作禁体诗比赛，规定作诗不能用一些常用字眼，以此来较量诗才。

【译文】

斜阳夕照时，闲适地在树下和老僧清谈；大雪纷飞的时节，在厅堂内与诗人文士作诗取乐。

【原典】

山月江烟，铁笛数声，便成清赏；天风海涛，扁舟一叶，大是[①]奇观。

【注释】

①大是：的确是。

【译文】

山中之月色一片朦胧，江上烟雾笼罩，铁笛声声，这便是清宁的欣赏；天上狂风大作，海里波涛汹涌，一叶扁舟在惊涛骇浪中穿行，这真是一大奇观。

【原典】

要做男子，须负[①]刚肠[②]；欲学古人，当坚苦志。

【注释】

①负：负有，保有。

②刚肠：刚直的心肠，刚正之心。

【译文】

要想做个大丈夫，必须有刚直不阿的心肠；要想学习古人，应有坚定磨炼筋骨的意志。

【跟进解读】

想做男子汉、大丈夫，就要充满正气，能够在生活中伸张正义，遇到不平之事时敢于拔刀相助；遇到困难危险时能够安然处之。古人说："天将降大任于斯人也，必先苦其心志，劳其筋骨，饿其体肤，空乏其身……"司马光在宋哲宗时为相，被封为温国公，宋范祖禹作司马温公《布衾铭》记载说："公一室萧然，图书盈几，竟日静坐，泊如也，又以圆木为警枕，少睡则枕转而觉，乃起读书。"可见古人追求学问是何等艰辛，当回头审视我们自己时，在大好的学习环境中还不好好珍惜时光，把握机会，是否心有愧对祖先的感觉呢？

【原典】

风尘善病[①]，伏枕处一片青山；岁月长吟，操觚时[②]千篇《白雪》。

【注释】

①善病：容易生病。

②操觚（gū）时：指写诗行文之时。

【译文】

一路风尘，奔波劳碌，容易生病，头躺在枕上，好好休养，就会如同一片青山在眼前；悠悠岁月，只要能够坚持长吟，等到写诗行文之时，就能下笔如有神，写就千篇《白雪》这样的名作。

【原典】

亲兄弟析箸[①]，璧合翻作瓜分；士大夫爱钱，书香化为铜臭。

【注释】

①析箸（zhù）：这里指不和睦，要分家。

【译文】

亲兄弟不团结，就如同价值连城的一组美玉分散开来；读书人爱财，就会使浓郁的书香转化为铜钱的臭气。

【跟进解读】

箸就是筷子。析箸，指兄弟不和；璧就是美玉。璧合，是两块玉合在一起，比喻有价值的东西。有这样一个故事：一个老翁在临死前将自己的几个儿子叫到床前，让他们试试是一根筷子容易折断，还是一把筷子容易折断。儿子们从中悟出：只有兄弟们团结一心，和睦相处，才会更有力量、更强大。老翁听后才放心离世。

打仗亲兄弟，上阵父子兵。兄弟之情如同手足，岂能分开？只有团结一致，共同努力，才会发挥其最大的效力；如果不和睦，那就如同落地的碎玉，还有什么价值可言。

作为读书人应该知道淡泊名利、不贪图荣华富贵的道理，因为读书是为了求知明理、报效祖国，读书也是至高至雅之乐，还应做到学以致用，造福百姓，才不枉为读书人。读书人爱财也要取之有道，如果见钱眼开，就会使书香变为铜臭，辱没了读书人的称谓，与市井之徒也就毫无分别了。

【原典】

心为形役，尘世马牛；身被名牵[①]，樊笼鸡鹜[②]。

【注释】

①牵：束缚。

②鸡鹜：鸡鸭。

【译文】

如果心灵被外在的东西所驱使，那么这个人就像是活在人世间的牛马；如果人被名声所束缚，那就像关在笼中的鸡鸭一样没有自由。

【原典】

懒见俗人，权[①]辞托病；怕逢尘事，诡迹逃禅[②]。

【注释】

①权：权且，暂且。

②诡迹逃禅：隐藏行迹，逃遁世事，参禅悟道。

【译文】

倘若懒得接见那些世俗之人，就权且托辞生病了；假若害怕遭逢尘世之事，就隐藏行迹，逃遁世事，参禅悟道吧。

【原典】

人不通古今，襟裾[①]马牛；士不晓廉耻，衣冠狗彘[②]。

【注释】

①襟裾（jū）：衣襟裙裾，代指衣服。

②彘（zhì）：指猪。

【译文】

一个人如果不通晓古今的道理，那和愚钝的牛马没什么区别；而读书人如果没有廉耻之心，也就和穿着衣服的猪狗没什么区别了。

【跟进解读】

古人认为为人处世要明礼、义、廉、耻之理，因为这是为人的基本道德规范。其实这也是人区别于动物的根本所在，因为人类不仅会劳动，还明事理，有廉耻之心。从古到今，人类代代相传，留下了许多做人的道理，这是一笔宝贵的精神财富。如果人不去学习这些做人的道理，整天得过且过，无所作为，那无异于行尸走肉、酒囊饭袋，和那些牛马又有什么区别呢？不就是多了一身衣服披在身上吗？

现实生活中的读书求学之人，更应该严格要求自己，知礼仪，懂廉耻，走正道，如果心术不正，违背做人的准则，出卖自己的人格，甚至利用自己的权力去行违法乱纪之事，那真是衣冠禽兽了。

【原典】

道院吹笙，松风袅袅；空门洗钵，花雨纷纷[①]。

【注释】

①“空门洗钵”两句：据《续高僧传》记载，一次高僧法云正在讲授佛经时，忽然漫天的鲜花飘落而下，到了堂内，却又升空不坠。空门：即佛门。洗钵：传说师徒相传时，会以衣钵作为信物，此处以洗钵代指传经授法。

【译文】

在道院里吹笙，道院外的松林风声袅袅；在佛门中传经授法，突然感到漫天鲜花如同下雨一样飘落。

【原典】

种两顷附郭田[①]，量晴较雨；寻几个知心友，弄月嘲风。

【注释】

①附郭田：古时有城郭之分，附郭田指城郊的田地，此处泛指所有田地。

【译文】

耕种一两顷城郊的土地，预测天气的阴晴变化；寻觅几位知心的朋友，共同欣赏明月清风的景致，吟诗作赋。

【原典】

着履[①]登山，翠微中[②]独逢老衲；乘桴[③]浮海，雪浪里群傍闲鸥。才士不妨泛驾[④]，辕下驹[⑤]吾弗愿也；诤臣[⑥]岂合模棱，殿上虎[⑦]君无尤[⑧]焉。

【注释】

①着履（lǚ）：穿上鞋子。

②翠微中：青山中。

③桴（fú）：木筏。

④泛驾：《汉书·武帝纪》中有云：“夫泛驾之马，斥驰之士，亦在御之而已。”直译为翻车，在此指不受约束。

⑤辕下驹：车辕下套着的小马驹，在此指持观望态度，畏缩以求自保的人。《史记·魏其武安侯列传》中有云：“上怒内史曰：‘公平生数言魏其武安长短，今日廷论，局趣数辕下驹，吾并斩若属也。’”

⑥诤臣：直言进谏的臣子。模棱：典出《新唐书·苏味道传》。当时苏味道为宰相，并没有大的建树，仿佛尸位素餐，人称“模棱手”“模棱宰相”，他认为做事不用太明白，错误了就会后悔，只需“模棱持两端可也”。

⑦殿上虎：指敢于直谏的诤臣。典出《宋史·刘安世传》。刘安世为谏官，敢于直言进谏，在朝廷上据理力争，很多臣子将其视为殿上虎。

⑧尤：通“忧”，忧虑。

【译文】

脚穿草鞋攀登高山，在青翠的山色中独自行走时遇见一老僧；坐着小船泛舟海上，雪白的浪花里有成群的海鸥飞翔。有才能的人不妨到处游历，持观望态度的人不是我所愿意见到的；直言敢谏的臣子怎能说一些模棱两可的话呢？面对殿上如老虎一般威风的君王你不要忧虑。

【原典】

荷钱榆荚[1]，飞来都作青蚨[2]；柔玉温香，观想可成白骨。

【注释】

①荷钱榆荚：刚刚长出来的荷叶、榆荚，形状与钱币很相似，在此代指金钱。

②青蚨（fú）：本为一种昆虫，在此指金钱。干宝《搜神记》中有云：“南方有虫又名青蚨，形似蝉而稍大，味辛美可食。生子必依草叶，大如蚕子。取其子，母必飞来，不以远近。虽潜取其子，母必知处。以母血涂钱八十一文，以子血涂钱八十一文。每市物，或先用母钱，或先用子钱，皆复飞归，轮转无已。”

【译文】

荷叶和榆荚，飞来都可成为金钱；柔美香艳的女子，在想象中也只是白骨一堆。

【跟进解读】

世人多贪恋金钱和美色，古代就有人幻想金钱就像捉住母虫，子虫就飞回来一样没有穷尽，又编出许多美女佳人缠绵的故事。实际上，钱只是身外之物，能够不为钱所迷是一种真境界。口袋里没钱，心里也没钱的人不感到困难；口袋里没钱，存折里也没钱，但心里有钱的人才是最困难的；而那些口袋里有钱，银行里有更多的钱，心中却没钱的人是最幸福的。美女虽令人销魂，可终有人老珠黄的一天，死后原不过是白骨一堆，事先能看破，就可从贪婪的痴迷中解脱出来了。

【原典】

旅馆题蕉[1]，一路留来魂梦谱；客途惊雁，半天寄落别离书。

【注释】

①蕉：芭蕉叶。

在旅馆中题诗于芭蕉叶上，一路留下无数魂牵梦绕的诗谱；在旅途中突然惊吓了飞雁，从半空中落下一封别离的书信。

【原典】

歌儿带烟霞之致①，舞女具邱壑之资②；生成世外风姿，不惯尘中物色。

【注释】

①烟霞之致：山林烟霞的韵致，这里暗指超脱于世俗之外的韵致。

②邱壑之资：不同于世俗林间田园的姿态。

【译文】

牧童的歌声带着烟霞缭绕的山林的韵致，舞女的舞姿具有林间田园的姿态；生来就带有世俗之外的风姿，对尘世中的景物美色很不习惯。

【原典】

今古文章，只在苏东坡①鼻端定优劣；一时人品，却从阮嗣宗②眼内别雌黄。

【注释】

①苏东坡：即苏轼，宋代著名的诗人、词人、文学家、政治家。

②阮嗣宗：即阮籍，见前文所注嵇喜、嵇康前去凭吊阮籍之母，阮籍分别以白眼、青眼相待之典故。

【译文】

古往今来的文章，只在于苏东坡的鼻端评定优劣；一时的人品，却可以从阮籍的眼中区分出好坏。

【原典】

魑魅满前，笑著阮家无鬼论①；炎嚣②阅世，愁披刘氏《北风图》③。气夺山川，色结烟霞。

【注释】

①阮家无鬼论：典出阮瞻论鬼的故事。晋永嘉年间，太子舍人阮瞻一向主张无鬼论，并经常以此与人论争。有一天有位十分善辩之人在与之谈论命理之时言及鬼神，阮瞻与之论争很久依然没有被说服，客于是说："鬼神，古今圣贤所共传，君何得独言无！即仆便是鬼。"于是就变为异形消失了。

②炎嚣：喧闹熙攘。

③刘氏《北风图》：典出东汉著名画家刘褒，长于作画，其画作引人入胜。刘褒曾经画下《云汉图》《北风图》，观览《云汉图》可以使人感觉发热，观览《北风图》则使人发冷。

【译文】

世上充满了阴险如鬼之徒，因此对阮瞻主张无鬼论觉得可笑；看着这纷乱攘攘的人世，在心中充满忧愁时观览刘褒的《北风图》，气势盖过了山川，墨色凝结了烟霞。

【跟进解读】

魑、魅都是传说中鬼的名字。阮家指晋代人阮瞻，他曾提出无鬼论的主张，认为天下无人能与之辩驳。一天有位客人与他辩论，双方论战很艰苦，情急中那位客人说："古今圣贤都认为鬼神的存在，为什么唯独你说没有？我就是鬼。"于是倒在地上，不一会儿就幻灭了，阮瞻大为惊恐，一年后就病死了。这里借阴间之"鬼"来谴责人间如鬼的阴险之徒。

《北风图》是用来反衬人间热衷于争名夺利的喧嚣。刘氏指汉代刘褒，东汉桓帝时的画家，他曾画《云汉图》，人观之而觉热；又作《北风图》，其中意趣深远，笔墨精练，人们看了这幅图都觉得很凉爽。世人都在为名利奔走，犹如置身于热火沸汤中，可否去看看刘氏的《北风图》，看心头的欲火是否会熄灭，得到一丝清凉呢？

【原典】

至音[①]不合众听，故伯牙绝弦[②]，至宝不同众好，故卞和泣玉[③]。

【注释】

①至音：极为高雅的音乐。

②伯牙绝弦：典出伯牙摔琴谢知音的故事。俞伯牙、钟子期彼此为知音，《吕氏春秋·本味》中有云："俞伯牙善于鼓琴，子期听之，方鼓琴而志在太山，钟子期曰：'善哉乎鼓琴，巍巍乎若太山。'少时之间，而志在流水，钟子期又曰：'善哉乎鼓琴，汤汤乎若流水。'钟子期死，伯牙破琴绝弦，终身不复鼓琴，以为世无足复为鼓琴者。"

③卞和泣玉：典出和氏璧的故事。卞和得到上好美玉，就想向帝王进献，先后向厉王、武王进献，不仅没有得到重用，反而被以欺骗之罪截去双脚，这块玉正是闻名于后世的和氏璧。

【译文】

最好的音乐无法被众人所欣赏，因此俞伯牙在钟子期死后把自己的琴摔了；最珍贵的宝物无法得到众人的喜爱，所以卞和在荆山下抱着和氏璧痛哭流泪。

【跟进解读】

曲高和寡，知音难觅。春秋时，伯牙善于弹琴，可是能听懂的人不多，只有钟子期善于聆听：伯牙意在高山，钟子期就说巍巍乎如高山；伯牙意在流水，钟子期就说潺潺如流水。钟子期死后，伯牙摔断琴弦，再也不弹琴了。

卞和是战国时楚国人，他在荆山上得到一块璞玉，相继献给楚厉王、楚武王，厉王、武王不识玉，认为他欺君，分别砍去他的左右脚，卞和为玉不被人识而在荆山下痛哭，后文王让人得此美玉，遂称为和氏璧。

伯牙绝弦、卞和泣玉，说明比音乐更珍贵的是知音，比和氏璧更珍贵的是理解和信任。

【原典】

看文字[①]，须如猛将用兵，直是鏖战一阵；亦如酷吏治狱[②]，直是推勘到底[③]，决不恕[4]他。

【注释】

①文字：文章。

②治狱：处理狱案。

③勘到底：直查到底，探寻出个究竟。

④恕：宽恕。

【译文】

欣赏文章，应该如同猛将用兵打仗一样，必须鏖战一阵；又如同严酷的官吏处理狱案一样，必须探查出个究竟，绝对不能宽恕犯人。

【原典】

名山乏侣[1]，不解壁上芒鞋[2]；好景无诗，虚[3]携囊中锦字。

【注释】

①侣：伴侣。

②芒鞋：草鞋。

③虚：空。

【译文】

如果在知名的山川胜地，没有合意的旅伴，那么宁可将草鞋挂在墙上，也绝不出游；面对美好的景致，如果没有好诗助兴，即使怀中抱着锦囊，收藏有好文字，又有什么用呢？

【原典】

辽水无极，雁山[1]参云；闺中风暖，陌上草熏[2]。

【注释】

①雁山：雁门山。

②“辽水无极”四句：见江淹的《别赋》。无极：没有边际。

【译文】

水面宽阔，横无际涯，雁门山直入云霄；闺中的风儿和煦温暖，乡间小道上的青草散发着清香。

【原典】

秋露如珠，秋月如珪；明月白露，光阴往来；与子之别，心思徘徊[1]。

【注释】

①“秋露如珠”六句：语出江淹《别赋》。珪：美玉。

【译文】

秋天的露水晶莹剔透如同珍珠，秋天的月亮皎洁明亮如同珪玉；明月白露，交相辉映，忽明忽暗；与你分别，心中十分思念，来回徘徊。

【原典】

声应气求之夫[①]，决不在于寻行数墨之士；风行水上之文[②]，决不在于一句一字之奇。

【注释】

①声应气求之夫：意气相投之人。

②风行水上之文：自然天成，没有雕琢痕迹的文章。

【译文】

意气互相呼应的好友，决不至于需要通过笔墨文章加以了解；如行云流水一样通畅美妙的好文章，决不在于一句或一字的奇特上。

【原典】

借他人之酒杯，浇自己之块垒[①]。

【注释】

①块垒：激愤，不平。

【译文】

借用别人的酒杯，来浇灭自己心中的激愤、不平。

【原典】

春至不知湘水深，日暮忘却巴陵道。

【译文】

春天来了，一片碧绿，无法知道湘水的深浅；日暮降临，漆黑苍茫，忘记了巴陵道有多长。

【原典】

奇曲雅乐，所以禁淫[①]也；锦绣黼黻[②]，所以御暴也。缛[③]则太过，是以檀卿[④]刺郑声，周人伤北里[⑤]。

【注释】

①淫：指低俗的音乐。

②锦绣黼黻（fǔ fú）：织出的彩纹为“锦”，刺绣的彩纹为“绣”；古代衣服上黑白相间的花纹为“黼”，黑青相间的花纹为“黻”。

③缛（rù）：繁缛。

④檀（tán）卿：人名，檀弓，春秋时期鲁国人。

⑤北里：古时的一种舞曲名。

【译文】

奇妙的曲子、高雅的音乐陶冶心灵，所以要禁止低俗的音乐；丝织刺绣精美华丽，所以要预防奢侈。极为烦琐就会太过，因此鲁人檀弓讥刺郑国的靡靡之音，周人抨击北里这样糜烂的舞曲。

【原典】

静若清夜之列宿[①]，动若流彗[②]之互奔。

【注释】

①宿：星宿。

②流彗：流星，又称彗星。

【译文】

静就要像清凉的夜色中的那些星宿一样，动就要像疾逝而下的流星一样。

【原典】

停之如栖鹄，挥之如惊鸿，飘缨蕤[1]于轩幌，发晖曜于群龙。

【注释】

①缨蕤（ruí）：本指帽子上的饰物，在此指旗帜的饰物。

【译文】

停下来要像栖息的天鹅一样平静，挥舞的时候要像受惊的鸿雁一样充满力量，辕车上旗帜的饰物在随风飘动，旗帜上的群龙发出耀眼的光芒。

【原典】

云气荫于丛蓍[1]，金精养于秋菊；落叶半床，狂花满屋。

【注释】

①丛蓍（shī）：蓍草丛。

【译文】

气荫生于蓍草丛中，金精生养于秋菊之中；床上半床都是落叶，满屋都是被狂风吹落的花瓣。

【原典】

雨送添砚之水[1]，竹供扫榻之风。

【注释】

①添砚之水：砚台中需要添加的水。

【译文】

雨送来了砚台中需要添加的水，竹林提供了打扫床榻的风。

【原典】

举黄花而乘月艳，笼[1]黛叶而卷云翘。

【注释】

①笼：即拢。

【译文】

手中高举着黄花，借着明亮的月色，将鲜艳的花朵扎在头上；用手拢一下乌黑的头发，挽起像云朵一样高高耸起的发髻。

【原典】

垂纶帘外，疑钩势之重悬；透影窗中，若镜光之开照。

【译文】

在帘外的池子中垂钓，怀疑鱼钩下沉被鱼咬钩了；池水透过窗中反射的影子，就像是一面镜子一样照着。

【原典】

叠轻蕊而矜暖[①]，布重泥而讶湿；迹[②]似连珠，形如聚粒。

【注释】

①蕊：花蕊。矜暖：温暖。

②迹：行迹。

【译文】

雨滴重重叠叠轻轻地包裹着花蕊，使花蕊看起来很温暖的样子；雨滴落在厚厚的土地上，惊讶地发现它沾湿了土地。雨滴下落的样子就像是串起来的珠子，落下来形状像是聚在一起的珠粒。

【原典】

霄光分晓，出虚窦[①]以双飞；微阴合暝[②]，舞低檐而并入。

【注释】

①虚窦：虚掩的鸟巢。

②微阴合暝：天色将要变得晦暗的时候，指夜晚即将来临的时候。

【译文】

天刚蒙蒙亮的时候，鸟儿就从虚掩着的鸟巢中成双成对地飞出；夜晚即将来临的时候，鸟儿又在屋檐下飞舞着一同归巢。

【原典】

是技皆可成名天下，唯无技之人最苦；片技即足自立天下，唯多技之人最劳。

【译文】

任何技能都有名扬天下的机会，只有那些没有养命技能的人才会变得辛苦；一项技能做到最好就完全可以安身立命了，而那些贪多想要面面俱到的人，往往没有一项技能可以达到顶峰，反而最辛苦。

【跟进解读】

专注是一个人做好任何一件事情的前提！人是不能一心二用的，同一时间，人的注意力不可能对周围的所有事物都产生清晰的、深刻的反映，它只能定向的、明确地注意到某一事物。所以，对一种事物的高度兴趣，是你了解它并对它专注的巨大动力。一个人要想做好某件事，就应该专心，而能不能全身心的投入去做，这是检验一个人对事情专心程度的标准之一。

因此，我们做事的时候，把自己的精力集中到一件事情上来，尽可能地清除掉一切产生压力或分散注意力的阻碍和想法，让自己全副精力集中在当前所做的事情

之中。所有的成功都需要专心和专注，都需要投入大量的努力和真诚，正如能够如庄子所说，“真者，精诚之至也，不精不诚，不能动人”。一个需要成功相伴的人，唯有做到了“精诚”，用自己对工作的专心和专注去打动成功的心。

【原典】

松枝自是幽人①笔，竹叶常浮野客杯。且②与少年饮美酒，往来射猎西山头。

【注释】

①幽人：隐居之人。

②且：姑且。

【译文】

松枝自然会充当幽居隐士的笔，竹叶常常是飘在山野之人的杯中。姑且与少年一起饮用美酒，然后到西山头打猎。

【原典】

好山当户①天呈画，古寺为邻僧报钟。

【注释】

①当户：正对门户。

【译文】

美丽的青山正对门户，呈现出一幅美丽的图画，与清幽的古寺相邻，每天都能听到僧人敲钟报时。

【原典】

瑶草与芳兰而并茂，苍松齐古柏以增龄。

【译文】

瑶草与芳兰都十分茂盛，苍松与古柏共同生长。

【原典】

群鸿戏[1]海，野鹤游天[2]。

【注释】

①戏：嬉戏。

②游天：翱翔于天空。

【译文】

成群的大雁一起在大海上嬉戏，成群的仙鹤一起在蓝天翱翔。

卷四　集灵

【原典】

天下有一言之微，而千古如新；一字之义，而百世如见者，安可泯灭之？故风雷雨露，天之灵；山川名物，地之灵[①]；语言文字，人之灵。毕三才之用，无非一灵以神其间，而又何可泯灭之？集灵第四。

【注释】

①灵：灵气，人或者事物中所具有的生机和活力。

【译文】

天下有一句话的意义精微深奥，即使经过千古的岁月依旧拥有新意；有一个字的意义巨大，经过百世传承依然清晰，这些都是人类文明的精华部分，怎么能够随意泯灭掉呢？所以风雷雨露是天的灵气，而山川名物是大地的灵气，语言文字是人类的灵气。天、地、人彼此作用，无非是一种“灵”在其间穿梭运作，我们又如何可以泯灭这种灵呢？集灵第四。

【原典】

投刺[①]空劳，原非生计；曳裾[②]自屈，岂是交游。

【注释】

①刺：名片，拜帖。

②曳裾：提着裙裾。

【译文】

呈递自己的名片前去拜见也只是徒劳，这原本也不是谋生之道；提着裙裾卑屈地奔走于权贵之门，这怎么会是交友周游呢？

【原典】

事遇快意处当转，言遇快意处当住[①]。

【注释】

①住：打住。

【译文】

事情发展到最顺利的时候就该见好就收，话说到最开心的时候就该适可而止。

【跟进解读】

老子提倡“知足知止”，他认为，“持而盈之，不如其已”——当拥有的物品不能再多的时候就要学会停止；如果依然不知道满足，放纵欲望、无休止地追逐声色名利，那么最终他会受到私欲的毒害的。

“知足知止”在人们的创业之路上，更多地表现为“该放手时就放手”的智慧：许多创业者曾盲目地坚信“胜利往往来自再坚持一下的努力之中”，结果把企业成本一压再压，甚至连个人的生活都逼到了边缘，最终的结果还是被迫放弃。

“言遇快意处当住。”说的是说话的智慧，告诫人们要谨言慎行。一方面，事情总是不断地发展变化。“小善小恶，最易忽略。凡人日用云为，小小害道，自谓无妨，不知此‘无妨’二字，种祸最毒。今日之自暴自弃，下愚不肖，总只此‘无妨'二字，不知不觉积成大恶。"莫大的罪过非一时铸就，弥天祸殃非一日酿成。小恶是滑向罪恶深渊的起点。因此，我们要严格要求自己，注意检点自己的言行是否符合道德规范，防微杜渐，扬长避短；另一方面，我们说话也要小心。老子认为"知者不言，言者不知"，表面上看，它解释为"知道的人不言说，言说的人不知道"。在古代，"知"和"智"在某些时候可以通用，如唐代陆德明《经典释文》说："'知'者，或并云'智'。"老子分明又在暗指聪明人绝不会是夸夸其谈、爱出风头的人，更不会去炫耀自己知识广博。不管老子指的是"知道"还是"智者"，都说明了一个问题：谨慎言谈的人都是有涵养和智慧的人。

【原典】

俭为贤德，不可着意①求贤；贫是美称，只是难居其美。

【注释】

①着意：刻意。

【译文】

节俭的人贤德，但也不要刻意用节俭获得好名声；贫是美称，只是很多人难以用贫穷获得这种荣誉。

【跟进解读】

生活水平也逐渐提高了，有些人讲享受，谈消费。或有人会说，时代不同了，观念自然要变，对物质享受的要求也是会随之变化的，有何可非议的呢？其实，这里有个作风的问题。过于吝啬自然可笑，肆意铺张浪费则更属可恶。我们都知道"由俭入奢易，由奢入俭难"的道理，"以俭立名，以侈自败"，也是显而易见的。在我们今天的现实生活中，恐怕亦不乏实例，差不多人人都可以举出一些。说到底，俭是一种克制，奢是一种放纵，作为万物之灵的人，没有克制和自持，是不可想象的。

明代姚舜牧说得好："惟清修可胜富贵，虽富贵不可不清修。"德国的歌德说得亦好："低等动物受它的器官的指导；人类则指导他的器官并且还控制着它们。"又说："毫无节制的活动，无论属于什么性质，最后必将一败涂地。"司马光文中历数了不少终于一败涂地者，这是很值得那些在物质欲望方面恶性膨胀之辈深思的。

【原典】

志要高华①，趣②要淡泊。

【注释】

①高华：远大。

②趣：志趣。

【译文】

志向应该远大具有光辉，志趣应该淡泊恬静。

【原典】

眉上几分愁，且去观棋酌酒；心中多少乐，只来种竹浇花。

【译文】

眉间有几分愁意之时，就暂且去观棋或品酒；心中有许多快乐之时，都可以在种竹浇花之中享受到。

【跟进解读】

愁从何来？从对世态炎凉变化的感受中来。心有愁苦之事时，切不可独自承受，更不可悲观失望，而要寻找消解愁苦的良方妙药，所以此时就不如出外走走，放松一下自己的心情，聊天泡茶下棋，饮酒作诗画画，都会减少我们心头的烦恼与苦闷。饮酒不是让我们借酒消愁，而是寻找一种快乐的情趣，否则只能是借酒消愁愁更愁了。乐在何处？乐在懂得生活的情趣。找快乐不如体会快乐。种竹浇花，其中就有无限的闲情雅趣，只要细心品味，则其乐无穷。

【原典】

好香用以熏德[1]，好纸用以垂世，好笔用以生花，好墨用以焕彩，好茶用以涤烦[2]，好酒用以消忧。

【注释】

①熏德：熏陶自己的德行。

②涤烦：涤除烦恼。

【译文】

好香用来熏陶自己的品德，好纸用来书写传世的文字，好笔用来创作美好的篇章，好墨用来描绘光彩夺目的图画，好茶用来涤除心灵的烦恼，好酒用来消解心中的忧愁。

【跟进解读】

生活的艺术，就是要使任何事物都能达到最完美的用途。古人以香草比喻美德，在修行时，一定要点燃香草来提醒自己加强品德修养。不朽的文字，应该记录在最好的纸上，以流传于后世。好笔，自然要写下文采飞扬的篇章。好墨，也要画出光彩夺目的绚丽图画。这样才能物尽其用，物有所值。世人要想消除自身的烦恼，洗涤落满尘埃的心灵，也要以最好的香茗、最醇的美酒来涤除，这样才会使我们忘却忧愁，感到无比清新舒爽。

【原典】

声色娱情，何若净几明窗，一坐息顷[1]；利荣驰念，何若名山胜景，一登临时。

【注释】

①息顷：休息。

【译文】

用声乐美色来娱乐自己的心情，还不如选取一处明亮而干净的地方，让自己疲惫的心灵好好休息一下；用利益和虚荣来加强自己拼搏的念头，还不如选择一处天

然的名山盛景，让自己的身心好好领略大自然的美丽。

【跟进解读】

荣华富贵固然人人向往，但随着岁月蹉跎，年华流逝，所有的幸福生活终究也会消亡殆尽，只不过是过眼云烟罢了。满足精神和肉体上的刺激也是短暂而易于消失的，培养自己一份高雅的悠闲情趣，倒可与我们相伴终生，能享受到无穷的乐趣。在窗明几净的环境中，临窗而坐，摒除声色财利的烦恼，看窗外的花开花落，人来人往，留一方宁静的天地在心头，却能感受到世界的许多美丽与生机，这是多么惬意的生活。世俗之人为名利而奔波劳碌，到头来却是两手空空，一无所有，不禁悲叹一生虚度。如有空闲之余，不如游览名山大川，登临名寺古刹，去返璞归真，寻找一下回归自然后的本性。

【原典】

竹篱茅舍，石屋花轩，松柏群吟，藤萝翳[①]景；流水绕户，飞泉挂檐；烟霞欲栖[②]，林壑将暝[③]。中处野叟山翁四五，予以闲身，作此中主人。坐沉红烛，看遍青山，消我情肠，任他冷眼。

【注释】

①翳：掩盖，遮蔽。

②栖：栖息。

③暝：晦暗。

【译文】

竹子篱笆，茅草屋舍，石头屋和开满鲜花的长廊，风吹松柏后发出呼啸之声，藤萝密密麻麻遮蔽了阴翳；流水绕过门前，如同飞泉挂在屋檐；烟霞好像要在此栖息一样，林壑将要笼罩在晦暗之中。居住在山间的四五个野老山翁相聚，我悠闲无事，做此山中的主人。坐看红烛燃烧，遍览青山，排遣我心中的情怀，任凭别人的冷眼。

【原典】

问妇索酿[①]，瓮有新刍[②]；呼童煮茶，门临好客。

【注释】

①酿：酿酒。

②刍：粮食

【译文】

向妇人索要酿酒喝，瓮中正好有刚刚酿造好的；呼唤童子煮茶，家中有好友相访。

【原典】

累月独处，一室萧条；取云霞为侣伴，引青松为心知。或稚子老翁，闲中来过，浊酒一壶，蹲鸱[①]一盂，相共开笑口，所谈浮生闲话，绝不及市朝。客去关门，了无报谢，如是毕余生足矣。

【注释】

①蹲鸱（chī）：大芋，其形状与蹲伏的鸱相似，因此又称蹲鸱。

【译文】

连续几个月的独居生活，虽然让满屋子萧条冷清；但常将浮云彩霞视作伴侣，将青松当成知己。有时候老翁带幼童过来拜访，这时以一壶浊酒、一盘大芋招待客人，会心地开口大笑，谈着一些家常话，绝不谈及市肆方面的俗事。客人离开便关门，不需要起身送客。如能这样过一辈子我就很满足了。

【跟进解读】

生活是丰富多彩的。如果我们只知一心赶路的话，往往会忽略身边诸多美丽的风景。只有平平淡淡、宁静安详地过日子，才会体悟生活中的快乐与幸福。生活中少一些无聊的应酬和名利的交易，便更能感觉到自然的亲切与真实。因为没有了矫揉造作、虚伪奉承，只有心灵的交流与共振，情感的沟通与融合，所以，客人来时不必迎、走时不必送，一切都是那么宁静自然，皆因心有灵犀。

天下真有这样天真朴实、返璞归真的生活吗？如果真能在这样的环境中过一生，还有何所求呢？

【原典】

茅檐外，忽闻犬吠鸡鸣，恍似云中世界；竹窗下，唯有蝉吟鹊噪，方知静里乾坤①。

【注释】

①乾坤：天地。

【译文】

茅草编织的门帘外，忽然传来几声鸡鸣狗吠，让人仿佛生活在远离尘世的高远世界中；竹窗下的蝉鸣鹊唱，令人感觉到静中的天地如此之大。

【原典】

若能行乐，即今便好快活。身上无病，心上无事，春鸟是笙歌，春花是粉黛，闲得一刻，即为一刻之乐，何必情欲乃为乐耶？

【译文】

如果能随时行乐，立刻就可以获得快乐。身体无病，心中也无所牵挂，春鸟的鸣叫便是动听的乐曲，春天的花朵便是美丽的装点，有一时空闲，就能享受一时的欢乐，为什么一定要在情欲中寻求刺激，才算是快乐呢？

【跟进解读】

人生真正的快乐不在于追求感官上的刺激，以求得到各种贪欲的满足，而是在于能够用自己的心灵去品味世间万物之中所包含的情趣，以达到心灵愉悦的目的，这才为真乐，这才能常乐。当我们心中没有忧虑和牵挂的时候，当我们身体没有病痛折磨的时候，自然会感觉到无比的轻松快乐，心情就会把春天的鸟鸣当成婉转的歌唱，把春天的百花争艳当成对人生的点缀。

由此可见，快乐其实就在我们的心底。外在感官的刺激是短暂的，甚或是危险的，短暂的快乐后面也许是无尽的麻烦或痛苦，甚至是死亡的深渊或陷阱，这又怎能与心中的闲适与心安理得相提并论呢？

【原典】

开眼便觉天地阔，挝鼓[①]非狂；林卧不知寒暑更，上床空算[②]。

【注释】

①挝（zhuā）鼓：化用祢衡击鼓当面辱骂曹操的典故。

②上床空算：典出《三国志·魏书·陈登传》中三国时期著名谋士陈登（字符龙）的故事。许汜见陈登，陈登也不和许汜说话，自己睡在大床上，让许汜睡在下床。许汜告之刘备，刘备曰："君有国士之名，今天下大乱，帝主失所。望君忧国忘家，有救世之意，而君求田问舍，言无可采，是元龙所讳也，何缘当与君语汜如小人，欲卧百尺楼上，卧君于地，何但上下床之间邪？"比喻人的修养与品位非在上下床之间。

【译文】

睁眼看世界，便感觉天地宽阔了许多，哪怕像祢衡击鼓骂曹操那样也算不上狂放；隐居在山林当中，不知道寒暑往来的变化，就算像陈登那样有忧国忧民的意识、建立功名的热心，也只不过是白白筹划罢了。

【跟进解读】

心胸豪迈之人，其想法和作为是平常人难以预料的，有时候他们的所作所为看起来不合时宜，甚至狂妄到让人难以忍受的地步，但往往就是这样的人才会有惊人之举。诗人李白之所以有诸多佳篇和故事传世，都与他狂放的性格密切相关。

"君子一言，驷马难追。"有的人空有报国之心，却拿不出报国的实际行动来，只是停留在嘴上，这又怎能算作报国心呢？就如同我们平常对他人的许诺一样，答应了别人却不去兑现，结果不但会落个言而无信的恶名，还会失去他人的理解与信任。只有把想法与承诺落到实处，才会赢得更好的声誉和更多的朋友。

【原典】

惟[①]俭可以助廉，惟恕可以成德。

【注释】

①惟：只有。

【译文】

只有节俭可以助长廉洁，唯有宽恕可以成就德行。

【原典】

山泽未必有异士，异士未必在山泽。

【译文】

山林泽畔不一定有超凡脱俗的隐士，超凡脱俗之人也不一定在山林泽畔。

【跟进解读】

那些超出了常人思想和行为的人大多被称为超凡脱俗之人，他们能把地位名利、荣华富贵视为草芥，而超然于物外生活。这些人能够洞察先机，其修养高深莫测，总是深藏不露，虽有生活在喧嚣的人群外，与宁静清新的山林为伴的，但更多的是生活在芸芸众生之中，只是我们没有察觉罢了。他们在反省自己生命的同时，也为众人的生命反省，他们不但以智慧解决自己的问题，也为众人排忧解难，所以说他们是众人的精神标杆和寄托。

真正的隐居虽身在山林却心系朝廷，“居庙堂之高则忧其民，处江湖之远则忧其君”。他们并不是只顾在深山享受个人的宁静，而是如蜡烛般燃烧自己，照亮芸芸众生的前路。

【原典】

不是一番寒彻骨，怎得梅花扑鼻香。念头稍缓时，便庄[①]诵一遍。

【注释】

①庄：庄重。

【译文】

倘若没有一番透骨的寒冷，怎么能有梅花的清香扑鼻而来。每当这种念头稍微迟缓一些的时候，就应该庄重地朗诵一遍。

【原典】

梦以昨日为前身[①]，可以今夕为来世。

【注释】

①身：佛教认为人有三世，即前世、今世、来世。

【译文】

倘若梦中把昨天当作前身的话，那么也可以把今天晚上称为来世。

【原典】

读史要耐讹[①]字，正如登山耐厌[②]路，蹈雪耐危桥，闲居耐俗汉[③]，看花耐恶酒，此方得力。

【注释】

①讹：错误。

②厌：狭窄弯曲。

③俗汉：俗人。

【译文】

阅读史书要忍耐其中多有的错别字，这就像登山的时候要容忍山路的坎坷不平，踏雪的时候要忍耐桥断的危险，闲居的时候要忍耐得了生活中的俗人，看花的时候忍耐得了劣质的水酒，有了这样的能力，才能在冗杂的史书中真正有所得。

【跟进解读】

古人说：“人非圣贤，孰能无过。”从对著书立作的要求来说，应当抛弃无错不

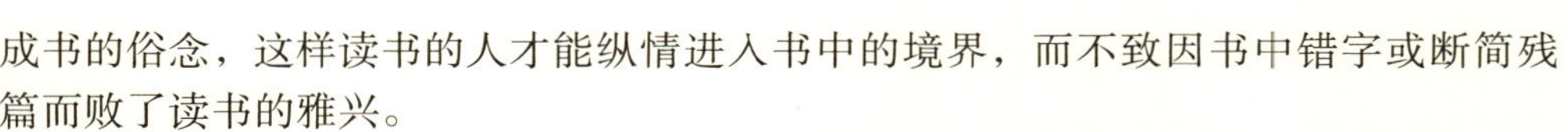

成书的俗念，这样读书的人才能纵情进入书中的境界，而不致因书中错字或断简残篇而败了读书的雅兴。

金无足赤，绝对的无错是很难的。读书要能沉得住气，发现错误不妨批注在文字旁边，也是一种情趣。因此，要在“耐”字上下功夫。史书中发现了错误，还可以改正；生活中有些不如意的事，却很难以人的意志为转移：登到山中险处，踏雪寻梅遇到危桥，遇到世俗之人的责难，这些都不是人力所能改变的，如果努力试图改变，反而会失去不少的生活情趣。所以不妨随缘而定，随遇而安，从“忍”字上做些文章。当然，如果见难就避，遇险即弃，这样的消极态度是不能有的；只有遇山开路，遇水搭桥，才能事有所成。

【原典】

世外交情，惟山而已。须有大观眼，济胜具①，久住缘，方许与之为莫逆。

【注释】

①济胜具：登临山川名胜的强健躯体。具，躯体。出自《世说新语·栖逸》：“许掾好游山水，而体便登陟。时人云：‘许非徒有胜情，实有济胜之具。’”

【译文】

俗世之外的交情，只有山而已。必须有能够洞察一切的慧眼，能够周游山川名胜的强健体魄，能够久居山中的缘分，这样才可以与山成为莫逆之交。

【原典】

九山①散樵迹俗间，徜徉自肆。遇佳山水处，盘礴箕踞②，四顾无人，则划然长啸，声振林木；有客造榻与语，对曰：“余方游华胥③，接羲皇④未暇理君语。”客之去留，萧然不以为意。

【注释】

①九山：一说泛指天下的名山，一说为实指的九座名山，即会稽山、太山、王屋山、首山、太华山、岐山、太行山、羊肠山、孟门山。

②盘礴箕踞：两腿叉开前伸，稳稳当当地席地而坐，这种坐姿在古代被视为不

庄重、轻慢，在此以这种坐姿表明随意、不受拘束。

③游华胥：据《列子》记载，黄帝“昼寝，梦游华胥之国”，在此泛指做梦、梦游。

④羲皇：即上古时期的部落首领伏羲氏，相传其曾作八卦图。

【译文】

九州之名山都散布着我采樵的足迹，在俗世间肆意徜徉。遇到好山好水，就两腿前伸舒服地坐下，四下张望，没人的话就会对天长啸，声音在树林间回荡；每当有客人登门拜访与我谈话，我就会说：“我正在周游华胥之国，与伏羲氏畅谈，没有时间理会你的话。”客人的去留，全然不挂在心上。

【原典】

无事而忧，对景不乐，即自家[①]亦不知是何缘故，这便是一座活地狱，更说甚么铜床铁柱，剑树刀山也。

【注释】

①自家：自己。

【译文】

没什么事却烦忧不已，面对美景也不快乐，就是自己也不知道这是什么缘故，这就像活在地狱中一样，更不必说什么地狱中的热铜床、烧铁柱，以及插满剑的树和插满刀的山了。

【原典】

烦恼之场，何种不有，以法眼[①]照之，奚啻[②]蝎蹈空花。

【注释】

①法眼：指眼力敏锐。

②奚啻（chì）：何止，何异于。

【译文】

世间有种种烦恼，但是以佛家的眼光来看，只不过像蝎子攀附在虚幻的花上罢了。

【跟进解读】

法眼是佛家语，是五眼之一。佛家五眼是指肉眼、天眼、慧眼、法眼、佛眼。肉眼和天眼仅能见事物幻象；而慧眼和法眼能洞见实相，所以法眼仅次于佛眼；佛眼即如来之眼，无事不知，无事不见。《诸经要集》曰：“五眼精明，六通遥飚。”《无量寿经》曰：“当眼观察，究竟诸道。”宋人严羽《沧浪诗话》曰：“须从最上乘具正法眼，悟第一义。”

一切烦恼都像蝎子趴在虚幻的花上，蝎子对虚幻的花能有什么伤害呢？正如佛祖参悟到人有心才有烦恼，无心何来烦恼呢？心无万物，又能把万物容于心中，我们便可无牵无挂，无欲无求，更不用说什么烦恼了。

【原典】

闭门阅佛书，开门接佳客，出门寻山水：此人生三乐。

【译文】

关起门来阅读佛经，开门迎接最好的客人，出门游赏山川景色：这是人生三大乐事。

【原典】

客散门扃，风微日落，碧月皎皎当空，花阴徐徐满地。近檐鸟宿，远寺钟鸣，茶铛[①]初熟，酒瓮乍开[②]，不成八韵新诗，毕竟一团俗气。

【注释】

①铛（chēng）：锅。

②酒瓮乍开：酒瓮刚刚启封。

【译文】

宾客散了之后，关闭大门，微风习习，夕阳已落，晴朗的天空悬挂着皎洁的明月，花儿的影子撒了一地。临近的屋檐下鸟儿已经栖息，远处传来寺院的钟声，茶炉中刚刚煮好清茶，酒瓮中的美酒刚刚启封，在此种情韵景致下，不能写出八韵新诗，毕竟还是俗气。

【原典】

不作风波[①]于世上，自无冰炭到胸中。

【注释】

①风波：代指对尘世间各种欲望的追求。

【译文】

不在这个世上为了尘俗的各种欲望而奔逐，心中也就不会有如同寒冰和火炭那样难以排解的痛楚。

【跟进解读】

人生遭遇的许多波折，都是自身的贪念所致，像名誉、金钱、地位、成就等，无一不让人垂涎欲滴、流连忘返。得到的自然会心满意足，显得趾高气扬，得不到便会怨声载道，有的便不择手段地去争名取利，有的却心灰意冷、感叹世态炎凉，可见人生是大悲大喜相加，得意失意相随。其实，潜到生命的底层，便可以发现在大风大浪的生命表象下，生命的本身是宁静的，既无炭火炙心，也无寒冰刺骨，悠然闲适得犹如鱼在水中、鸟在天空那般自在。

可见，是欲望让我们处在水深火热之中。只有斩断贪婪的欲望之根，我们才能得以解脱，享受轻松快乐的情趣，过上悠闲自得的生活。

【原典】

秋月当天，纤云都净[①]，露坐空阔去处，清光冷浸，此身如在水晶宫里，令人心胆澄澈。

【注释】

①纤云都净：没有一丝一毫的云彩。

【译文】

秋月悬挂在晴空之中，没有一丝云彩，十分澄净，迎着露水坐在空阔的地方，清凉的月色侵入骨髓，带来阵阵寒意，就好像身在水晶宫中一样，使人的心胆都变得十分澄净清澈。

【原典】

遗子黄金满籯[①]，不如教子一经。

【注释】

①满籯（yíng）：箱笼一类的竹器。

【译文】

给子孙们留下满筐的黄金，还比不上教授给子孙们一部经书。

【原典】

凡醉各有所宜[①]，醉花宜昼，袭其光也；醉雪宜夜，清其思也；醉得意宜唱，宣其和也；醉将离宜击钵，壮其神也；醉文人宜谨节奏，畏其侮也；醉俊人[②]宜益觥盂加旗帜，助其烈也；醉楼宜暑，资其清也；醉水宜秋，泛其爽也。此皆审[③]其宜，考[④]其景，反此则失饮矣。竹风一阵，飘飏茶灶疏[⑤]烟；梅月半湾，掩映书窗残雪。

【注释】

①宜：适宜。

②俊人：才俊之士。

③审：审视。

④考：考虑。

⑤疏：稀疏。

【译文】

大凡醉酒都需要有具体的情景与之相适应，赏花醉酒适合在白昼，可以借助于白昼的光线；赏雪醉酒适宜在夜里，可以整理思绪；因得意而醉酒时适合高歌，可以宣泄兴奋之情达致和谐；因即将离别而醉酒适宜击钵，可以增强其神色；文人吟诗醉酒适宜对节奏格外谨慎，可以避免不必要的侮辱；俊杰之士醉酒适宜增加酒杯旗帜，可以助长豪放之气氛；登楼远望醉酒适宜在酷暑，可以使清爽之感更强烈；观赏湖水而醉酒适宜在秋季，可以更为凉爽。这些都是审时度势，根据具体情况，考虑到具体情景而提出的，与此背道而驰，就会失去饮酒的乐趣。竹林中吹来一阵清风，飘来了茶灶的几缕稀疏的青烟；梅花开放，明月映照半湾村落，与书房窗外的残雪相掩映。

【原典】

聪明而修洁[①]，上帝固录[②]清虚；文墨而贪残，冥官[③]不受辞赋。

【注释】

①修洁：修行高洁。

②录：录用。

③冥官：阴间的官员。

【译文】

为人既聪慧又有高洁的操行，上天自然就会录用他到清虚之所；擅长行诗作文却贪婪凶残，即使是阴曹地府的判官也不会接受他的辞赋。

【原典】

破除烦恼，二更山寺木鱼声；见彻性灵，一点云堂优钵[①]影。

【注释】

①云堂：禅宗僧侣们坐禅修行之所。优钵：梵语，指青莲花。

【译文】

要想破除心中的烦恼，只要聆听二更时山中寺庙的木鱼声即可；要想对人性和智慧得到透彻的领悟，只要看佛堂里的青莲花即可。

【跟进解读】

人有太多的烦恼，只有在夜深人静时，佛寺中传来的木鱼声才可以提醒人们放弃心灵的纷扰，找回迷失的本心，从而充实宽广慈悲的胸怀，找些笑对人生的理由。青莲花在佛家被喻为清净智能，所以说，从青莲花中能够彻悟生命的真相，洞彻自己的本性。

【原典】

兴来醉倒落花前，天地即为衾枕；机息[①]怀磐石上，古今尽属蜉蝣。

【注释】

①机息：平息机心。

【译文】

兴致来的时候，喝醉倒卧在落花之中，天作被褥地作枕头；坐在石上，便放下了心机，忘怀了一切，感觉古往今来都像蜉蝣一样短暂。

【跟进解读】

醉酒卧倒在万花丛中，与大自然相拥入眠，似睡非睡，似醒非醒，让心自由自在地驰骋在天地之间，在物我两忘的意境中，将世间万物置于空灵之中，这是何等快意而又无拘无束的心境啊！天作衾地作枕，这是多么豪放无拘的举动，真是让人羡慕，让人向往那种自由自在的生活。万物都如花草一样有其生命的周期，百花盛开过后就要走向凋谢，在短暂的时空中尽情享受这无尽的乐趣，人生本就如沧海一粟，渺小而平凡，又何必执迷外相而不尽情享受呢？

蜉蝣是一种极小的生物，其生命不过数小时之短，虽然朝生暮死，然而也是有生有灭，人生就如这蜉蝣小虫一样，仔细品味一番，又有什么让我们不能放下的呢？

【原典】

老树着花[①]，更觉生机郁勃；秋禽弄舌[②]，转令幽兴萧疏。

【注释】

①着花：开花。

②弄舌：鸣叫。

【译文】

老树开花，更觉得富有生机；秋天的禽鸟鸣叫，反而使得幽静之意趣减少。

【原典】

雪后寻梅，霜前访菊，雨际护兰，风外听竹；固野客[①]之闲情，实[②]文人之深趣。

【注释】

①野客：幽居于山野的人。

②实：实际上。

【译文】

在大雪之后寻找梅花，在秋霜来临之前寻访菊花，在大雨降临之际呵护兰花，在大风之外聆听风吹竹叶之声；这原本是闲居山野之客的闲情，实际上也是文人墨客的雅趣。

【原典】

结[①]一草堂，南洞庭月，北蛾眉雪，东泰岱松，西潇湘竹，中具晋高僧支法[②]，八尺沉香床。浴罢温泉，投床鼾睡，以此避暑，讵[③]不乐乎？

【注释】

①结：搭建。

②支法：塔。

③讵（jù）：意思是“怎能”，表示反问。

【译文】

搭建一草堂，南有洞庭水可以观赏洞庭月色，北有峨眉山可以赏峨眉雪景，东面种上泰山之青松，西面种上潇湘之竹，中间摆置晋代高僧的支法，摆放一张八尺长的沉香床。在温泉中洗浴之后，躺在床上酣睡，这样避暑，怎能不快乐呢？

【原典】

人有一字不识，而多诗意；一偈不参[①]，而多禅意；一勺不濡[②]，而多酒意；一石不晓，而多画意。淡宕[③]故也。

【注释】

①偈（jì）：佛偈。参：参悟。

②一勺不濡（rú）：滴酒不沾。

③淡宕（dàn dàng）：淡泊，不受拘束。

【译文】

有的人一个字不认识，却富有诗意；一句佛偈都不懂得，却很有禅意；一滴酒也不曾喝过，却满怀酒趣；一块石头也不观赏，却满眼画意。这是他淡泊而无拘无束的缘故。

【跟进解读】

不识字却充满诗情，不参禅却充满禅心，不喝酒却明了酒趣，不玩石却多有画意，功利之外仍能找到无拘无束的意境，可见这诗情、画意、禅心、酒趣就藏在每个人的心中。

沉溺于功利之心，就会拘泥于某种形式。尘心过于执着，即使满腹经纶、才高八斗，也毫无诗意；即使在菩提树下，也毫无禅意。太多的贪婪、太多的心机，束缚人性真情的流露，所以只有恬淡畅适，无为而为，才会满怀情趣啊！

【原典】

以看世人青白眼转而看书，则圣贤之真见识；以议论人雌黄口转而论史，则左狐[①]之真是非。

【注释】

①左狐：即左丘明、董狐，二人分别是春秋时期鲁国和晋国的史官，记载史实秉笔直书，是难得的良史。

【译文】

用看待世人的青眼与白眼来看书，就会具备圣人贤士的真知灼见；用议论他人是非的雌黄之口来评论历史，就会具有像左丘明、董狐这样的良史的是非观。

【原典】

事到全美处，怨我者不能开指摘之端[①]，行到至污处，爱我者不能施掩护之法。

【注释】

①端：借口。

【译文】

做事做得极为完美的境地，即使是怨恨我的人也找不到指摘我的借口；行事达到了极为污秽的境地，即使是爱我的人也不能实施掩护的方法。

【原典】

必出世者，方能入世，不则世缘易堕；必入世者，方能出世，不则空趣难持。

【译文】

一定要有出世的胸襟，才能入世，否则在尘世中便易受种种世俗缠绕而堕落；一定要有入世的准备，才能真正地出世，否则就不容易长久保持空的境界。

【跟进解读】

佛家认为，出世、入世是修行所必需的。然而在出世、入世的问题上，长久以来有许多争议，许多人把出世法称“真谛”，把入世法称“俗谛”，真俗之分，把出世、入世分出了先后。实际上真正修行的人，应该将真谛、俗谛同存于心。因为出世的胸襟，便是一种看透世间真相的智慧，能够对世间的事不贪恋爱慕。正是有了这种出世的胸襟，在凡俗的世间才能游刃有余地掌握生命的方向，而不会与世俗同流合污，可以随心所欲地入世，也可以轻松自如地出世，才可谓真正的禅者胸怀，才算是领悟了世间万物的真谛。

【原典】

调性之法，急则佩韦，缓则佩弦；谐情之法，水则从舟，陆则从车。

【译文】

调整性情的方法，性子急的人就在身上佩带柔和的熟皮，以提醒自己不要过于急躁；性子缓的人就在身上佩带弓弦，提醒自己要积极行事；调适性情的方法，就像在水上要乘船、在陆地要乘车一样，适时适用。

【跟进解读】

老师要懂得因材施教，根据学生的不同性格有针对性地进行培养。有的学生急躁而好动，有的学生温和而好静，各种性情都要以适于教育为准。推而广之，为人处世同样如此，过缓、过急都不利于妥善地处理好各种关系，认识到自己的性情有不利的一面时，尤其要自觉而及时地调整意识。古人早就提醒："轻当矫之以重，浮当矫之以实，傲当矫之以谦，肆当矫之以俭，躁急当矫之以和缓，刚暴当矫之以温柔。"犯了哪一方面的错误，只有相应地加以改正，才能使自己的德行得到不断提高。

磨炼性情关键是要抓住合适的时机，当断则断，当缓则缓，如果当断不断，就会受到它的迷乱，所以我们不能违背事物的常理。过急者要注意稳重，过缓者要加快速度，这才是提升修养的最好方法。

【原典】

无事当学白乐天[①]之嗒然[②]，有客宜仿李建勋之击磬[③]。

【注释】

①白乐天：即中唐诗人白居易，字乐天。

②嗒（tà）然：指物我两忘的心境。

③李建勋之击磬（qìng）：李建勋，唐末五代时期人，《玉壶清话》记载李建勋有一玉磬，用沉香节为其安柄，敲击声十分清越。每当有客人谈到猥俗之事时，他就会在耳边敲击几声玉磬，有人问他原因，他回答说是要用玉磬声洗耳。

【译文】

没事的时候应该学学白居易物我两忘的心境，有客人来访的时候应该仿效李建勋以击磬声洗耳。

【原典】

郊居，诛茅结屋，云霞栖梁栋之间，竹树在汀洲之外；与二三同调，望衡对宇，联接巷陌；风天雪夜，买酒相呼；此时觉曲生[①]气味，十倍市饮。

【注释】

①曲生：即酒，据唐代郑荣《开天传信记》记载，叶法善宴饮宾客，有一个人自称是“曲秀才”，与众多宾客进行论辩，话语十分犀利。叶法善怀疑魑魅为惑，就用剑行刺，结果“曲秀才”竟然化成一瓶浓酒，味道极佳。叶法善于是对着酒瓶作揖，说道：“曲生风味，不可忘也。”之后“曲生”就成了酒的代称。

【译文】

居住在郊外山野，修剪茅草搭建茅屋，栋梁之间云霞缭绕，在汀洲之外栽种竹林；与两三个志趣相投的朋友，门户房屋相对，小道巷陌相连接；在狂风大雪的天气，买来美酒，呼喊朋友，一起畅饮；此时就会感觉酒味，要比市井酒肆里的好上十倍。

【原典】

醉后辄作草书十数行，便觉酒气拂拂[①]，从十指中出去也。

【注释】

①拂拂：上涌升腾的样子。

【译文】

喝醉酒之后写下数十行草书，就会觉得酒气上涌升腾，从十指中透出，渗入到字体之中。

【原典】

书引藤为架，人将薜[①]作衣。

【注释】

①薜：薜萝，又称女萝，一种植物。自屈原《楚辞·远游》中“使湘灵鼓瑟兮，被薜荔兮带女萝”诗句之后，女萝就成为隐者的装扮。

【译文】

书应该放在用藤条编制的书架之中，隐士应该穿薜萝制成的衣服。

【原典】

从江干溪畔，箕踞[①]石上，听水声浩浩潺潺，粼粼冷冷，恰似一部天然之乐韵，疑有湘灵[②]在水中鼓瑟也。

【注释】

①箕踞：两腿叉开前伸，席地而坐，姿态与簸箕相似，在古人看来这是一种很不雅的动作，在此指很惬意地没有约束地坐着。

②湘灵：湘水之神，又称为湘君。屈原《楚辞·远游》中有“使湘灵鼓瑟兮，令海若舞冯夷”“使湘灵鼓瑟兮，被薜荔兮带女萝”等诗句。

【译文】

在江岸或小溪边的石上两腿前伸而坐，聆听着水声，时而潺潺流水声势浩大，时而浅吟低唱粼粼细波，时而沉默寂静，恰似一部大自然的旋律，我不禁怀疑是否有湘水的女神在水中弹琴。

【跟进解读】

此处对水声的描绘极为生动形象，就好像一曲美妙的自然歌谣，充满了迷人的神韵。江边的巨涛，溪中的清流，与天地万物、远人近影合而为一，既体现了自然的神韵，又富有浪漫的色彩和神秘的气息。作者独自融入这美妙的景致中，幻想着那神奇的湘水女神在鼓瑟弹琴，为自己助兴，这境界怎能不令人向往呢。

如此美妙而丰富的大自然，也只有像作者这样内心宁静的人才可以体会得到，才能听懂这部无声的旋律，为尘事所扰的凡夫俗子，又岂能领悟？

【原典】

鸟啼花落，欣然有会于心。遣小奴，挈瘿樽[①]，酤[②]白酒，釂一梨花瓷盏；急取诗卷，快读一过以咽之，萧然不知其在尘埃间也。

【注释】

①瘿（yǐng）樽：瘿形的盛酒容器。

②酤：饮酒。

【译文】

听到鸟鸣，见到花落，心中有所领悟而由衷欣喜，便让小童带着酒樽买回白酒，以梨花瓷盏饮下一杯酒；并马上取来诗卷，当作下酒的美味，这时胸中清爽快意，仿佛离开了凡间。

【跟进解读】

从鸟鸣中悟到“蝉噪林愈静，鸟鸣山更幽”的境界；从花落中悟到“落红不是无情物，化作春泥更护花”的道理，所以在作者心中鸟鸣花落都是很自然的事，但在这很平凡的事中，却领会到了无言的乐趣。

抛却名利的欲求，才能如此超然于尘世之外。有些人总是觉得生活枯燥无味，于是一心追求感官上的刺激，却仍然找不到生活的乐趣。实际上生活是靠自己安排的，情调也是靠自己营造的，与其苦苦地去追寻，不如用心体会当下的快乐。

【原典】

闭门即是深山，读书随处净土。

【译文】

关起门就如同住在深山中一样，能够读书就觉得处处都是净土。

【原典】

千岩竞[①]秀，万壑争流，草木蒙笼其上，若云兴霞蔚。

【注释】

①竞：竞争，比赛。

【译文】

成千上万的高岩山峰竞展秀姿，成千上万的沟壑溪流竞相流淌，草木繁茂，朦朦胧胧，就好像是白云彩霞升腾飘荡一样。

【原典】

从山阴道上行，山川自相映发①，使人应接不暇；若秋冬之际，犹②难为怀。

【注释】

①映发：辉映生发。

②犹：尤其。

【译文】

从树木成阴的山间小道上行走，自然会发现山川相互辉映，让人感觉到美景应接不暇；倘若是在秋冬季节，更是让人不能忘怀。

【原典】

欲见圣人气象①，须于自己胸中洁净②时观之。

【注释】

①气象：气度，襟怀。

②洁净：干净。

【译文】

想要见到圣贤通达之人的胸怀气度，必须在自己内心一尘不染的时候才能观察到。

【跟进解读】

古人认为："无欲之谓圣，寡欲之谓贤，多欲之谓凡，徇欲之谓狂。"圣人就是通达事理，学问、修养、气度超凡脱俗的人，能够立言、立德、立功而不朽。从本性上说，圣人与凡人本无分别，所以孟子说人人皆可成为尧舜。圣人之为圣人，就在于他们心灵的纯净无染和了无牵挂；凡人之为凡人，就在于他们身陷红尘之中，心系杂念妄想，而使自己显得平庸俗气，甚至愚昧无知。如果想成为圣人，必须先了解并达到他们的心境，看透生死的关卡和名利的诱惑。只有清除心中的杂念，才可使自己纯净的心灵重现，从而求得真实的本性。

【原典】

箕踞于斑竹林中，徙倚于青矶石上；所有道笈梵书①或校雠②四五字，或参讽③一两章。茶不堪精，壶亦不燥，香不堪良，灰亦不死；短琴无曲而有弦，长讴无腔而有音。激气发于林樾，好风逆之水涯，若非羲皇以上，定亦嵇、阮④之间。

【注释】

①道笈梵书：道家和佛家的经书。

②雠（chóu）：错误。

③参讽：参悟评议。

④嵇、阮：嵇康和阮籍。

【译文】

两腿前伸、肆意舒展地坐在斑竹林中，然后走过去靠在青矶石上；任意翻阅一些道家、佛家的经书，或者校对四五个错字，或者参悟评议其中的一两章经文。所饮之茶不需要多么好，茶壶也不一定要很烫，焚烧的香不需要太好，只要香灰不冷就好；弹奏短琴不需要按照固定的曲调，只要优美就好，放声高歌不需要规范的腔调，只要是心灵之音就行。树林中激荡着意气，和煦的清风吹拂着水面，倘若不是伏羲氏这样的上古圣人，就必定是嵇康、阮籍这样的魏晋贤人。

【原典】

闻人善则疑之，闻人恶则信之，此满腔杀机也。

【译文】

听说别人做了善事，却对此事抱怀疑态度；听到别人做了坏事，却相信此事，这是心中充满敌意和恶念的表现。

【跟进解读】

郑板桥说："以人为可爱，而我亦可爱矣；以人为可恶，而我亦可恶矣。"其意思是说：如果一个心中充满善念的人，当听到别人有了好事时，无论是对方做了善事或有了进步，都会当作自己取得成绩一样感到由衷的高兴，而听说别人有了不好的事情，就会想也许会是传闻有误或对方有不得已的苦衷，即使是事实，也希望对方能及时觉悟并改正，这才是与人为善的正确态度。可是内心卑鄙阴险的小人不是这样，当听说别人有了好事时，或者怀疑其动机如何，或者充满嫉妒之心，蓄意贬低、诽谤对方；而当听说有人做了坏事时，则抱着唯恐天下不乱的心态，反而感到无比快意。此种阴暗心理实在可恶至极。

【原典】

士君子尽心利济[1]，使海内少他不得，则天亦自然少他不得，即此便是立命。

【注释】

①利济：造福接济。

【译文】

有志之士和君子都会尽心尽力地做对这个世界有利的事情，使得四海之内不能没有他，而天地之间也自然不能没有他，这就是安身立命体现自己价值的最好方法。

【跟进解读】

要想生活得有意义，就不能平庸或碌碌无为地过其一生。生命的价值就在于奉献。整个社会是由每个生命组成的，社会的发展和国家的强盛有我们每个人的一份责任，只有人人添砖加瓦，尽心尽力地去服务社会、帮助他人，那么生命的价值才能得到实现。就个人而言，生命只是一段过程，在这有限的生命中，有的人只知拼命享受个人的幸福生活，拒绝付出，这样的人活着也是社会的蛀虫，是行将枯萎的生命。而珍视自己生命的价值，对生命负责的人，会尽力去做有益的事，让生命之树枝繁叶茂，让生命之花绽放光彩。

【原典】

读书不独[1]变气质，且能养精神，盖[2]理义收摄故也。

【注释】

①不独：不仅仅。

②盖：表示推测。

【译文】

读书不仅仅能够改变一个人的气质，而且能够滋养一个人的精神，这就是书为人们带来的美好结果。

【跟进解读】

在这个世界上有这样一种财富，古代帝王无法获得，但是当今最贫穷的技工和劳工都能够轻松地拥有。这是一种怎样的财富？那就是广博的知识、智慧的头脑和有修养的灵魂。在这个到处都是报纸、杂志和便宜书籍的年代，我们没有任何借口让自己的心灵仍然处于一种贫瘠无知的状态之中。

在今天，如果你能够发挥自己的聪明才智的话，那么，即使你身患残疾，也可以凭借自己的学识得到真正的财富。一个人即使再贫穷，他也仍然有机会得到这些财富。因为书籍可以使我们拥有长远的眼光，宽阔的胸襟，能让我们摆脱愚昧和无知，使我们步入知识的王国。

【原典】

周旋人事后，当诵一部清静经；吊丧问疾[①]后，当念一遍扯淡歌。

【注释】

①吊丧问疾：悼念丧事，探问病人。

【译文】

周旋于人事、应酬之间，应当诵读一部使人心灵清净的“清静经”；悼念丧事，探问病人之后，应当念一通“扯淡歌”。

【原典】

卧石不嫌于斜，立石不嫌于细，倚石不嫌于薄，盆石不嫌于巧，山石不嫌于拙。

【译文】

平躺着的石头不嫌倾斜，竖立的石头不嫌细小，倚靠着的石头不嫌太薄，盆中的石头不嫌小巧，山中的石头不嫌笨拙。

【原典】

雨过生凉境，闲情适[①]邻家。笛韵与晴云断雨逐，听之声声入肺肠。

【注释】

①适：适逢。

【译文】

雨过之后生出层层凉意，环境清幽闲适，情趣盎然，适逢邻家牧童笛儿声声，与初晴后天空飘浮的云彩、断断续续的雨相应和，细细听来，声声使人断肠。

【原典】

清之品有五：睹标致[1]，发厌俗之心，见精洁，动出尘[2]之想，名曰清兴；知蓄书史，能亲笔砚，布景物有趣，种花木有方，名曰清致；纸裹中窥钱，瓦瓶中藏粟，困顿于荒野，摈弃乎血属[3]，名曰清苦；指幽僻之耽，夸以为高，好言动之异，标以为放，名曰清狂；博极今古，适情泉石，文词带烟霞，行事绝尘俗，名曰清奇。

【注释】

①标致：美好。

②出尘：脱离尘世。

③血属：亲属，亲人。

【译文】

“清”这一品性包含五种境界：目睹标致美丽之物，产生厌恶世俗之心，看到景致简洁之物，萌生出世的想法，这称之为“清兴”；知道收藏经书史书，能够亲近笔砚，景物的设置富有情趣，栽种花木有好的方法，这称之为“清致”；在废纸之中窥探钱币，在碎瓦旧瓶之后储藏米粟，困顿地生活在荒野之中，被亲人所摈弃，这称之为“清苦”；把爱好清幽僻静这种癖好夸称为高雅，把说话做事喜欢标新立异的癖好标榜为狂放不羁，这称之为“清狂”；博古通今，适情于泉水幽石，诗词带有烟霞之韵致，行事超凡脱俗，这称之为“清奇”。

【原典】

看书只要理路通透，不可拘泥旧说，更不可附会新说。

【译文】

看书最重要的是弄明白其中的道理，不要拘泥于前人留下的思想，也不要随便附会新人的说法。

【原典】

打透[1]生死关，生来也罢，死来也罢；参破[2]名利场，得了也好，失了也好。

【注释】

①打透：打通。

②参破：参悟透。

【译文】

能够看透生与死的界限，那么活着也是如此，死了也是如此；看破了名利争逐的虚妄，得到了也好，失去了也无所谓。

【跟进解读】

人死如灯灭，但即使灯灭了，也并非什么都没有了。曾经的光依然在闪烁，蜡烛的意义在于其燃烧的过程。生生死死，且由他去，不要执着于如何永生，也不要总惦记着人究竟如何做才能在死后上达四方乐土，这都是虚无缥缈、无踪可觅的，最好趁生命还在时，多做善事，认真修行。

面对死亡，要有如落叶归根的自然；面对死亡，要有如空山圆月的明净。缠绕心灵的那条生死线，只有自己才解得开。

生命的逝去不需要回归。因为真正怀有一颗佛心的人能够明白人的一生不仅仅是为了自己，更是为了别人。“落红不是无情物，化作春泥更护花。”人也该如此，在自己有限的生命中，将生命的光与热发挥到极致，为更多的人带来幸福，也给自己的人生，创造出更大的意义。

【原典】

混迹尘中，高视物外[①]；陶情杯酒，寄兴篇咏；藏名[②]一时，尚友千古。

【注释】

①高视物外：超出世间的物累。

②藏名：隐藏名声。

【译文】

立足于尘世中，眼光高远超出世间的物累；在酒杯中陶冶自己的情趣，在诗篇歌咏中寄托了自己的意趣；暂且隐匿自己的声名，还能够在精神上与古人为友。

【原典】

痴矣狂客，酷好[①]宾朋；贤哉细君[②]，无违夫子[③]。醉人盈座[④]，簪裾[⑤]半尽；酒家食客满堂，瓶瓮不离米肆。灯火荧荧，且耽[⑥]夜酌；爨烟[⑦]寂寂，安问晨炊。生来不解攒眉[⑧]，老去弥堪鼓腹[⑨]。

【注释】

①酷好：十分喜爱。

②细君：本为诸侯对自己妻子的称呼，后来范围扩大，泛指妻子。

③夫子：丈夫。

④盈座：满座。

⑤簪裾：头饰、衣衫。簪，代指头饰。

⑥耽：沉迷，沉醉。

⑦爨（cuàn）烟：指炊烟。

⑧攒（cuán）眉：皱眉头，代指发愁。

⑨鼓腹：鼓起肚子，指生活很安逸。化用《庄子·马蹄》之典故：“夫赫胥氏之时，民居不知所为，行不知所之，含哺而熙，鼓腹而游。”

【译文】

痴迷狂放的人，往往特别喜欢结交宾客；贤惠的妇人，从来不会违背丈夫。满座都是喝醉酒的人，头饰衣襟都半开着；酒店客人满堂，装米的瓶瓮一直没有离开过米肆。在昏暗的烛光下，依然暂时沉醉在夜饮之中。炊烟没有升起一丝，为何非要询问早餐呢？生来就不懂攒眉发愁是什么滋味，老了更应该悠闲舒适地生活。

【原典】

皮囊[1]速坏，神识常存，杀万命以养皮囊，罪卒归于神识[2]。佛性无边，经书有限，穷万卷以求佛性，得不属于经书。

【注释】

①皮囊：身体。

②神识：佛教中的第八识即阿赖耶识，它能够在人死后保存人的身体、言语、意念，使人在转世轮回中接受前生的因果报应。

【译文】

人的身体会很快朽坏，但是神识却永远存在，杀死各种动物的生命来供养身体，罪孽终究收纳到神识中；人的悟性是无边无际的，而经书中的文字有限，用穷究万卷经书之法来获得了悟，悟性得来却不属于经书。

【原典】

书屋前，列曲槛[1]栽花，凿方池浸月，引活水[2]养鱼；小窗下，焚清香读书，设净几[3]鼓琴，卷疏帘看鹤，登高楼饮酒。

【注释】

①曲槛：即曲栏，弯曲的栅栏。

②活水：流动的泉水。

③几：几案。

【译文】

在书屋的前面，设置弯曲的栅栏以栽种花草，凿出一片方形的池塘，让月亮的倒影浸入其中，引来泉水养些小鱼；坐在小窗下，在焚烧着清香的屋子中读书，设置洁净的几案弹琴，卷起稀疏的帘子看窗外的野鹤，登上高楼迎风饮酒。

【原典】

人人爱睡，知其味者甚鲜[1]；睡则双眼一合，百事俱忘，肢体皆适，尘劳尽消，即黄粱南柯[2]，特余事已耳。静修[3]诗云："书外论交睡最贤。"旨哉言也。

【注释】

①鲜：少。

②黄粱南柯：分别出自唐代李泌的《枕中记》和唐代李公佐的《南柯记》，黄粱，指贫困书生卢生未求得功名，在邯郸遇到一道士，就向其抱怨倾诉自己的不得志。道人就拿出一枕头，声称能够消除烦恼，实现心中所愿，于是卢生枕上此枕睡觉。当时旅店正在做黄粱饭，卢生在梦中享尽了荣华富贵，醒来之时旅店的黄粱饭

还未做好，故称“一枕黄粱”。南柯，淳于棼在梦中梦到自己到了槐安国，娶了公主；并被封为南柯太守，生活极为奢华，后来因行军作战不利，公主也死去，就被遣回。

③静修：元代诗人、思想家刘因，号静修。

【译文】

每个人都爱睡觉，可是知道其中妙韵的却很少；睡觉就闭上双眼，忘记了世间一切事情，伸展四肢使之十分舒适，尘世的疲劳全部都消除了，至于做一下像黄粱、南柯这样的美梦，那倒是其次。静修先生有诗云：“除了书本以外，就是睡觉和我的交情最好了。”这真是高论。

【原典】

过分求福，适[①]以速祸；安分远祸，将自得福。

【注释】

①适：恰恰。

【译文】

过分地追求福分，很容易促使祸事降临；安然面对突如其来的祸事，自然能转祸为福。

【原典】

倚势而凌人者，势败而人凌；恃[①]财而侮人，财散而人侮。循环之道。

【注释】

①恃：倚仗，依靠。

【译文】

仗势欺人的人，一旦失去势力必定被人欺凌；仰仗自己的钱财而凌辱别人的人，一旦钱财散尽必定被人凌辱。这是自然循环之道。

【原典】

贫不能享客，而好结客；老不能徇[①]世，而好维[②]世；穷不能买书，而好读奇书。

【注释】

①徇：依徇，顺从。

②维：维持。

【译文】

贫困之人不能款待客人，使之尽情享受，却往往喜好结交朋友；老人不能依顺世事新潮，却往往喜好维持世间原本的秩序；穷人买不起书，却往往特别喜欢读奇书。

【原典】

沧海[①]日，赤城[②]霞；蛾眉雪，巫峡云；洞庭月，潇湘雨；彭蠡[③]烟，广陵[④]涛；庐山瀑布，合宇宙奇观，绘吾斋壁。少陵[⑤]诗，摩诘[⑥]画；左传文，马迁史；薛涛[⑦]笺，右军[⑧]帖；南华经[⑨]，相如赋；屈子离骚，收古今绝艺，置我山窗。

【注释】

①沧海：即东海。

②赤城：山名，因土为赤色，因此得名，位于今浙江天台山南门。

③彭蠡：即鄱阳湖。

④广陵：即扬州。

⑤少陵：即唐代诗人杜甫，人称“诗圣”，因其自号少陵野老，故世人又称其为杜少陵。

⑥摩诘：即唐代诗人王维，擅长行诗作画。

⑦薛涛：唐代女诗人，曾让匠人造出彩色的纸笺，世人称为薛涛笺。

⑧右军：晋代大书法家王羲之，曾做过右军将军，在此以官职代指其人。

⑨南华经：《庄子》一书又名《南华经》。

【译文】

沧海的日出，赤城的红霞；峨眉山的积雪，巫峡的白云；洞庭湖的明月，潇湘的雨；彭蠡的烟雾，广陵的波涛；庐山的瀑布，集合了天地间所有的美景奇观，来描绘我书斋的墙壁。杜甫的诗、王维的画；左丘明的《左传》，司马迁的史书；薛涛的诗笺，王羲之的书帖；庄子的《南华经》，司马相如的赋；屈原的《离骚》，收罗古今绝妙的艺术，放置在我山居的窗前。

【原典】

偶饭淮阴[①]，定万古英雄之眼；醉题便殿[②]，生千秋风雅之光。

【注释】

①淮阴：即指淮阴侯韩信。韩信年少之时十分贫困，有一次在城外河边遇到一群洗衣的妇女，其中有位漂母见其饥饿之状，就施舍他饭食几十天。韩信曾声言他日富贵后必定回报，漂母很生气地说并非是为了他的回报而施舍。

②醉题便殿：据史书记载李白曾经在便殿为唐明皇撰写诏书文诰，当时天气大寒，笔被冻上，写不成字，明皇就派十个宫嫔，各自拿着笔呵热气，呵热后再让李白使用。

【译文】

漂母偶然间施舍饭于韩信之时，已经具备了识别万古英雄的慧眼；李白醉酒之后在便殿题写诗文，生成了千秋的风雅之光。

【原典】

清闲无事，坐卧随心，虽粗衣淡饭，但觉一尘不染；忧患缠身，繁扰奔忙，虽锦衣厚味[①]，只觉万状苦愁。

【注释】

①厚味：美味。

【译文】

清闲自在，要坐要躺随自己的心意，虽然穿的是粗布做的衣服，吃的是没有佐

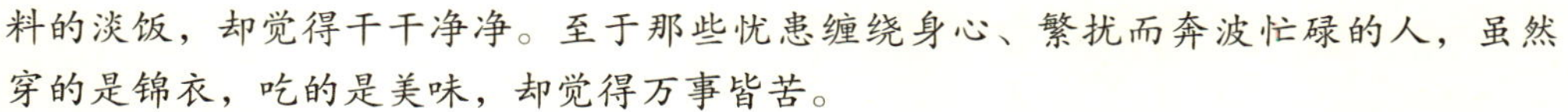
料的淡饭，却觉得干干净净。至于那些忧患缠绕身心、繁扰而奔波忙碌的人，虽然穿的是锦衣，吃的是美味，却觉得万事皆苦。

【原典】

宠辱不惊，肝木[①]自宁；动静以敬，心火自定；饮食有节，脾土不泄；调息寡言，肺金自全；怡神寡欲，肾水自足。

【注释】

①肝木：按照中医学说，人体的五脏是与阴阳五行相对应的，肝与木相对，心与火相对，脾与土相对，肺与金相对，肾与水相对，因此称肝木、心火、脾土、肺金、肾水。

【译文】

受到恩宠、遭到侮辱都不惊慌，肝木自然就会安宁；无论做事还是静处都以一种恭敬之心对待，心中之火自然会平和；饮食有一定的节制，脾土自然就不会泄露；调养气息少说话，肺金自然就会保全；怡情悦性，清心寡欲，肾水自然就会充足。

【跟进解读】

中医学运用五行类比联系的方法，根据脏腑组织的性能和特点，将人体的组织结构分属于五行系统，从而形成了以五脏（肝、心、脾、肺、肾）为中心，配合六腑（胆、小肠、胃、大肠、膀胱、三焦），主持五体（筋、脉、肉、皮毛、骨），开窍于五官（目、舌、口、鼻、耳），外荣于体表（爪、面、唇、毛、发）等的脏腑组织结构系统，为脏象学说的系统化奠定了基础。此外，中医学根据“天人相应”的观点，运用事物属性的五行归类方法，将自然界的有关事物或现象也进行了归属，并与人体脏腑组织结构的五行属性联系起来。

【原典】

让[①]利精于取利，逃名巧[②]于邀名。

【注释】

①让：推让，转让。

②巧：聪慧，智慧。

【译文】

让利于人比争取利益更精明，逃避名声比争夺名声更明智。

【原典】

彩笔描空，笔不落色，而空亦不受染[①]；利刀[②]割水，刀不损锷，而水亦不留痕。

【注释】

①染：染色。

②利刀：锋利的刀。

【译文】

用彩笔在空中描绘，笔没有着色，空气也不会染色；用锋利的刀割断水面，刀刃不会被磨损，水也不会留下什么痕迹。

【原典】

唾面自干，娄师德不失为雅量[1]；睚眦必报，郭象玄未免为祸胎[2]。

【注释】

①“唾面自干”两句：典出《新唐书·娄师德传》，娄师德的弟弟驻守代州，辞官，娄师德教导弟弟要学会忍耐，其弟曰：“人有唾面，洁之乃已。”娄师德却说：“未也，洁之，是违其怒；正使自干耳。”

②“睚眦必报”两句：汉末董卓的两位部下郭汜（字象玄）、李傕因为一点小事留下嫌隙而相互攻讨。

【译文】

被人唾吐到脸上不擦掉，任其自然风干，娄师德这样很有雅量；一点点的嫌隙必定也要报复，像郭象玄这样的做法不免为日后种下祸根。

【原典】

天下可爱的人，都是可怜人；天下可恶的人，都是可惜人。

【译文】

天下值得去爱的人，往往十分令人可怜；而那些人人厌恶的人，却往往令人十分惋惜。

【跟进解读】

世上可爱之人，多是受人尊敬与爱戴的心地善良者，他们毫不利己、专门利人的高贵品质感染了无数群众，即使自己在受到伤害时，也极力维护人类最美好的品德。由于他们不愿用种种卑劣的手段去实现自己的理想，更不愿与人同流合污去追逐不义，所以在社会中他们扮演的往往是些容易受伤害的角色，生活窘迫，甚至最后丢掉了性命。

世上那些为非作歹、作恶多端的人，不仅丧失了人性中美好的一面，就算他们的阴谋诡计偶尔得逞，由于每天提心吊胆地生活，怕遭到上天的报应，他们也感受不到生活的快乐，得不到和煦的阳光的滋润，闻不到百花的芳香，听不到孩童的欢笑，每天过着暗无天日的生活，让人在痛恨之余，不免生出几许惋惜。

【原典】

事业文章，随身销毁，而精神万古如新；功名富贵，逐世转移，而气节千载一日[1]。

【注释】

①千载一日：千年如同一天，指名节不会随着岁月的流逝而消失改变。

【译文】

事业、文章随着身体的毁灭也都将毁灭，人的精神却可以万古如新；功名利禄、荣华富贵，随着时势的变化而转移，人的气节却可以千年不变。

【原典】

滩浊作画，正如隔帘看月，隔水看花，意在远近之间，亦文章法[①]也。

【注释】

①法：法则。

【译文】

在滩头以浊水画画，就好像是隔着窗帘看月亮，隔着水看花，意境在于远近之间，这也是写文章的法则。

【原典】

藏锦于心，藏绣于口；藏珠玉于咳唾，藏珍奇于笔墨；得时则藏于册府[①]，不得时则藏于名山。

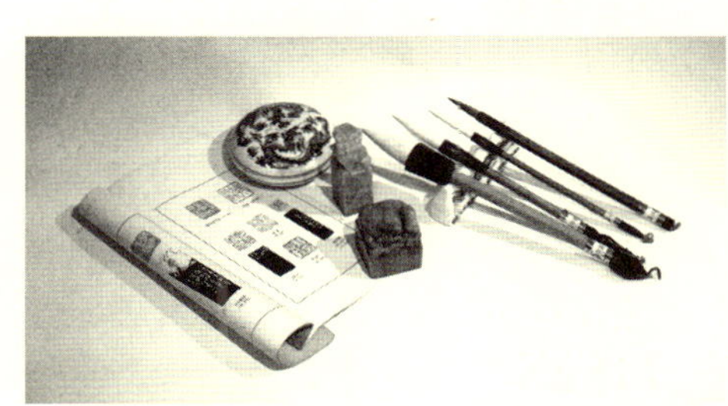

【注释】

①册府：国家编纂收藏史书的地方。

【译文】

锦绣般的好文章藏在心间、口中，珠玉珍奇般的语句藏于吟咏之间，藏在笔端；倘若时机成熟，就写出来收藏在册府之中，倘若不合时宜，就写出来藏在名山之中。

【原典】

读一篇轩快之书，宛[①]见山青水白；听几句透彻之语，如看岳立川行。

【注释】

①宛：宛如，犹如，好像。

【译文】

读一篇令人心情舒畅的文章，就仿佛看到了青山白水那样赏心悦目；听到几句精辟的话语，就好像看到了雄伟高大的山川、奔流东去的江水那样让人心旷神怡。

【跟进解读】

找一本好书，读几篇好的文章，能让我们心有所悟，或是陶冶了我们的情操，或是增添了智慧，或是铸造了意志。所以空闲之余，读读书、看看报，都会受益匪浅。读书要用心专一，切不可朝三暮四，心不在焉；也不可死读书，不求甚解。只有灵活变通地掌握读书要领，才能领会好文章中无穷的意趣。听几句富含哲理的话语，或是别人的一番良言相劝，会明白许多为人处世的道理，学到许多与人交往的好方法，真可谓一语点醒梦中人哪！但在聆听时也要有辨别真伪的眼光，因为他人之言并非都是出于真心实意。如果听些别有用心之人的奉承话，不但毫无益处，反而可能会深受其害。

【原典】

读书如竹外溪流，洒然而往；咏诗如萍末风起，勃[①]焉而扬。

【注释】

①勃：勃发。

【译文】

读书就好像是竹林外的溪流一样，非常洒脱地前行；吟咏诗歌就好像是青萍之末的风一样，瞬间勃发激扬飘荡。

【原典】

子弟[①]排场，有举止而谢飞扬，难博缠头之锦[②]；主宾御席[③]，务廉隅[④]而少蕴藉，终成泥塑之人。

【注释】

①子弟：梨园子弟，指唱戏的人。

②缠头之锦：古代的歌舞演员都要用锦包缠头部，表演深受赞赏之时，宾客往往会以罗锦相赠。

③御席：入席。

④廉隅：神情庄重、行为端庄。

【译文】

梨园子弟开场，要行为举止得体而不张扬夸张，否则很难赢得缠头的罗锦；主要的宾客入席，一定要神情庄重、行为端庄，没有了和谐融洽的氛围，终究会成为泥偶一样的人。

【原典】

取凉于箑[①]，不若清风之徐来[②]；汲水于井，不若甘雨之时降。

【注释】

①箑（shà）：即扇子。

②徐来：缓缓吹来。

【译文】

用扇子扇风求得凉爽，不如清风慢慢吹拂；在井中汲水，不如上天降下及时雨。

【原典】

有快捷之才，而无所建用，势必乘愤激之处，一逞雄风；有纵横之论[①]，而无所发明，势必乘簧鼓[②]之场，一恣余力。

【注释】

①纵横之论：本指战国时期的合纵连横之说，后代指经世治国的宏论。

②簧（huáng）鼓：古代笙竽之类的乐器都有簧，吹奏鼓动发声，常常用其喻指搬弄是非。

【译文】

怀有快捷之才，却没有什么用武之地，势必会借愤激之处，一逞雄风；怀有经世的纵横之才，却没有施展宏论之地，势必会乘借时机场合，竭尽全力巧舌如簧地搬弄是非。

【原典】

月榭凭栏，飞凌缥缈；云房启户，坐看氤氲。

【译文】

月光下，倚靠着高台的栏杆，心思早已飞向那恍惚有无之境。打开山居的门扉，坐看山间弥漫无尽的云烟变幻。

【跟进解读】

天上明月，照尽无边的山河大地，无边的世间梦境。独立高台，瞻望明月，这人间的情意何时能尽？张若虚《春江花月夜》诗云："人生代代无穷已，江月年年只相似，不知江月待何人？但见长江送流水。"又云："不知乘月几人归，落月摇情满江树。"真的，到底有几人能乘月归去呢？然而"千江有水千江月"，何处春江无月明呢？

静静地坐着，看那山间升起的烟云千变万化，没有一刻停留，难道我们真要看到烟消云散才肯相信吗？

【原典】

有书癖而无剪裁，徒号书厨；推名饮而少蕴藉[①]，终非名饮。

【注释】

①蕴藉：蕴含的本真的道理或情趣。

【译文】

有读书的癖好，却不加选择和取舍，这样的人只不过像藏书的书橱罢了；只有善饮酒之名，却不懂饮酒中蕴含的情趣，终不能算是懂饮酒之人。

【跟进解读】

读书就如同交朋友一样，也要学会有选择、有取舍。喜好读书是好习惯，不过喜读书还要会读书，会读书还要善选书。读书的目的在于增长知识、培养素质，如果不管书的优劣就一味地去读，更不管书中的知识是有利还是有害，如此一来，就可能会从书中学到许多无益的东西，甚至贻害终生。若不能根据实际应用，便是对书本知识毫无见解，空有满腹经纶却不能消化运用，只能被讥笑为两脚书橱了。

饮酒之道，重在体会一种浓厚的意蕴内涵，不管悲欢离合也好，喜怒哀乐也罢。如果喝个烂醉如泥，不省人事，那只不过是一些酒肉之徒的作为，又何来饮酒的乐趣呢？

【原典】

自古及今，山之胜[①]多妙于天成[②]，每坏于人造。

【注释】

①胜：美好，胜景，美景。

②天成：天然生成。

【译文】

从古到今的名山胜景，其绝妙之处大多在于天然生成，而破坏常常由于人工修造引起。

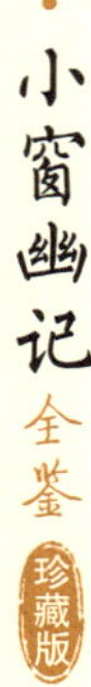

【跟进解读】

人类在改造自然的同时，对环境造成了巨大的破坏，以致山不再青、水不再绿，更为恶劣的是破坏天然景观，使天然胜景不再，反而给人矫揉造作之感。

大自然本身就是能工巧匠，它塑造了许多让人叹为观止的杰作，但人们有时自作聪明地多此一举，以为能够起到画龙点睛的作用，结果却适得其反，破坏了大自然的神韵。因为大自然有它自己的生命，也有其朴实而天然的审美意趣，天然的鬼斧神工，绝非人力所能及。

【原典】

画家之妙，皆在运笔之先、运思之际，一经点染便减神机。长于笔者，文章即如言语；长于舌者，言语即成文章。昔人谓“丹青乃无言之诗，诗句乃有言之画”；余则欲丹青似诗，诗句无言，方许各臻妙境。

【译文】

画家精妙的构思，都在下笔之前、构思之时，一丝杂念便使灵妙之处不能充分表现。善于写文章的人，他的文章便是最美妙的言语；善于讲话的人，他的话语便是最美好的文章。古人说“画是无声的诗，诗是有声的画”；我希望最好的画如同诗一般，能尽情地倾诉，最好的诗却如画一般，能无尽地展现意境，这样诗和画才各自达到了神妙的境界。

【跟进解读】

画是形象艺术，诗是语言艺术，但它们有着相通的意境，而且常常是诗情画意融为一体。好的画，蕴含了画家无限深情，是情与景的有机结合，它表现出一种十分鲜明、可给人启示和想象的自然意象，同时包含浓厚的、耐人寻味的意趣，虽然用的是线条和色调，可反映的是无言的诗情。而好的诗句通过语言艺术展示给人们的就是一幅画，其中有动静的交融，画面的跌宕起伏。

诗中有画，画中有诗。古人的诗词与名画总是两者的完美结合，唐代的著名诗人王维就是其中的代表，“空山新雨后，天气晚来秋。明月松间照，清泉石上流。竹喧归浣女，莲动下渔舟。随意春芳歇，王孙自可留。”其中既有诗的深蕴，又有画的直观，动静交替，情景交融，堪称诗画融合的典范。柳宗元的“千山鸟飞绝，万径人踪灭。孤舟蓑笠翁，独钓寒江雪。”也勾勒出了一幅清幽秀丽、天然绝妙的图画，让人读后仿佛眼前出现了诗中所描绘的那幅美景。

卷五　集素

【原典】

袁石公[1]云："长安风雪夜，古庙冷铺中，乞儿丐僧，齁齁[2]如雷吼，而白髭老贵人，拥锦下帏，求一合眼不得。呜呼！松间明月，槛外青山，未尝拒人，而人人自拒者何哉?"集素第五。

【注释】

①袁石公：即明代文学家袁宏道，公安派的代表人物，号石公。

②齁（hōu）齁：鼻鼾声。

【译文】

袁宏道曾说："在长安的风雪之夜，古老的寺庙、寒冷的店铺中，乞丐僧人依然能够睡得很香甜，发出很响的鼻鼾声，而富贵之家的白胡子老头，虽然有精美的锦绣棉被，有悬挂的床帏，依然会小睡一会儿都睡不着。天啊！松林间的明月，栅栏外的青山，没有拒绝人享受这美景，人为什么要自寻烦恼，将自己拒于这样的美景之外呢?"集素第五。

【原典】

田园有真乐，不潇洒终为忙人；诵读有真趣，不玩味终为鄙夫[1]；山水有真赏，不领会终为漫游；吟咏有真得，不解脱终为套语[2]。

【注释】

①鄙夫：庸俗粗鄙的人。

②套语：俗套的言语。

【译文】

田园之中有真正的乐趣，倘若不能潇洒地释怀世间之事，终究只能是个庸碌之人。诵读诗书之时有真正的趣味，但是不会把玩欣赏的人，终究只能是个粗鄙之夫；山水中有真正可供欣赏的景致，但不能领会终究只能成为漫游；吟咏之中有真正的收获，不能从世俗烦恼中解脱，终究会落入俗套。

【跟进解读】

生活需要重视环境因素，古代的李渔在这方面也同样有很多自己的见解，他营造的环境不但切合养生实际需求，而且很美、很有情调。他说"房舍与人，欲其相称"，广厦高堂显得人矮小，可铺陈摆设以"略小其堂，宽大其身"。而低檐窄庐倍觉窘迫，则要注重收纳打扫，"净则卑者高而隘者广矣"。他主张居室以素雅为高，认为："土木之事，最忌奢靡，匪特庶民之家，当崇简朴，即王公大人，亦当以此为尚。盖居室之制，贵精不贵丽，贵新奇大雅，不贵纤巧烂漫。凡人止好富丽者，非好富丽，因其不能创异标新，舍富丽无所见长，只得以此塞责"。素雅的同时，李渔也求别致，他说："性又不喜雷同，好为矫异，常谓人之葺居治宅，与读书作文同一致也"。李渔自己喜欢布置花园，种植花草树木，他的书房更是布置得别具风格，这些起居场所的布局带有很浓厚的个人特色，同时也都在营造一种心旷神怡、恬静安

详的氛围，这样的养生生活谁不向往呢？

【原典】

居处寄吾生，但得其地，不在高广；衣服被[①]吾体，但顺其时，不在纨绮[②]；饮食充吾腹，但适其可，不在膏粱[③]；宴乐修吾好，但致其诚，不在浮靡。

【注释】

①被：遮蔽。

②纨绮：华丽高贵。

③膏粱：美味佳肴。

【译文】

居住的处所是我的生命依托之处，只求其舒适惬意，不必在乎屋舍院落是否高广；衣服是遮蔽我躯体的，只要合乎季节气候就行，不必在乎是否华丽漂亮；饮食是我用来充饥的，只要合适就好，不在乎是否是膏粱美味；宴饮娱乐是为了与我的朋友修好，只要心诚就行，不必在乎是否浮华奢靡。

【原典】

家居苦事物之扰，惟田舍园亭，别是一番活计；焚香煮茗，把酒吟诗，不许胸中生冰炭[①]。

【注释】

①冰炭：喻指世态之炎凉。

【译文】

居住在家中就会苦于世间事物的困扰，只有田舍园亭，生活于其中别是一番滋味；焚烧茗香，烹煮清茶，把酒吟诗，心中就不会生出如同冰炭一样的世间炎凉之感。

【原典】

客寓多风雨之怀，独禅林道院，转[①]添几种生机；染翰挥毫[②]，翻经问偈，肯教眼底逐风尘。

【注释】

①转：反而。

②染翰挥毫：挥毫泼墨，指写诗作文。

【译文】

客居于外常常会有被世间风雨所触动的忧思情怀，唯有禅林道院，反而增添了几分生机；挥笔泼墨，翻阅经书，探问偈语，哪里会让眼睛追逐世间的风尘。

【原典】

茅斋独坐茶频[①]煮，七碗后，气爽神清；竹榻斜眠书漫抛，一枕余，心闲梦稳。

【注释】

①频：频繁。

【译文】

在茅屋中独自静坐，茶炉上频频地煮着香茗，喝了七盏茶之后，自然会感觉神清气爽；躺在竹榻上蜷缩着侧卧而眠，手中的书散乱地抛在旁边，一枕美梦之后，心情闲适，梦境安稳。

【原典】

带雨有时种竹，关门无事锄花；拈笔闲删旧句，汲泉[①]几试新茶。

【注释】

①汲泉：汲取泉水。

【译文】

有时间的话在小雨中栽种竹子，关上门没事的时候就给花锄草；闲暇的时候拿起笔删改几句原来的诗句，汲来清泉，烹煮调制新茶。

【原典】

莫[①]恋浮名，梦幻泡影有限；且[②]寻乐事，风花雪月无穷。

【注释】

①莫：不要。

②且：暂且。

【译文】

不要贪恋虚名，它就好像是梦幻泡影，时间有限；暂且寻找一些乐事，风花雪月的美景含有无穷乐趣。

【跟进解读】

历来的士大夫阶层文化人，有些精神追求的人，往往在荣辱问题上采取顺其自然的态度。或仕或隐，无所用心，如孔子所说："天下有道则见，无道则隐。"能上能下，宠辱不计，只要顺势、顺心、顺意即可。这样一来既可以在条件允许的情况下为百姓做点好事，又不至于为争宠争禄而劳心劳神，去留无意，亦可全身远祸；有时在利害与人格发生矛盾时，则以保全人格为最高原则，不以物而失性、失人格。如果放弃人格而趋利避害，即使一时得意，却要长久地受良心谴责。

得到了荣誉、宠禄不必狂喜狂欢，失去了也不必耿耿于怀，忧愁哀伤，这里面有一个哲理，即得失界限不会永远不变。一切功名利禄都不过是过眼烟云，得而失之、失而复得这种情况都是经常发生的，意识到一切都可能因时空转换而发生变化，就能够把功名利禄看淡看轻看开些，做到"荣辱毁誉不上心"。

【原典】

高枕[①]邱中，逃名世外，耕稼以输[②]王税，采樵以奉亲颜[③]；新谷既升，田家大洽，肥羜[④]烹以享神，枯鱼燔[⑤]而召友；蓑笠[⑥]在户，桔槔[⑦]空悬，浊酒相命，击缶长歌，野人之乐足矣。

【注释】

①高枕：指没有忧患、烦恼。

②耕稼：耕种稼穑。输：缴纳。

③奉亲颜：侍奉亲人。

④羜（zhù）：小羊羔。

⑤燔（fán）：烤。

⑥蓑笠：用草编制的蓑衣、斗篷。

⑦桔槔（jié gāo）：古时灌溉田地用的一种农具。

【译文】

在丘壑之中高枕无忧，在尘世之外逃避虚名，耕种稼穑以缴纳国家的税收，打柴以侍奉亲人；新谷成熟入仓的时候，农家就会十分融洽快乐，用肥嫩的羊羔祭神，用烤制的干鱼片来招待朋友；蓑笠挂在屋里，桔槔空悬着，在农闲之时，痛饮浊酒，击缶长歌，山野之人的乐趣十足。

【原典】

春初玉树[①]参差，冰花错落，琼台奇望，恍坐玄圃[②]，罗浮[③]若非；黄昏月下，携琴吟赏，杯酒留连，则暗香浮动，疏影横斜[④]之趣，何能有实际。

【注释】

①玉树：指被积雪覆盖的树木。

②玄圃：代指仙人居住的地方，相传位于昆仑山顶，有五所金台，十二座玉楼。

③罗浮：山名，位于今广东省，相传此山中有一洞，道家将其列为第七洞天。

④暗香浮动，疏影横斜：出自林和靖《山园小梅》，原句为“疏影横斜水清浅，暗香浮动月黄昏”。

【译文】

初春的时候，被积雪覆盖的树木参差不齐，冰花错落有致，在被白雪装砌的高台上远望，恍惚间就好像坐在仙人谪居的玄圃和罗浮山中一样；黄昏时分明月高照，携带着琴吟诗赏月，美酒连饮，那种暗香浮动、疏影横斜的情趣，怎样才能真的实现呢？

【跟进解读】

参禅悟道不是诵经打坐就能领悟的，还需要身体力行地去体验。攀爬天下山水，才会知道禅的境界里有生命的真谛，才会找到生命的寄托。达到了禅的境界，我们才会抛却疲劳忧苦、七情六欲，拥有淡泊、宁静、洒脱的生活。

【原典】

性不堪[①]虚，天渊亦受鸢鱼[②]之扰；心能会境，风尘还结烟霞之娱。

【注释】

①堪：忍受。

②天渊：天空，深渊。鸢（yuān）鱼：鸢鸟和鱼。

【译文】

倘若性情不能忍受清虚，即使在蓝天深渊也会受到鸢鸟和鱼的干扰；倘若心能够与境相吻合，即使风中的尘土也有结识烟霞的快乐。

【原典】

身外有身，捉麈[①]尾矢口闲谈，真如画饼；窍中有窍，向蒲团回心[②]究竟，方是力田。

【注释】

①麈（zhǔ）：古书上指鹿一类的动物，其尾可做拂尘。

②回心：回想反思。

【译文】

身外有身，手里拿着麈尾却闭口或只是闲谈，那就真的好像是画饼充饥一样；窍中有窍，坐在蒲团上冥思静想，参悟佛法之究竟，这才是真功夫。

【原典】

山中有三乐：薜荔[①]可衣，不羡绣裳；蕨薇[②]可食，不贪粱肉；箕踞散发，可以逍遥。

【注释】

①薜（bì）荔：一种灌木，四季常青，可以制成麻。

②蕨薇：蕨菜，薇菜。

【译文】

山中有三种乐趣：薜荔可以做麻衣，不用羡慕别人刺绣的衣裳；蕨菜薇菜可以吃，不必贪恋粱肉佳肴。肆意地叉开双腿前伸而坐，披散着头发，可以十分逍遥，不受拘束。

【原典】

终南[①]当户，鸡峰如碧笋左簇，退食时[②]秀色纷纷堕盘，山泉绕窗入厨，孤枕梦回，惊闻雨声也。

【注释】

①终南：即终南山，位于陕西西安以南。当户：正对着门户。

②退食时：返回来吃饭的时候。

【译文】

门前正对着终南山，鸡峰就像碧绿的竹笋一样在左边簇拥着；回来吃饭的时候就觉得秀美的景色好像纷纷落入我的饭盘中一样，清澈的山泉从窗下绕过、从厨房边经过，夜晚孤枕从梦中醒来，吃惊地发现窗外传来淅淅沥沥的雨声。

【原典】

桑林麦陇，高下竞秀；风摇碧浪层层，雨过绿云绕绕。雉雊[①]春阳，鸠呼朝雨，竹

篱茅舍，间以红桃白李，燕紫莺黄，寓目色相[2]，自多村家闲逸之想，令人便忘艳俗。

【注释】

①雉雊（zhì gòu）：野鸡啼叫。

②色相：佛教术语，指事物呈现的外在形式。

【译文】

桑树林，小麦陇，虽有高下之别，却竞呈清秀之色；暖风吹拂着桑树、麦苗，掀起层层碧浪，雨过之后，远观好像是碧绿的云彩。野鸡在春天温暖的阳光下啼叫，斑鸠在清晨的雨中惊呼，竹篱笆、茅草屋，之间点缀着粉红的桃花、雪白的李花，还配有紫燕黄莺的啼叫声，呈现在眼中的景色，带有很多农家闲适生活的特色，使人忘记了艳俗的城市生活。

【原典】

心苟[1]无事，则息自调；念苟无欲，则中自守。

【注释】

①苟：倘若。

【译文】

心中倘若无事，气息便可自行调节；心念倘若没有欲望，内心便可自行坚守。

【跟进解读】

《荀子》说：“欲虽不可去也，求可节也。”指出人们应对欲望加以控制，否则烦恼接踵而来，忧虑丛生，可以说烦恼与欲望在多少与程度上均成正比。这种不良情绪如果不加疏导、及时调整，不仅可以影响思维与言行，而且萦怀不去，还可碍及脏腑，郁积生疾，此即所谓心身疾病。

人类是欲望的奴隶，不管多么贫贱的人，也会有与其相符的欲望；不论拥有多大的权力，也不会断绝欲望。但是，欲望是可以控制、管理的，借此才能建立起社会的秩序。我们的某一欲望一旦获得满足，必定会出现更高的欲望。欲望是永远不会满足的。如果欲望可以满足，人就不会再努力，也就不会有进步。不过，欲望虽然很难满足，要无限地靠近满足，也并非做不到。被满足的欲望，就不再是欲望，想借此刺激人，其必不为所动。降低欲望的一个办法是尽可能节制欲望。聪明者是应该懂得制欲、节欲。

人应该节制欲望，不当物质的奴隶，不当金钱的俘虏，追求恰如其分的物质生活，享受恰到好处的生活质量，以便保持人与自然的平衡。我们只有一个可供居住的地球，地球上的资源是有限的。人真应该节制欲望，珍惜资源了。

【原典】

文章之妙：语快令人舞，语悲令人泣，语幽令人冷，语怜令人惜，语险令人危，语慎令人密；语怒令人按剑[1]，语激令人投笔，语高令人入云，语低令人下石。

【注释】

①按剑：手按着剑，将要拔剑。

【译文】

文章的精妙功用在于：语言欢快可以使人起舞，语言悲伤可以使人哭泣，语言幽静可以使人凉爽，语言可怜能够使人怜惜，语言险能够使人感觉到危机，语言谨慎可以让人感觉到严密，语言中带有怒气可以使人想要拔剑，语言激烈可以使人投笔奋起，语言高亢可以使人如同入云一样，语言低沉可以使人如胸压大石。

【原典】

溪响松声，清听自远；竹冠兰佩[①]，物色俱闲。

【注释】

①竹冠兰佩：竹子编就的帽子，兰草制成的佩饰。

【译文】

小溪的潺潺流水声，松林的飒飒松涛声，环境清静，自然在很远的地方也能够听到；头戴竹子编就的帽子，身带兰草这种佩饰，物品、人的神色都很安闲。

【原典】

鄙吝[①]一销，白云亦可赠客；渣滓尽化，明月自来照人。

【注释】

①鄙吝：鄙俗吝啬。

【译文】

鄙俗吝啬之心一消，即使是白云也可以赠予客人；杂念一除，明月自然会照映着你。

【原典】

存心有意无意之妙，微云淡河汉[①]；应世不即[②]不离之法，疏雨滴梧桐。

【注释】

①河汉：银河。

②应世：处世。即：靠近。

【译文】

存心于有意无意的妙处，就好像少许的云彩飘在银河中；处世要遵从保持不远不近、不近不离的法则，就好像稀疏的雨点打在梧桐叶上。

【原典】

堂中设木榻四，素屏二，古琴一张，儒道佛书各数卷。乐天[①]既来为主，仰观山，俯听水，傍睨竹树云石，自辰至酉[②]，应接不暇。俄而[③]物诱气和，外适内舒，一宿[④]体宁，再宿心恬，三宿后，颓然嗒然，不知其然而然。

【注释】

①乐天：即中唐诗人白居易，字乐天。

②自辰至酉：从早晨到晚上。

③俄而：一会儿，不久。

④一宿：一夜。

【译文】

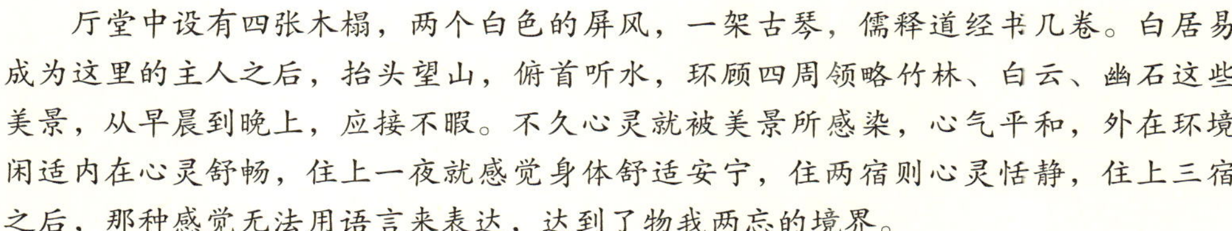
厅堂中设有四张木榻，两个白色的屏风，一架古琴，儒释道经书几卷。白居易成为这里的主人之后，抬头望山，俯首听水，环顾四周领略竹林、白云、幽石这些美景，从早晨到晚上，应接不暇。不久心灵就被美景所感染，心气平和，外在环境闲适内在心灵舒畅，住上一夜就感觉身体舒适安宁，住两宿则心灵恬静，住上三宿之后，那种感觉无法用语言来表达，达到了物我两忘的境界。

【原典】

偶坐蒲团，纸窗上月光渐满，树影参差，所见非色非空；此时虽名衲[①]敲门，山童且[②]勿报也。

【注释】

①名衲：有名的僧人。

②且：暂且。

【译文】

偶尔坐在蒲团上打坐，纸窗外逐渐洒满月光，树影映在窗上参差错落，所看到的这些已不是事物本身，也不是虚像，达到了非色非空的佛境；这时即使是名僧敲门，山童暂时也不要禀报。

【原典】

会心处不必在远：翳然[①]林水，便自有濠濮间想[②]，不觉鸟兽禽鱼，自来亲人。

【注释】

①翳（yì）然：浓密葱茏的样子。

②濠濮（háo pú）间想：出自《庄子·秋水》，庄子与惠施二人一起在濠梁上游览，两人就鱼是否知乐进行辩论，后常以此喻指逍遥闲适的乐趣。

【译文】

能够与之交心的地方不必在乎有多远：只要有浓密的树木、碧绿的水，就自然会生发出一种闲适逍遥之感，不知不觉中鸟兽禽鱼，自然会前来与人亲近。

【原典】

茶欲白，墨欲黑；茶欲重，墨欲轻；茶欲新，墨欲旧。

【译文】

茶越白越好，墨越黑越好；茶越厚重越好，墨越轻巧越好；茶越新鲜越好，墨越陈旧越好。

【原典】

馥喷五木之香[①]，色冷冰蚕之锦[②]。

【注释】

①五木之香：古代香的一种。

②冰蚕之锦：据王嘉《拾遗记·员峤山》记载：“有冰蚕长七寸，黑色，有角，有鳞。以霜雪覆之，然后作茧，丝为五彩色，织成文锦，入水不濡。经火不燎。置

于屋中则一室清凉。”

【译文】

浓郁的香气喷发，就像五木香的味道一样，颜色冰冷，如同冰蚕之锦给人的感觉一样。

【原典】

筑凤台[①]以思避，构仙阁而入圆[②]。

【注释】

①筑凤台：化用“萧史弄玉”的典故，相传萧史擅长吹箫，赢得了秦穆公之女弄玉的青睐，秦穆公为萧史搭建了凤台，后来萧史、弄玉二人结为夫妇，吹箫引来凤凰，二人乘凤鸾以飞仙。

②入圆：指升天，古人认为天是圆的。

【译文】

搭建凤凰台，以招引凤凰，飞天成仙，躲避尘世，建筑仙阁以便成仙。

【原典】

采茶欲精，藏茶欲燥，烹茶欲洁[①]。

【注释】

①“采茶欲精”三句：原典见于明代张源的《茶录》。

【译文】

采茶要精，藏茶要干燥，煮茶要干净。

【跟进解读】

一枚茶叶采摘下来，须经过揉捻、烘焙、紧压等诸多工艺处理后，方能成为可供人们冲泡的茶叶。于此意义来看，茶的生命无异于经历一场凤凰涅槃，在淡淡清香中重获新生。上品茶叶味醇韵雅，然必生于艰难之境。《茶经》载录：“上者生烂石，中者生栎壤，下者生黄土。”一个人品茗久了，自然能品出茶中丰富的况味，从茶叶质地到沏茶温度、水质，到浸泡时间，都与泡出的茶香味有关。一般而言，若以温水来沏茶，茶叶只是僵硬地浮在水上，闻不到它散发的清香。而用沸水冲沏的茶，在一次又一次的冲沏下，茶叶不停翻滚沉浮，不断舒展，终于如云霞般绽放，溢出那或如春雨般清润，或如夏日般的奔放，或如秋风般醇厚，或如冬雪般沁人的阵阵幽香。四时之茶韵，永远令人回味无穷！

【原典】

磨墨如病儿，把笔如壮夫。

【译文】

磨墨要像生病的孩子一样不要用劲儿而要轻缓，拿笔书写的时候应该像壮夫一样饱含力量。

【原典】

园中不能辨奇花异石，惟一片树荫，半庭藓迹，差可会心忘形。友来或促膝剧

论，或鼓掌欢笑，或彼谈我听，或彼默我喧，而宾主两忘。

【译文】

园中不必有罕见的花草、奇异的石头，只要有一片树荫、半院的苔藓，就可以使人心领神会、放纵忘情了。朋友前来促膝相谈、激烈地争论，或者鼓掌欢笑，或者朋友谈论我倾听，或者朋友沉默我喧闹，宾客主人双方都达到了物我两忘的境界。

【原典】

檐前绿蕉黄葵，老少叶[1]，鸡冠花，布满阶砌。移榻对之，或枕石高眠，或捉麈清话。门外车马之尘滚滚，了不相关。

【注释】

①老少叶：一种植物，又称老少年、雁来红。

【译文】

屋檐前栽种着绿色的芭蕉树，黄色的向日葵，老少叶，鸡冠花，布满了台阶石砌。移来竹榻与之相对，或者枕着石头睡觉，或者一边拂去灰尘一边清谈。门外车马奔驰荡起滚滚烟尘，都与我一点儿也不相关。

【原典】

夜寒坐小室中，拥炉闲话。渴则敲冰煮茗，饥则拨火煨芋。

【译文】

在寒冷的夜晚坐在小屋中，围着火炉闲谈。渴了就敲打些冰块煮茶，饿了就拨开炭火烤山芋。

【原典】

饭后黑甜[1]，日中薄醉，别是洞天；茶铛[2]酒臼，轻案绳床，寻常福地[3]。

【注释】

①黑甜：指白天睡觉。

②茶铛：煮茶的锅。

③福地：神仙仙居之地。

【译文】

吃完饭后酣睡，白日里喝酒微醉，这种生活别有一番洞天；茶锅酒瓮，轻巧的案几、绳床，就是平常的仙居福地。

【原典】

翠竹碧梧，高僧对弈；苍苔红叶，童子煎茶。

【译文】

青翠的竹子、碧绿的梧桐间，高僧在下棋对弈；苍翠的苔藓、红叶树下，童子在煎茶。

【原典】

久坐神疲，焚香仰卧；偶得佳句，即令毛颖君①就枕掌记，不则展转失去。

【注释】

①毛颖君：指毛笔，韩愈曾采用拟人的手法写下《毛颖传》。

【译文】

坐的时间长了就会精神疲惫，焚上茗香，仰卧在床；偶然间觅得佳句，随即用毛笔写下，否则辗转睡着之后就忘记了。

【原典】

和雪嚼梅花，羡道人之铁脚①；烧丹染香履，称先生之醉吟。

【注释】

①铁脚：草名。宋代王洙在《王氏谈录·北虏风物》中曾写道："北荒之珍，有铁脚草，采取阴干，投之沸汤中，顷之茎叶舒卷如生。"

【译文】

配着雪咀嚼梅花，非常羡慕道人的铁脚草；燃烧朱砂熏染香履，称赞先生醉酒吟诵的诗。

【原典】

灯下玩①花，帘内看月，雨后观景，醉里题诗，梦中闻书声，皆有别趣。

【注释】

①玩：欣赏。

【译文】

在灯下赏花，在帘内望月，在雨后观览景物，在醉酒时题写诗句，睡梦中听到读书声，又别有一番情趣。

【原典】

王思远①扫客坐留，不若杜门②；孙仲益③浮白④俗谈，足当洗耳。

【注释】

①王思远：南齐时期临沂人，据《南齐书·王思远传》记载："思远清修，立身简洁。衣服床筵，穷治素净。宾客来通，辄使人先密觇视，衣服垢秽，方便不前，形仪新楚，乃与促膝。虽然，既去之后，犹令二人交帚拂其坐处。"

②杜门：闭门。

③孙仲益：即宋代孙觌（dí），常州晋陵人，号鸿庆居士，擅长作诗。

④浮白：喝酒。

【译文】

王思远在客人走后打扫清洁客人坐过的地方，还不如闭门不接待宾客呢；孙仲益嗜好喝酒、谈吐粗俗，听过之后实在应该洗一下耳。

【原典】

铁笛吹残，长啸数声，空山答响[①]；胡麻饭罢，高眠一觉，茂树屯阴。

【注释】

①空山答响：指空谷发出的回声。

【译文】

铁笛吹过，对天长啸几声，空山传来回声；吃完胡麻饭，美美地睡上一觉，繁茂的树木留下一片树荫。

【原典】

编茅为屋，叠石为阶，何处风尘可到；据[①]梧而吟，烹茶而话，此中幽兴偏长。

【注释】

①据：靠着。

【译文】

用茅草编搭成小屋，用石头重叠垒砌起台阶，哪里的风尘能够飘到这里；靠着梧桐树吟诗，一边烹煮清茶一边清谈，这里面的幽趣颇长。

【原典】

皂囊白简[①]，被人描尽半生；黄帽青鞋[②]，任我逍遥一世。

【注释】

①皂囊白简：代指密奏。皂囊，汉代大臣们上奏机密之事，都会装在皂囊之中。白简，晋代傅玄为御史中丞之时，每当有弹劾的奏章的时候都会手捧白简等待早朝。

②黄帽青鞋：代指平民生活。

【译文】

当官的人总是被人说三道四，平民百姓往往逍遥一世。

【跟进解读】

苏轼的《贺子由生第四孙》诗说："无官一身轻，有子万事足。"意思是不做官了，感到一身轻松。封建官僚罢官以后常用这句话来自我安慰，现也泛指卸去责任后一时感到轻松。

作为带头人、领路者，领导干部的责任不仅关乎个人，更关乎一个地方的发展、一方百姓的福祉。责任与机遇成正比，“良农不为水旱不耕，良贾不为折阅不市”，如果有责缺少担当，在位不在状态，就会错失机遇、耽误进程，干不出成绩，打不开局面。所以，身在领导岗位，责任重大，只有卸任，才能轻松下来。

【原典】

待客当洁不当侈，无论不能继[①]，亦非所以惜福[②]。

【注释】

①继：继续，维持。

②惜福：珍惜福分。

【译文】

招待客人应该讲求清洁，不需要奢侈，不管生活能够维持多久，奢侈也不是珍惜福气的表现。

【原典】

葆真[①]莫如少思，寡过[②]莫如省事；善应[③]莫如收心，解醪莫如澹志。

【注释】

①葆真：永葆天真。

②寡过：少犯错误。

③善应：善于应对。

【译文】

想要永葆天真的本性，没有什么比少思考更好的办法了，想要少犯错误，没有什么比反省事情更好的办法了；想要善于应对世事，没有什么比收摄杂念更好的办法了，想要解除烦恼，没有什么比淡泊明志更好的办法了。

【原典】

世味浓，不求忙而忙自至；世味淡，不偷闲而闲自来。

【译文】

世情浓，不求繁忙，繁忙也会自来；世情淡，不想偷闲，闲适也会自来。

【原典】

盘餐一菜，永绝腥膻，饭僧宴客，何须六甲行厨[①]；茆屋[②]三楹[③]，仅蔽风雨，扫地焚香，安用数童缚帚？

【注释】

①六甲行厨：动用烟火做饭。六甲，即六丁，道教中的火神。

②茆（máo）屋：即茅屋。

③三楹：三间。

【译文】

只有一盘菜，永远没有荤腥，招待僧人、宾客，何须动用烟火做饭；只有三间茅屋，仅能遮蔽风雨，扫地焚香，做这些事哪里用得着请几个仆童呢？

【原典】

以俭胜贫，贫忘；以施[①]代侈，侈化；以省去累，累消；以逆炼心，心定。

【注释】

①施：施舍。

【译文】

用俭省战胜贫困，贫穷之感自然会忘记；用施舍代替奢侈，奢侈自然就会消解；以省事代替劳累，劳累自然会消除；用逆境来修炼身心，心志自然会坚定。

【原典】

净几明窗，一轴画，一囊琴，一只鹤，一瓯茶，一炉香，一部法帖；小园幽径，几丛花，几群鸟，几区亭，几拳石，几池水，几片闲云。

【译文】

干净的案几，明亮的窗户，一幅画，一架琴，一只仙鹤，一杯茶，一炉香，一本书法字帖；小小的园子，幽静的小径，几丛花，几群鸟，几座小亭，几块奇石，几池碧水，几片闲云。

【原典】

花前无烛，松叶堪[①]焚；石畔欲眠，琴囊可枕。

【注释】

①堪：可以。

【译文】

倘若花前没有蜡烛，松叶也可以燃烧；假若在石畔想要睡觉，琴囊也可以枕着。

【原典】

流年不复记，但[①]见花开为春，花落为秋；终岁[②]无所营，惟知日出而作，日入而息。

【注释】

①但：只。

②终岁：整年。

【译文】

隐居于山中已经记不清时间的流逝，只知道花开之时为春天，花落之时为秋天，整年也没什么营生，只知道日出而作，日落而息。

【原典】

脱巾露项，斑文[①]竹箨之冠[②]；倚枕焚香，半臂华山之服[③]。

【注释】

①斑文：条文。

②竹箨（tuò）之冠：竹皮做成的帽子。汉高祖刘邦早年贫贱之时曾以竹箨做帽子，后来显贵了也时常会戴着竹皮帽子。

③华山之服：道人或者仙人的衣服。华山道教十分兴盛，故有此称。

【译文】

去掉头巾，露出脖子，满头青丝，好像是带有条文的竹皮做成的帽子；靠着枕头焚烧着茗香，闭目养神，感觉好像自己身上穿的是道人的衣服。

【原典】

谷雨前后，为和凝汤社①，双井白芽，湖州紫笋②，扫臼涤铛，征泉选火。以王濛③为品司，卢仝④为执权，李赞皇⑤为博士，陆鸿渐⑥为都统。聊消渴吻，敢讳水淫，差取婴汤⑦，以供茗战。

【注释】

①和凝汤社：和凝，五代时期人，曾为太子太傅，左仆射，还主管科举考试，《清异录》中记载："和凝在朝，率同列递日以茶相饮，味劣者有罚，号为汤社。"

②双井白芽，湖州紫笋：两种名茶，分别产于江西双井、浙江湖州。

③王濛：东晋时期人，爱饮茶，对茶道十分精通。

④卢仝（tóng）：唐代诗人，号玉川子，有诗作《茶歌》传世，又名《走笔谢孟谏议寄新茶》。

⑤李赞皇：即李德裕，唐代赵州赞皇人，故称李赞皇，擅长品茶鉴水。

⑥陆鸿渐：即陆羽，唐代竟陵人，嗜好品茶，被后世称为"茶圣""茶仙"，著有《茶经》。

⑦婴汤：茶水刚刚煮沸时的嫩汤。

【译文】

谷雨前后正是刚刚采摘新茶的时候，像和凝一样举行茶会，品评双井白芽、湖州紫笋这样的茶中极品，打扫干净杵臼，洗涤好茶铛，汲取好的泉水，掌握好火候。以王濛为品司，卢仝为执权，李德裕为博士，陆羽为都统。暂且以茶解渴，避讳不谈水厄，取出茶水初沸时的嫩汤，以供斗茶。

【跟进解读】

茶，是中华民族的举国之饮。发于神农，闻于鲁周公，兴于唐朝，盛于宋代。中国茶文化糅合了中国儒、道、佛诸派思想，独成一体，是中国文化中的一朵奇葩，芬芳而甘醇。

中国茶道是"饮茶之道""饮茶修道""饮茶即道"的有机结合。在中国茶道中，饮茶之道是基础，饮茶修道是目的，饮茶即道是根本。饮茶之道，重在审美艺术性；饮茶修道，重在道德实践性；饮茶即道，重在宗教哲理性。中国茶道集宗教、哲学、美学、道德、艺术于一体，是艺术、修行、达道的结合。在茶道中，饮茶的艺术形式的设定是以修行得道为目的的，饮茶艺术与修道合二为一，不知艺之为道，道之为艺。

【原典】

窗前落月，户外垂萝；石畔草根，桥头树影；可立可卧，可坐可吟。

【译文】

窗前月光洒落，门外垂下藤萝；石头边草根蔓延，桥头上一片树影；面对这样的美景可以站立也可以躺卧，可以静坐也可以吟诗。

【原典】

亵狎易契[1]，日流于放荡；庄厉[2]难亲，日进于规矩。

【注释】

①契：接近，契合。

②庄厉：庄重严厉。

【译文】

轻慢猥亵的人容易接近，交往时间长了自己也会变得放肆；庄重严厉的人不容易亲近，交往的日子长了自己就会越来越守规矩。

【原典】

甜苦备[1]尝好丢手，世味浑如嚼蜡；生死事大急回头，年光疾如跳丸。

【注释】

①备：全。

【译文】

酸甜苦辣都尝一下才好放手，世间百味简直如同嚼蜡；关涉生死的事情很大要赶紧回头，时光飞逝就像抛出去的弹丸。

【原典】

若富贵由我力取，则造物无权；若毁誉随人脚跟，则谗夫得志。

【译文】

倘若富贵是通过努力就可以获得的，那么造物主就没有什么权力了；倘若诋毁和美誉是跟着人们的脚跟而传播的，那么谗言就会得逞了。

【原典】

清事不可着迹。若衣冠必求奇古，器用必求精良，饮食必求异巧，此乃清中之浊，吾以为清事之一蠹。

【译文】

高洁之事不能露出痕迹。衣服帽子必须要追求奇特的古装，用器必须追求精良，饮食一定要追求奇异，这就是清中之浊，在我看来这是对清雅的毁坏。

【原典】

吾之一身，尝[1]有少不同壮，壮不同老；吾之身后，焉有子能肖[2]父，孙能肖祖？如此期，必属妄想，所可尽[3]者，惟留好样与儿孙而已。

【注释】

①尝：曾，曾经。

②肖：相像，类似。

③尽：尽力而为，尽力做到的。

【译文】

人的一生之中，都有过少年与壮年的各自经历，壮年与老年不相同的地方；所以在我们的身后，也不会有儿子绝对像父亲，孙子绝对像祖父的道理。如果我们真要抱着这样的想法，那就是痴心妄想了，我们所能做到的，就是有生之年端正自己的行为，给子孙留下个好榜样。

【跟进解读】

孩童有稚嫩的美，青年有健旺的美，中年有成熟的美，老年有恬淡自如的美。这就像大自然的四季——春天葱茏，夏天繁盛，秋天斑斓，冬天纯净，各有各的美感与迷人之处，各有各的优势和与众不同之处。谁也不必羡慕谁，谁也不必模仿谁，模仿必累，勉强更累。人的事，生而尽其动，死而尽其静，听其自然，方是上策。

如果生前让子孙按照自己的意图去做，倒不如在平日中多做好事，时刻检点自己的行为，即使不用我们教诲，儿孙也会把我们视为学习的榜样。如果我们不能审视自己的缺点，而任其发展下去，不但会让他人厌恶，也会使子孙离弃，又何谈榜样之说呢？

【原典】

若想钱，而钱来，何故不想；若愁米，而米至，人固当愁。晓起[1]依旧贫穷，夜来徒多烦恼。

【注释】

①晓起：早上起床。

【译文】

如果真的是想钱了，钱就会来，那么为什么不想呢？假若真的是为米发愁，米就会来，那么人原本就应该发愁。早上起来依旧贫穷，夜里也只是徒然增加烦恼罢了。

【原典】

半窗一几，远兴闲思，天地何其寥阔也；清晨端起，亭午高眠，胸襟何其洗涤也。

【译文】

半窗翠山，一几青眼，使人意兴盎然，产生无限遐思，天地是多么的广阔啊；早晨端坐起床，中午睡上一觉，胸襟是多么澄净啊，就像是洗涤过一样。

【原典】

宇宙以来有治世法，有傲世法，有维世法，有出世法，有垂世法。唐虞①垂衣，商周秉钺②，是谓治世；巢父洗耳③，裘公瞋目④，是谓傲世；首阳轻周⑤，桐江重汉⑥，是谓维世；青牛度关⑦，白鹤翔云⑧，是谓出世；若乃鲁儒一人⑨，邹传七篇⑩，始谓垂世。

【注释】

①唐虞：尧帝、舜帝。

②秉钺（yuè）：象征权力的礼乐重器，代指以礼乐治国。

③巢父洗耳：相传其为上古时期的著名隐士，尧帝想要让位给他，他听闻之后，感觉蒙受了污点，就跑到河边洗耳。

④裘公瞋目：裘公，又称披裘公，为春秋时期的高义之士，《高士传·披裘公》记载："披裘公者，吴人也。延陵季子出游，见道中有遗金，顾披裘公曰：'取彼金。'公投镰瞋目，拂手而言曰：'何子处之高而视人之卑！五月披裘而负薪，岂取金者哉！'"

⑤首阳轻周：伯夷、叔齐原为商代孤竹国君之子，后商被周所灭，伯夷、叔齐以身为周朝的人民为耻，拒绝吃周朝的粮食，二人就隐居于首阳山，最后饿死于首阳山。

⑥桐江重汉：东汉时期严光曾经和光武帝刘秀一起游学，后来隐居于桐江，光武帝十分欣赏其才能，称帝之后曾多次下诏请其为官，严光拒不接受。

⑦青牛度关：指老子骑青牛西游出关之典故。

⑧白鹤翔云：指"丁令威化鹤"之典故，相传汉代辽东人丁令威曾经在灵墟山学道，后来化为仙鹤回到辽东，落在城门的华表之上。有少年看到了，就要用弓箭射他，丁令威飞到空中感叹道："有鸟有鸟丁令威，去家千岁今来归。城郭如故人民非，何不学仙冢累累"。

⑨鲁儒一人：即孔子，鲁国人。

⑩邹传七篇：指孟子及其著作《孟子》七篇。孟子，战国时期邹人。

【译文】

人世间自古就有治世之法，有傲然处世之法，有维系俗世之法，有出世之法，有垂于后世之法。唐尧、虞舜以道德垂世，商朝和周朝以礼乐治理国家，这是治世；巢父洗耳，裘公怒视延陵季子，这是傲世；隐居首阳山的伯夷、叔齐轻视周朝，隐居在桐江的严光拒不受官，这是维世；老子骑青牛西游出关，丁令威化为仙鹤飞翔于云间，这是出世；而像鲁国的巨儒孔子，写下七篇传世之作的孟子，这是垂世。

【原典】

书室中修行法：心闲手懒，则观法帖，以[①]其逐字放置也；手闲心懒，则治迂事[②]，以其可作可止也；心手俱闲，则写字作诗文，以其可以兼济也；心手俱懒，则坐睡，以其不强役于神也；心不甚定，宜看诗及杂短故事，以其易于见意不滞于久也；心闲无事，宜看长篇文字，或经注，或史传，或古人文集，此又甚宜于风雨之际及寒夜也。又曰："手冗心闲则思，心冗手闲则卧，心手俱闲则著作书字，心手俱冗则思早毕其事，以宁吾神。"

【注释】

①以：因为。

②治迂事：做舒缓的事。

【译文】

书房中修养性情的方法：心闲手懒之时，就观察书帖，因为它是逐字放置的；手闲心懒之时，就做一些舒缓的事，因为可以做也可以停；心和手都闲的时候，就写诗作文，因为它可以心、手并用；心和手都懒的时候，就坐着睡觉，因为这样可以不强制压迫精神；心不是很安定的时候，适合看诗歌以及短篇故事，因为它们容易了解而不至于滞留太久；心闲着没事的时候，适合看看长篇的书籍，或者是经书作注，或者是史传，或者是古人的文集，这又特别适合在风雨天或寒夜。也有人说："手忙心闲就思考，心忙手闲就躺下休息，心和手都闲就著书写字，心和手都忙就思考怎样早些结束此事，以使我的心神安宁。"

【原典】

片时清畅，即享片时；半景幽雅，即娱半景；不必更起姑待之心。

【译文】

有片刻清净畅快，就享受片刻；有半点景色幽静雅致，就愉悦这半点景色；不必想着姑且等待。

【原典】

一室经行[①]，贤于九衢奔走；六时[②]礼佛，清于五夜[③]朝天。

【注释】

①经行：佛教术语，指信徒们为了排遣心中的郁结，在某一处来回徘徊。

②六时：佛教将一天24小时划分为六个时辰，白天分为晨朝、日中、日没，晚上划分为初夜、中夜、后夜。

③五夜：古时一夜分为五更，故为一整夜。

【译文】

在一室内来回走，胜过在大道上奔走；昼夜都在礼佛，胜过整夜朝拜上天。

【原典】

会意不求多，数幅晴光摩诘[①]画；知心能有几，百篇野趣少陵[②]诗。

【注释】

①摩诘：即唐王维，擅长行诗作画。

②少陵：即杜甫，号少陵野老，故又称杜少陵。

【译文】

能够使人会意的东西不求多，几幅晴朗明媚的王维山水画就够了；知心朋友能有几个，百篇富含野趣的杜甫诗就行了。

【原典】

衡门[①]之下，有琴有书，载弹载咏，爰得我娱；岂无他好，乐是幽居。朝为灌园，夕偃蓬庐。

【注释】

①衡门：简陋的小屋。

【译文】

简陋的小屋下，有琴有书，一边弹奏一边歌唱，于是得到我的乐趣；难道没有别的爱好吗，乐趣是幽居。早上浇灌花园，晚上躺在草庐之中。

【原典】

因[①]葺旧庐，疏渠引泉，周以花木，日哦[②]其间；故人过逢，瀹茗[③]弈棋，杯酒淋浪，其乐殆非尘中有也。

【注释】

①因：于是。

②哦：吟咏。

③瀹（yuè）茗：煮茶。

【译文】

于是修葺旧庐，疏导水渠，引来泉水，周围种上花木，整日在其中吟咏；有故人从此经过，煮茶下棋，喝酒清谈，这种乐趣在俗世中是得不到的。

【原典】

逢人不说人间事，便是人间无事人。

【译文】

碰到什么人都不说尘世间的事，这就是人世间的无事人。

【原典】

闲居之趣，快活有五。不与交接，免拜送之礼，一也；终日观书鼓琴，二也；睡起随意，无有拘碍，三也；不闻炎凉嚣杂，四也；能课子耕读，五也。

【译文】

闲居的乐趣有五种：不与外界交接应酬，免去了拜访相赠的礼品，这是一；整天都可以看书弹琴，这是二；睡觉起床随心所欲，没有拘束羁绊，这是三；两耳不闻世态炎凉、喧嚣杂念，这是四；能够督促孩子耕种读书，这是五。

【原典】

虽无丝竹管弦之盛[1]，一觞一咏，亦足以畅叙幽情。

【注释】

①盛：盛大。

【译文】

虽然有丝竹管弦各种乐器合奏那么盛大的场面，一杯酒、一句诗，也足以畅谈幽居之情韵。

【原典】

独卧林泉，旷然自适，无利无营，少思寡欲，修身出世法也。

【译文】

独自躺卧在山林中、清泉旁，心胸旷达，安闲自适，不贪求名利，没有杂念、欲望，这是修身出世的法则。

【原典】

茅屋三间，木榻一枕，烧清香，啜苦茗，读数行书，懒倦便高卧松梧之下，或科头[1]行吟。日常以苦茗代肉食，以松石代珍奇，以琴书代益友，以著述代功业，此亦乐事。

【注释】

①科头：指不着冠饰，为人独处时的自在装扮。

【译文】

身居三间茅屋中，木头制的睡榻一枕，燃烧着清香，品尝着苦茶，欣赏着诗书，疲倦了便躺在松树和梧桐之下，或是摘去冠饰，独自漫步行吟。平日的生活用苦茶来代替食肉，用松石来代替奇珍异宝，把琴和书作为自己的知己好友，以著书立作来代替建功立业，这其实也是人生的快乐事情啊！

【跟进解读】

生活的乐趣在于每个人自己去寻找、去体会，要抱有知足常乐的心态和安贫乐道的情怀。有的人朋友很多，生活很富有，却依然显得郁郁寡欢、愁眉不展；有的人经常独来独往，生活也很清贫，但他们还是每天显得精神百倍、兴高采烈的样子。为什么？就是因为两类人对生活的态度不同。前者更多的是追求物质生活方面的享受，在这条路上人走得越远，生活得就会越累，快乐就会越少；后者更多地追求精神生活方面的享受，在这条路上人走得越远，生活得就会越轻松，快乐就会越多。

【原典】

挟怀朴素，不乐权荣；栖迟僻陋，忽略利名；葆守恬淡，希时安宁；宴然闲居，时抚瑶琴。

【译文】

胸怀朴素，不喜欢富贵荣华；栖居在偏僻简陋之所，忽视功名利禄；保持心灵

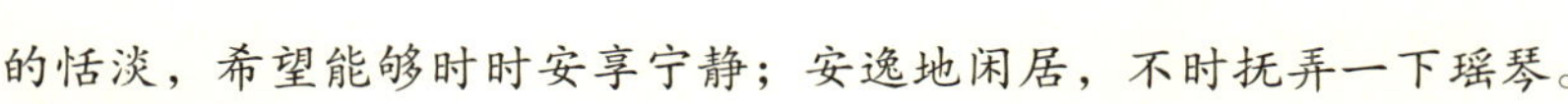
的恬淡，希望能够时时安享宁静；安逸地闲居，不时抚弄一下瑶琴。

【原典】

流水相忘游鱼，游鱼相忘流水，即此便是天机；太空不碍浮云，浮云不碍太空，何处别有佛性？

【译文】

流水忘记了水中游动的鱼儿，游动的鱼儿也忘记了流水，这便是奥妙的天机；天空阻碍不了浮云，浮云也阻碍不了天空，哪里还能有这佛性？

【原典】

步障①锦千层，氍毹②紫万叠，何似编叶成帏，聚茵为褥？绿阴流影清入神，香气氤氲彻入骨，坐来天地一时宽，闲放风流晓清福。

【注释】

①步障：用于遮蔽风尘的屏障。

②氍毹（qú shū）：毛或毛线等织成的地毯。

【译文】

千层锦绣织成的屏障，万叠紫色毛线织成的地毯，怎么能与绿叶编制成的帷帐，绿茵铺成的床褥相比呢？绿树成荫，斑斑流影，清凉之感沁人心脾，香气弥漫，透彻入骨，坐在这里天地一时之间更为宽广，闲适放纵地徜徉其中，才知道可以享受清净之福。

【原典】

送春而血泪满腮，悲秋而红颜惨目。

【译文】

告别春天使人伤心不已，泪流满面，悲感秋色，美丽的容颜也会变得凄惨苍白。

【原典】

翠羽欲流，碧云为飏。

【译文】

翠绿的羽毛就像是要流动的水，又像是飘扬的碧色的云朵。

【原典】

郊中野坐，固可班①荆；径里闲谈，最宜拂石。侵云烟而独冷，移开清啸胡床，藉②草木以成幽，撤去庄严莲界。况乃枕琴夜奏，逸韵更扬；置局③午敲，清声甚远；洵幽栖之胜事，野客之虚位也。

【注释】

①班：铺。

②藉：即借。

③置局：设置棋局。

【译文】

在郊外山野闲坐，本可以坐在铺好的荆条上的；在小径中闲谈，最适合用脚拂动幽石。云烟侵入身体而感到有些凉，就移开胡床清啸几声，借助草木而形成幽趣，就可以撤去庄严的佛境。况且还可以枕琴夜奏，飘逸的琴声更显悠扬；设置棋局下棋，棋子的声音就像是中午的敲击声，声音清脆，传得更远；这的确是幽居的乐事，山林野客的虚静趣味。

【原典】

家鸳鸯湖滨，饶兼葭凫鹭，水月澹荡之观。客啸渔歌，风帆烟艇[①]，虚无出没，半落几上，呼野衲而泛斜阳，无过此矣！

【注释】

①风帆烟艇：风吹动船帆，水烟笼罩小舟。

【译文】

居住在鸳鸯湖之滨，蒹葭、凫鸟、鹭鸟都很丰饶，月色洒在水面上，微波荡漾，景观十分优美。客人长啸，渔歌互答，风吹动船帆，水烟笼罩小舟，虚虚实实，缥缈迷茫，差点落在案几上，于是呼唤野居的名僧一起泛舟于斜阳之中，没有什么比这更为美妙的了。

【原典】

雨后卷帘看霁色[①]，却疑苔影上花来。

【注释】

①霁色：雨后初晴的景色。

【译文】

雨后卷开帘子看天气初晴之景色，帘外一片青山碧水，不由得怀疑是不是翠绿的苔藓的影子映到了花上。

【原典】

月夜焚香，古桐[①]三弄，便觉万虑都忘，妄想尽绝。试看香是何味，烟是何色，穿窗之白是何影，指下之余是何音，恬然乐之而悠然忘之者是何趣，不可思量处是何境。

【注释】

①古桐：古代的琴往往是桐木做成的，故称古琴为古桐。

【译文】

在月明之夜焚上茗香，弹奏几首琴曲，就会觉得一切忧愁都忘记了，一切妄想都没有了。试着体味一下香是什么味道，烟是什么颜色，穿过窗户照进来的白色是什么的影子，手指下的余音是什么音，恬静喜悦而又悠然忘记的是什么乐趣，不能思量的地方是什么境界。

【原典】

贝叶之歌[①]无碍，莲花之心[②]不染。

【注释】

①贝叶之歌：古印度往往将经文写在贝叶上，而佛教又是从印度传来的，因此以其指佛教经文。

②莲花之心：本指莲花的胚芽，在此以莲花象征佛境。

【译文】

写在贝叶上的佛教经文流畅无碍，有如莲花之心的佛境不受任何污染。

【原典】

河边共指星为客，花里空瞻月是卿。

【译文】

在河边共同指着星星，视星星为客人，花丛中抬头望月，视月亮为客卿。

【原典】

吾本薄福人，宜[①]行惜福事；吾本薄德人，宜行厚德事。

【注释】

①宜：应该。

【译文】

我原本就是福气淡薄之人，应该做珍惜福分的事；我原本就是德行浅薄的人，应该多做积善厚德的事。

【跟进解读】

正确地理解行善，行就是行为的意思，善则是善念，善意等人性中善的一面，好的一面，这些都是正确的，所以也可以理解成善就是正确的意思，行则是行为的意思，因此行善正确的理解是“行为正确”！一个人行为正确，那么所做的事情才不会错误，这样也不会有不好的运气，即便是有灾祸来临，只要行为正确，那么也是可以避免的，最终可以获得吉利，这才是行善改运的正确理解和方法！

【原典】

只宜于着意处写意，不可向真景处点景。

【译文】

只应该在对着想象中的世界绘画写意，不可以对着真实的景色描画景色。

【原典】

只愁名字有人知，涧边幽草；若问清盟谁可托，沙上闲鸥。山童率草木之性，与鹤同眠；奚奴领歌咏之情，检韵[①]而至。闭户读书，绝胜入山修道；逢人说法[②]，全输[③]兀坐扪心。

【注释】

①检韵：和着韵律。

②说法：讲经论法。

③输：比不上。

【译文】

只担心自己的名字有人知道，其实有涧边的小草知道；倘若问清雅之盟可以托付给谁，那就是沙滩上的闲鸥。山童都习得草木的性情，与仙鹤一起睡觉；奴仆领会歌咏之情，和着韵律走来。关闭门户在家读书，绝对胜过入山修道；碰到人便对人讲经说法，根本比不上独坐静修，扪心自省。

【原典】

砚田[①]登大有，虽千仓珠粟，不输两税[②]之征；文锦运机杼[③]，纵万轴龙文[④]，不犯九重之禁[⑤]。

【注释】

①砚田：砚台笔墨这块田地，指写诗作文。

②两税：田赋、丁税。

③机杼：本为织布的工具，在此指行诗作文的匠心。

④龙文：即龙纹，喻指华丽的辞藻。

⑤九重之禁：朝廷的禁令。古代皇帝自命为真龙天子，禁止他人衣饰上带有龙的花纹。

【译文】

在砚台笔墨这块田地里耕耘大有所获，虽然拥有千仓的珠宝、米粟，却不用缴纳田赋、丁税；锦绣般的文章在匠心这个机杼上织纺，纵使有上万轴的带有龙纹的锦绣布匹，也不触犯朝廷的禁令。

【原典】

步明月于天衢[①]，览锦云于江阁。

【注释】

①天衢（qú）：天上的街道，在此因山高耸入云，故以此喻指山上的小道。

【译文】

迎着明月在高山的小路上行走，在江上楼阁遍览锦绣般的云彩。

【原典】

幽人清课，讵但啜茗焚香；雅士高盟，不在题诗挥翰。

【译文】

幽居之人做着清雅之事，不仅仅是喝茶焚香；清雅之士的雅聚，也不仅仅是题诗作画。

【原典】

以养花之情自养，则风情日闲；以调鹤之性自调，则真性自美。

【译文】

倘若以养花的闲情自我修养，那么心态情怀就会日渐闲适；如果以驯养仙鹤的性情来自我调性，那么真性情自然会变美。

【原典】

热汤如沸，茶不胜酒；幽韵如云，酒不胜茶。酒类侠[①]，茶类隐[②]。酒固道广，茶亦德素。

【注释】

①侠：侠客。

②隐：隐士。

【译文】

热汤如同沸水，所以茶比不上酒；幽静之韵如同白云，所以酒比不上茶。酒像侠客，而茶像隐士。酒的功效固然很大，但茶的德性也很素雅淡泊。

【原典】

是非场里，出入逍遥；顺逆境中，纵横自在。竹密何妨水过，山高不碍云飞。

【译文】

身在充满是非的世间，出入都可以逍遥；不管是顺境还是逆境，都可以任意纵横。竹林虽密也无法防止水流的经过，苍山虽高也无法阻碍白云的飘飞。

【原典】

口中不设雌黄，眉端不挂烦恼，可称烟火神仙；随意而栽花柳，适性以养禽鱼，此是山林经济。

【译文】

口中不随便说出议论之语，眉间不挂着烦恼，可以称得上是食人间烟火的神仙；听随心意地栽种鲜花柳树，按照性情以喂养禽鸟、鱼儿，这正是在山林中经邦济世的行为。

【原典】

午睡欲来，颓然自废，身世庶几浑忘[①]；晚炊既收，寂然无营，烟火听其更举。

【注释】

①庶几浑忘：差点全忘了。

【译文】

中午睡意袭来，精神萎靡不振，就连自己的身世也差不多要忘了；晚上炊烟熄灭、晚饭过后，寂寞无事可做，炊烟再起煮茶清谈。

【原典】

花开花落春不管，拂意事[①]休对人言；水暖水寒鱼自知，会心处还期独赏。

【注释】

①拂意事：扫兴的事。

【译文】

花开花落，春天不理会这些，扫兴的事不要对别人说；水暖水寒，鱼儿自然知道，心领神会之处还需要自己独自欣赏。

【原典】

心地上无风涛[①]，随在皆青山绿水；性天中有化育[②]，触处见鱼跃鸢飞。

【注释】

①风涛：喻指心中的愤恨之情。

②化育：万物勃勃生长。

【译文】

倘若内心安宁没有愤恨之情，那么所到之处处处都是青山绿水；倘若性情中天生就有长育万物之念，那么所接触到的所有景象都会有鱼跃鸢飞。

【跟进解读】

仇恨一个人会让自己不开心，一个人如果总是不开心，在伤心与仇恨中生活，很容易得自闭症。而驱除仇恨与怨恨的最好方法就是“宽容”。宽容只在施与人的时候才有价值，通过宽容别人，可使人摆脱过去魔鬼般的缠绕，可以为自己创造一颗新的心。宽容了别人，你将不再为无谓的想法而耗费精力。

“大人不记小人过”是中国的一句经典的老话，这里的“大人”可以说是厚道博爱之人，而“不记小人过”则可说是厚道人“大肚能容”，摒弃前嫌。“大人不记小人过”，是指包容对方，不对其进行仇恨的报复，而是对其报以微笑。这种做法可以在气度上战胜对方，让对方感觉到自己不是个斤斤计较的小人，这样他在心理上便失去了招架之功，同时也可使其意识到自己所犯的过错。有时我们的大度甚至会帮助别人改过自新，甚至可以让对方向我们报恩。

【原典】

宠辱不惊，闲看庭前花开花落；去留无意，漫随天外云卷云舒。斗室中万虑都捐，说甚画栋飞云，珠帘卷雨[①]；三杯后一真自得，谁知素弦横月，短笛吟风。

【注释】

①画栋飞云，珠帘卷雨：语出唐代王勃《滕王阁序》：“画栋朝飞南浦云，珠帘暮卷西山雨。”

【译文】

无论宠辱都不会惊慌，闲适地观看庭院前的花开花落；无论去留都不会在意，任意地随着天空的白云舒卷自如。居于斗室之中什么杂念都没有了，还用说什么画栋飞云，珠帘卷雨；三杯酒之后一切都纯真自得，还有谁知道素弦横月，短笛吟风。

【原典】

得趣不在多，盆池拳石间，烟霞具[①]足；会景不在远，蓬窗竹屋下，风月自赊。

【注释】

①具：具备。

【译文】

得到意趣并不在于多，盆子一样大的池子、拳头一样大的石头，同样可以具备烟霞之意趣；观赏景色不在于有多远，茅草窗、竹屋下，一样可以欣赏到风月。

【原典】

会[1]得个中趣，五湖之烟月尽入寸衷[2]；破得眼前机，千古之英雄都归掌握。

【注释】

①会：领会。

②入寸衷：进入心中。

【译文】

如果可以领会其中的乐趣，那么五湖的烟雾明月都可以进到心中；如果能够看破眼前的玄机，自古以来的所有英雄豪杰都可以在你的掌握之中。

【原典】

水流任意景常静，花落虽频心自闲。

【译文】

任凭水流随意自然地流动，景色依然很恬静，尽管花儿频繁飘落，心中仍旧可以很安闲。

【原典】

残醺[1]供白醉，傲他附热之蛾；一枕余黑甜[2]，输却分香之蝶。闲为水竹云山主，静得风花雪月权。

【注释】

①残醺：落日的余光。

②黑甜：白天睡觉。

【译文】

面对落日余光的美景饮酒至醉，傲视那些见到光和热就攀附的飞蛾；白天躺在枕上酣睡，不理会那些分取花香的蝴蝶。安闲的时候就做山水竹云的主人，静谧之时就独揽风花雪月的观赏之权。

【原典】

何地非真境？何物非真机？芳园半亩，便是旧金谷[1]；流水一湾，便是小桃源[2]。林中野鸟数声，便是一部清鼓吹；溪上闲云几片，便是一幅真画图。

【注释】

①金谷：即晋代石崇所建的金谷园，位于洛阳西北方向，极为华丽奢靡。

②桃源：东晋陶渊明笔下的桃花源。

【译文】

什么地方不是真正的境界？什么东西不是真正富有玄机？半亩芬芳的花园，就是古时的金谷园；一弯幽幽的流水，就是缩小的桃花源。园林中几声野鸟啼鸣之声，便是一部清美的鼓吹之曲；溪流上的几片闲云，就是一幅真正的图画。

【原典】

竹影入帘，蕉阴荫槛，取蒲团一卧，不知身在冰壶鲛室[①]。

【注释】

①鲛室：晋代张华《博物志》中记载："南海水有鲛人，水居如鱼，不废织绩，其眼能泣珠。"比喻极为清冷之室。

【译文】

窗外的青竹之影映入帘内，芭蕉树的阴影遮蔽了门槛，此时坐在蒲团上打坐，内心如同处在冰壶鲛室中一样清醒透彻。

【原典】

霜降木落时，入疏林深处，坐树根上，飘飘叶点衣袖，而野鸟从梢飞来窥人。荒凉之地，殊[①]有清旷之致。

【注释】

①殊：小。

【译文】

秋霜降临树叶摇落之时，来到稀疏的树林深处，坐在树根上，飘落的片片树叶点缀在衣袖间，野鸟从树梢上飞出来窥探人。这荒凉的境地，很少有一种清旷的景致。

【原典】

明窗之下，罗列图史琴尊[①]以自娱。有兴则泛小舟，吟啸览古于江山之间。渚茶野酿，足以消忧；莼鲈稻蟹[②]，足以适口。又多高僧隐士，佛庙绝胜。家有园林，珍花奇石，曲沼高台，鱼鸟流连，不觉日暮。

【注释】

①尊：即樽，酒樽。

②莼（chún）鲈稻蟹：莼菜、鲈鱼、稻米、螃蟹。

【译文】

明净的窗户下，罗列着图画、史书、琴瑟、酒杯，用以自娱。有兴致的时候就泛舟于湖上，在江山之间低吟长啸，遍览古之景胜。水渚的茶、山野的酒，足以消除忧愁；莼菜、鲈鱼、稻米、螃蟹，这些足够我享用了。又有很多得道高僧与隐士，佛寺道观等绝妙景胜。

家中有花园树林，珍奇的花草、幽石，弯弯曲曲的水泽池沼，鱼和鸟都终日留恋不舍，不知不觉间夜晚就降临了。

【原典】

山中莳花种草，足以自娱，而地朴人荒，泉石都无，丝竹绝响，奇士雅客亦不复过，未免寂寞度日。然泉石以水竹代，丝竹以莺舌蛙吹代，奇士雅客以蠹简[1]代，亦略相当。

【注释】

①蠹（dù）简：被蠹虫毁坏的书简。

【译文】

在山中栽种花草，足以自娱自乐，而土地贫瘠，人烟荒芜，山泉幽石都没有，没有丝竹之乐，就连奇士雅客也不会从此经过，难免要在寂寞中度日。然而泉石可以用竹林取代，丝竹之声可以用莺啼蛙噪相代替，奇士雅客可以用被蠹虫毁坏的古代典籍相取代，这也大致相当吧。

【原典】

虚堂留烛，抄书尚存老眼；有客到门，挥麈[1]但说青山。

【注释】

①麈（zhǔ）：麈尘，常用于拂扫灰尘。

【译文】

虚静的厅堂内还有残留的蜡烛，灯下抄书尚且存有一双老眼；有客人临门，挥动麈尾只说青山美景。

【原典】

帝子之望巫阳[1]，远山过雨；王孙之别南浦，芳草连天。

【注释】

①帝子之望巫阳：化用宋玉《高唐赋》中楚怀王与巫山神女相会之典故。

【译文】

楚怀王遥望巫山之阳，望见远处的山飘过的雨；王孙公子在南浦送别，看到芳草连天，一片美景。

【原典】

室距桃源，晨夕恒滋兰茝[1]；门开杜径[2]，往来惟有羊裘[3]。

【注释】

①茝（chǎi）：一种散发着清香的草。

②杜径：唐代杜甫《客至》诗云："花径不曾缘客扫，蓬门今始为君开。"

③羊裘：古代著名的隐士羊裘公，代指隐士。

【译文】

居住之室临近桃源，无论早晨还是夜晚都能沉浸在兰花、茝草的香气之中；门开正对着杜甫的花径，交往的只有像羊裘这样的隐士。

【原典】

枕长林而披史[1]，松子为餐；入丰草以投闲，蒲根可服。

【注释】

①披史：批阅史书。

【译文】

隐居在长林之中，批阅历代史书，可以以松子为餐；来到丰茂的草丛中，将闲暇投之于其中，有蒲根可以服用。

【原典】

一泓溪水柳分开，尽道[1]清虚搅破；三月林光花带去，莫言香分消残。

【注释】

①尽道：全都说。

【译文】

一泓清澈的溪水被柳树分开，大家都说一片清虚被搅乱打破了；三月林中的春光都被盛开的鲜花带走了，不要感叹之后鲜花的凋谢消散。

【原典】

荆扉昼掩，闲庭宴然[1]，行云流水襟怀；隐不违亲，贞不绝俗，太山乔岳气象。

【注释】

①宴然：十分宁静的样子。

【译文】

柴扉即使在白昼也关着，闲适的庭院一片宁静，这是犹如行云流水一样的襟怀；隐居而不避讳双亲，贞洁而不脱离世俗，这是像太山乔岳一样的气象。

【原典】

贺函伯坐径山竹里，须眉皆碧；王长公龛杜鹃楼下，云母都红。

【译文】

贺函伯隐居打坐在径山竹林之中，眉毛胡须都变成了绿色；王长公把杜鹃关在楼下的神龛之中，神龛中的云母都变成了红色。

【原典】

随缘便是遣缘，似舞蝶与飞花共适；顺事自然无事，若满月偕盆水同圆。

【译文】

一切随缘就是操控机缘，就好像蝴蝶飞舞，落花飘飞一样，都只是适应机缘；万事顺其自然就会没事，就好像满月与盛水之盆一样都是圆的。

卷六　集景

【原典】

结庐松竹之间，闲云封户；徙倚[1]青林之下，花瓣沾衣。芳草盈阶，茶烟几缕；春光满眼，黄鸟一声。此时可以诗，可以画，而正恐诗不尽言，画不尽意。而高人韵士，能以片言数语尽之者，则谓之诗可，谓之画可，则谓高人韵士之诗画亦无不可。集景第六。

【注释】

①徙倚：徘徊。

【译文】

在松竹间搭建茅庐，闲云飘在门外；徘徊在苍翠的树林下，花瓣沾上衣衫。芳草爬满台阶，几缕煮茶的青烟；放眼望去一片春光，侧耳聆听，黄鸟一声鸣叫。这个时候可以作诗，也可以画画，只担心诗不能将心中之言完全表达，画不能将胸中之意描绘淋漓。而怀有高雅情韵的隐士，以只言片语就能完全表达心意，称之为诗也可以，称之为画也可以，那么称之为高人韵士的诗画也没有什么不可。集景第六。

【原典】

花关[1]曲折，云来不认湾头；草径幽深，落叶但敲门扇。

【注释】

①关：关山。

【译文】

开满鲜花的路曲曲折折，云来了都不认得停歇的港湾；小径芳草茂密曲折幽深，落叶轻轻敲打着门扉。

【原典】

细草微风，两岸晚山迎短棹[1]；垂杨残月，一江春水送行舟。

【注释】

①短棹（zhào）：本指船桨，代指船只。

【译文】

细草平铺，微风吹拂，两岸暮色中山峦迎接着小船；杨柳低垂，残月在空，一江春水送别着远行的航船。

【原典】

草色伴河桥，锦缆晓牵三竺[1]雨；花阴连野寺，布帆晴挂六桥[2]烟。

【注释】

①晓：早晨。三竺：杭州的天竺山上有三座寺庙分别为上天竺、中天竺、下天竺。

②六桥：宋代苏轼在杭州为官时建造的映波、锁澜、望山、压堤、东浦、跨虹六座桥。

【译文】

青草的翠色伴着河上的小桥，锦做的船缆清晨牵系着三竺的细雨；花荫一直连到野寺，布帆悬挂在六桥的烟水中。

【原典】

门内有径，径欲曲；径转有屏，屏欲小；屏进有阶，阶欲平；阶畔有花，花欲鲜；花外有墙，墙欲低；墙内有松，松欲古；松底有石，石欲怪；石面有亭，亭欲朴；亭后有竹，竹欲疏；竹尽有室，室欲幽；室旁有路，路欲分；路合有桥，桥欲危；桥边有树，树欲高；树阴有草，草欲青；草上有渠，渠欲细；渠引有泉，泉欲瀑；泉去有山，山欲深；山下有屋，屋欲方；屋角有圃，圃欲宽；圃中有鹤，鹤欲舞；鹤报有客，客不俗；客至有酒，酒欲不却；酒行有醉，醉欲不归。

【译文】

门内要有小路，小路要曲折；小路转弯的地方要有屏风，屏风要小巧；过了屏风向前要有台阶，台阶要平整；台阶之畔要种花，花朵要鲜艳；花木之外要有墙，墙头要低；墙内要有松树，松树要苍古；松树下面要有石，石头形状要奇特；石头对面要有亭子，亭子要古朴；亭后要有竹林，竹林要疏朗；竹林尽头要有小屋，房间要幽静；房子旁要有路，路要分岔；路汇合的地方要有桥，桥要高而陡；桥边要有树，树要长得高；树荫下要有草坪，草坪要青翠；草坪上要有渠，渠要细；渠引来泉水，泉要从高处形成瀑布；离开泉水要有山，山要显得深邃；山下要有屋，屋子要方正；屋角有园圃，园圃要宽阔；圃中要有鹤，鹤要能舞；鹤报告有客人来，客人不俗气；客来了要有酒，饮酒不推辞；饮酒要酣畅尽兴，醉了便不归去。

【原典】

清晨林鸟争鸣，唤醒一枕春梦。独黄鹂百舌[①]，抑扬高下，最可人意。

【注释】

①百舌：鸟名，其叫声反反复复，如同百鸟的鸣叫声，因此称为“百舌”。

【译文】

清晨林间的鸟儿们争相鸣唱，将人从一枕春梦中唤醒。唯有黄鹂鸟叫声多变，高低长短，最能够令人称意。

【原典】

长松怪石，去墟落不下一二十里。鸟径[①]缘崖，涉水于草莽间数四。左右两三家相望，鸡犬之声相闻。竹篱草舍，燕处其间，兰菊艺之，霜月春风，日有余思。临水时种桃梅，儿童婢仆皆布衣短褐，以给薪水[②]，酿村酒而饮之。案有诗书，庄周、太玄、楚辞、黄庭、阴符、楞严、圆觉，数十卷而已。杖藜蹑屐[③]，往来穷谷大川，听流水，看激湍，鉴澄潭，步危桥，坐茂树，探幽壑，升高峰，不亦乐乎！

【注释】

①鸟径：鸟走的山道，形容十分狭窄的小道。

②薪水：打柴、汲水。

③杖藜（lí）蹑屐（jī）：拄着杖藜，穿着木屐。

【译文】

高高的松树奇异的石头，离村落不少于一二十里。窄窄的小路沿着悬崖延伸，屡次在草莽丛中涉水而过。左右两三家遥遥相望，彼此可以听到鸡鸣狗叫之声。竹篱茅舍，安然居住其中，种植兰花和菊花，春风秋月，每天都有闲情。临水的地方种上桃树和梅树，孩子仆人都穿粗布短衣，自己打柴汲水，自酿村酒饮用。案头有杂书：《庄周》《太玄》《楚辞》《黄庭》《阴符》《楞严》《圆觉》，数十卷罢了。拄着拐杖穿着木屐，在大河深谷中往来，听流水，看急流，观赏清澈的潭水，走过高高的小桥，坐在茂密的树下，在幽深的山谷中探索，登上高高的山峰，也非常快乐啊！

【原典】

天气晴朗，步出南郊野寺，沽酒饮之。半醉半醒，携僧上雨花台[①]，看长江一线，风帆摇曳，钟山[②]紫气，掩映黄屋[③]，景趣满前，应接不暇。

【注释】

①雨花台：相传梁武帝时期，有位法师在此谈经说法，天空中花落如雨，故称“雨花台”，位于今南京市以南。

②钟山：即紫金山。

③黄屋：宫殿。

【译文】

天气晴朗，步出南郊的野寺，买酒来喝。半醉半醒之间，与僧人相携上雨花台，看长江蜿蜒流淌，船帆摇曳，钟山的紫气，掩映着帝王的宫殿，美景幽趣，令人应接不暇。

【原典】

良辰美景，春暖秋凉，负杖蹑履，逍遥自乐。临池观鱼，披林听鸟；酌酒一杯，弹琴一曲；求数刻之乐，庶几[①]居常以待终。筑室数楹，编槿[②]为篱，结茅为亭。以三亩荫竹树栽花果，二亩种蔬菜，四壁清旷，空诸所有，蓄山童灌园薙草[③]，置二三胡床着亭下，挟书剑伴孤寂，携琴弈以迟良友，此亦可以娱老。

【注释】

①庶几：差不多。

②槿：木槿树。

③薙（tì）草：除草。

【译文】

良辰美景，或在暖暖的春日，或在凉爽的秋天，拄着竹杖，穿着木屐，十分逍遥自乐。靠近池边观鱼跃，来到林中听鸟鸣；喝上一杯酒，弹上一首琴曲；既可以求得片刻的欢乐，基本上也可以以此安享晚年。建筑几间居室，用木槿编成篱笆，用茅草搭成亭子。用三亩竹林余荫处栽种花果，两亩地种上蔬菜，家中四壁空旷，没有什么储存，畜养山童灌溉园圃拔草，置办两三个胡床放在亭子下，带着书剑以伴我打发孤寂，携带着琴棋等待好友，这也可以自我娱乐到老。

【跟进解读】

平日栽种一些花竹树木，再饲养一些可爱的小动物，应起到调剂生活心性的作用。假如只为了增加风景，玩赏一些奇花异木、珍禽异兽，那不过是儒家所说“小人之学，耳入口出”和佛家所说“只知诵经，不明佛理”的表面文章而已，又哪里有高尚的情趣呢？

人好静，不可逃避社会义务与责任；人修身，不可只从教义出发，只知在自我的圈子里徘徊而与世隔绝，人好自然之物决不能玩物丧志，以所乐而迷身心。平日栽种花竹和玩赏鸟鱼，本为雅致高尚的休闲活动，但一定要领悟其中的超逸情趣，怡然自得，才能感受到真正的乐趣。小人就完全不同，他们仅仅注重表面形式，或为装点门面附庸风雅，结果变成口耳顽空之辈，毫无超逸雅趣可言。君子是以此来陶冶性情和领悟自然的，可是，如果只一味流连于美景异物之上，忘记了应负的社会责任，又有何益可言？

【原典】

盛暑持蒲，榻铺竹下，卧读《骚》《经》[①]，树影筛风，浓阴蔽日，丛竹蝉声，远远相续，蘧然入梦，醒来命取榧栉发，汲石涧流泉，烹云芽一啜，觉两腋生风。徐步草玄亭，芰荷出水，风送清香，鱼戏冷泉，凌波跳掷。因陟东皋[②]之上，四望溪山罨画[③]，平野苍翠。激气发于林瀑，好风送之水涯，手挥麈尾，清兴洒然。不待法雨凉雪，使人火宅之念都冷。

【注释】

①《骚》《经》:《离骚》《诗经》。

②东皋：东面的高地。

③罨（yǎn）画：颜色驳杂的图画。

【译文】

炎热的暑日里拿着蒲扇，将榻铺在竹林之下，卧读《离骚》《诗经》，树影间透过微风，浓密的树荫遮蔽了阳光，竹丛中传出蝉的鸣叫，远远的时断时续，不觉沉沉入梦，醒来让人取来梳子梳理头发，汲取石涧中流动的泉水，煮好茗茶来喝，觉得腋下生风。缓步草玄亭，菱叶与荷叶伸出水面，风儿送来阵阵清香，鱼儿在清凉的泉水中嬉戏，有时候跳出水面。于是登上东皋，环顾四周，溪水与青山如同一幅彩色画卷，原野一片苍翠。林间瀑布中发出激越之气，被和风吹送到水边，手里拿着拂尘，清雅的兴致洒脱出俗。不必等待佛法如雨露滋润或者如雪般清凉，就可使人内心躁动的念头一一冷却。

【原典】

一抹万家，烟横树色，翠树欲流，浅深间布，心目竞观，神情爽涤。

【译文】

一抹云霞笼罩万家，烟雾弥漫在林间，树木苍翠欲滴，浅色和深色相间分布，心和眼争相欣赏，神情清爽如洗。

【原典】

万里澄空，千峰开霁，山色如黛，风气如秋，浓阴如幕，烟光如缕，笛响如鹤唳，经飓如咿唔[①]，温言如春絮，冷语如寒冰，此景不应虚掷。

【注释】

①咿唔：咿呀学语。

【译文】

天空万里无云，山峰云开雨散，山色苍翠，风景气象如同秋天一般，浓密的树阴如同幕布，烟光似线，笛声如同鹤唳，诵经的声音如同歌吟，温暖的话语如同春天的飞絮，冷峭的语言如同寒冰，这样的好风景不应该虚度。

【原典】

山房置古琴一张，质虽非紫琼绿玉，响不在焦尾号钟[①]，置之石床，快作数弄。深山无人，水流花开，清绝冷绝。

【注释】

①焦尾号钟：古代的两架名琴，分别属于蔡邕和齐桓公。

【译文】

山间居室里放一张古琴，质地虽不是紫琼、绿玉琴那样高贵，发音虽不如焦尾、号钟琴那样美妙，放在石床之上，也可不时弹几曲快心之作。深山之中寂静无人，水流花开，琴声也是清幽之至。

【原典】

四林皆雪，登眺时见絮起风中[①]，千峰堆玉，鸦翻城角，万壑铺银。无树飘花，片片绘子瞻之壁[②]；不妆散粉，点点糁原宪之羹[③]。飞霰入林，回风折竹，徘徊凝览，以发奇思。画冒雪出云之势，呼松醪茗饮之景。拥炉煨芋，欣然一饱，随作雪景一幅，以寄僧赏。

【注释】

①絮起风中：化用“才女谢道韫咏絮”之典故，据《世说新语·言语》中记载：“谢太傅寒雪日内集，与儿女讲论文义，俄而雪骤，公欣然曰：‘白雪纷纷何所似？’兄子胡儿曰：‘撒盐空中差可拟。’兄女曰：‘未若柳絮因风起。’”

②子瞻之壁：即苏轼，字子瞻，曾作《念奴娇·赤壁怀古》，其中有“乱石穿空，惊涛拍岸，卷起千堆雪”之词句。

③原宪之羹：原宪，孔子的弟子，虽然贫穷但不追求名利，安贫乐道。

【译文】

四周的树林都是积雪，登高远眺时时可见，风吹起了柳絮般的雪花，峰峦上都堆积着白玉般的积雪，乌鸦在城角翻飞，无数山谷都铺开银装。没有树却飘下花，片片都是苏轼在《赤壁怀古》词中所讲的“卷起千堆雪”的景象；不化妆却有散落的粉，点点飞散的都是那甘于淡泊的孔门弟子原宪的藜藿之羹。雪珠飞舞入林，回旋的风摧折了竹子，徘徊凝眸观赏，引发奇妙的思绪。描画出雪飘云出之情势，还有仆人拿来松花酒及喝茶的景致，靠着炉火烧烤山芋，愉快地吃饱，然后画一幅雪景图，以寄给高僧欣赏。

【原典】

孤帆落照中，见青山映带，征鸿回渚[①]，争栖竞啄，宿水鸣云，声凄夜月，秋飙萧瑟，听之黯然，遂使一夜西风，寒生露白。

【注释】

①渚（zhǔ）：水中的小舟。

【译文】

一片孤帆沐浴在斜阳的余晖之中，绿水青山两相映带，远飞的大雁回到水中小洲之上，争相寻找栖息处和食物，有的在水中宿下，有的在云中高飞，叫声在夜月里很是凄凉，秋风萧瑟，听到了令人心情悲伤低落，于是一夜西风，寒气生成，露珠降临。

【原典】

春雨初霁，园林如洗，开扉闲望，见绿畴麦浪层层，与湖头烟水相映带，一派苍翠之色，或从树杪流来，或自溪边吐出。支筇[①]散步，觉数十年尘土肺肠，俱为洗净。

【注释】

①筇（qióng）：古书上说的一种竹子，可以做手杖。

【译文】

春雨下过，天刚刚放晴，园林就像洗过一般，打开门四处闲看，但见碧绿的田间麦浪层层涌起，与湖边的烟水之气相互映衬，一派苍翠的颜色，或者从碧绿的树梢流下，或者从溪边的杂草中吐出。扶着手杖散步，觉得几十年尘土浸染着的肠肺，都被清洗干净了。

【原典】

四月有新笋、新茶、新寒豆、新含桃，绿阴一片，黄鸟数声，乍晴乍雨，不暖不寒，坐间非雅非俗，半醉半醒，尔时如从鹤背飞下耳。

【译文】

四月里有新生的笋、新焙的茶、新鲜的豌豆、新鲜的樱桃，绿树成荫，黄鸟时或鸣叫几声，时晴时雨，不暖不寒，在座的宾客不雅不俗，半醉半醒，这时候就如同刚刚骑鹤从仙境飞下来一样。

【原典】

山居有四法：树无行次，石无位置，屋无宏肆，心无机事。

【译文】

居于山中有四个法则：树木杂生没有行列次序，石头错落没有固定的位置，房屋简陋没有宏大的构造，心中闲适没有世俗的机心。

【跟进解读】

居于山中有四个法则，其实是古代隐士的居所，体现的是淡泊世事，内心无忧的情怀。当下的人要意识到，能自得时则自乐，到无心处便无忧；不求则无需，无欲才不贪；不贪不求，无怨无悔，就是赋性的淡泊了。

淡泊是理性的成熟，也是最具体的满足；它是积极的乐天知命，而非消极的听天由命；它是入世的适情致性，而非出世的斩情灭性。非宁静无以致远，非淡泊无以明志；莫嫌淡泊少滋味，淡泊之中滋味长；淡泊，才是对人性的透彻了解，才是对世情的深刻领悟。

【原典】

与衲子①辈坐林石上，谈因果②，说公案③。久之，松际月来，振衣而起，踏树影而归，此日便是虚度。

【注释】

①衲子：本指僧人所穿的衣服，后代指僧人。

②因果：佛教主张因果报应论。

③公案：佛教禅宗常常运用佛理来解释疑难问题，如同官府判案，由是称为“公案”。

【译文】

与僧人坐在竹林间的石头上，谈论因果报应，论说禅宗公案。不知不觉过了很久，松林间升起了明月，抖抖衣服站起来，踏着树影回家，这一天便算是虚度了。

【跟进解读】

佛家说："万有皆从因缘生。"意思是："世间万事万物都是有因果才得以存在。"他把宇宙万物的生成与还灭，都归于"因缘"二字。佛语有云：种下什么因，就得什么果。一切皆有因缘果报。帮助了别人，就能够得到别人的帮助，而伤害了别人，也许某一天会受到同样的伤害。

佛家认为，一切的因缘果报，都是由自己的心念所感召。后面有什么果，都是你前面所种的"因"所决定的。

有些人不懂得因缘的道理，以为人生的诸事都是偶然的，并没有什么原因。那么，如果没有种子、水、土的因缘，一棵树怎么会凭空生长呢？一棵树一定要从树的种子生起，绝不会从毫无关系的石头、瓦块生起。一个人的遭遇也是一样的，是自己的业力和环境造成的，并不是由于另外的什么神的主宰赏罚。一个人的遭遇，固然由于许多因素决定，但是现在的努力是更要紧的。有些人以为，现在的一切都是冥冥中已经注定的，这是一种错误的命定论。能够知道万有皆从因缘生，把握正确的因果关系，就可以确定自己行为的价值，知道怎样去努力创造光明的前途。

【原典】

结庐人径，植杖山阿①，林壑地之所丰，烟霞性之所适，荫丹桂，藉白茅，浊酒一杯，清琴数弄，诚足乐也。

【注释】

①山阿：山脚下。

【译文】

在人间建造房子居住，在山的曲折处拄杖而行，此地多森林和山谷，烟霞是性情所适宜的，在丹桂树荫下，坐在白茅上，饮一杯浊酒，弹几曲清雅的琴曲，确实足够快乐了。

【原典】

辋水①沦涟，与月上下；寒山远火，明灭林外，深巷小犬，吠声如豹。村虚夜舂，复与疏钟相间，此时独坐，童仆静默。

【注释】

①辋（wǎng）水：水名，位于今陕西蓝田县一带，唐代王维曾隐居在此，建下辋川别业。

【译文】

辋川之水波纹动荡，月光洒下随波起伏；寒山中远远看见灯火，在树林之外时明时暗，深巷之中的小犬，叫声洪亮如豹。村里空落在夜间传来舂米声，与稀疏的钟声相间，此时独自静坐，童仆也都安静沉默。

【原典】

杏花疏雨，杨柳轻风，兴到欣然独往；村落烟横，沙滩月印，歌残倏尔①言旋。

【注释】

①倏尔：形容很快，时间很短。

【译文】

杏花在稀疏的雨中开放，杨柳在轻柔的风中摇曳，兴致起来便愉快地独自去探寻春天的美景；村落里炊烟升起，月色照在沙滩之上，歌曲唱罢马上返回。

【原典】

赏花酣酒，酒浮园菊方三盏，睡醒问月，月到庭梧第二枝。此时此兴，亦复不浅。

【译文】

对花饮酒，酒中飘着园中的新菊，共饮三盏，睡醒之后问月，月亮已经照到了庭院中的梧桐树上的第二枝。此时的意兴，实在是不浅啊。

【跟进解读】

对话饮酒，似乎是古人生活的固有方式，李白就有"花间一壶酒，独酌无相亲"的诗句。酒文化的精神以道家哲学为源头，追求绝对自由、忘却生死利禄及荣辱，是中国酒文化精神的精髓所在。古代文人饮酒时追求的清雅意境，传统文化把酒的文化运用到美妙和极致，百家词曲、歌谣谚语、典故对联等各种文化内涵，无不出神入化地蕴含于酒令当中，为饮酒赋予了优雅的书卷气息和文化意蕴，让人们在品味美酒的同时也领略了文化的清新。

【原典】

绘雪者，不能绘其清；绘月者，不能绘其明；绘花者，不能绘其香；绘风者，不能绘其声；绘人者，不能绘其情。

【译文】

画雪的人，不能画出雪的清气；画月的人，不能画出月的明亮；画花的人，不能画出花的香气；画风的人，不能画出风的声音；画人的人，不能画出人的情感。

【原典】

读书宜楼，其快有五：无剥啄之惊，一快也；可远眺，二快也；无湿气浸床，三快也；木末竹颠，与鸟交语，四快也；云霞宿高檐，五快也。

【译文】

读书宜在楼上，其中的快乐有五种：没有来访者敲门的声音，是第一快乐事；可以眺望远方，是第二快乐事；没有湿气侵袭床铺，是第三快乐事；在高楼上靠近树木的树梢和竹子的顶端，可以与鸟儿交谈，是第四快乐事；云霞仿佛停留在高高的屋檐下，是第五快乐事。

【原典】

山径幽深，十里长松引路，不倩金张①；俗态纠缠，一编残卷疗人，何须卢扁？

【注释】

①金张：汉代显宦金日磾（mì dī）、张安世。二人均是汉宣帝时的重臣显贵，后

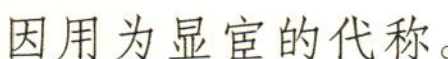
因用为显宦的代称。

【译文】

山路幽深，一连十里都种植着高大的松树，可以指引道路，不必借助金氏、张氏那样的贵族之力；被尘世的种种世俗之态纠缠着，一卷残书便可以疗愈人，何必非要麻烦扁鹊那样的名医呢？

【原典】

篱边杖履送僧，花须列于巾角；石上壶觞坐客，松子落我衣裾。

【译文】

在篱笆旁边拄着杖、穿着草鞋来送别僧客，花须沾在头巾的角上；坐在石头上，以茶酒待客，松子落在我的衣衫上。

【原典】

远山宜秋，近山宜春，高山宜雪，平山宜月。

【译文】

看远山适宜在秋天，看近山适宜在春天，看高山适宜有雪，入平山适宜在月下。

【原典】

珠帘蔽月，翻窥窈窕之花；绮幔藏云，恐碍扶疏之柳。

【译文】

珠帘遮着月光，反而使得院中的花朵更加美好多姿；绮丽的帷幔遮住了云彩，怕它妨碍着枝叶纷繁的柳树摇曳。

【原典】

玩飞花之度窗，看春风之入柳；命丽人于玉席，陈宝器于纨罗①。

【注释】

①“玩飞花”一段：本段是南朝梁简文帝萧纲《筝赋》中写美女弹筝时的场景。

【译文】

赏玩落花飘飞穿越窗户，观看春风吹入柳丛；命令美人坐在如玉般洁净的席上，罗列各种宝器在绫罗之上。

【原典】

忽翔飞而暂隐，时凌空而更扬。竹依窗而庭影，兰因风而送香[①]。

【注释】

①“忽翔飞”一段：摘自南朝梁萧和《萤火赋》，描述了萤火虫时飞时停的状态。

【译文】

忽而飞翔，时而隐藏，时而凌空飞得更高。竹子依窗而在庭院映下清影，兰花借风吹送清香。

卷七　集韵

【原典】

人生斯世，不能读尽天下秘书灵笈。有目而昧，有口而哑，有耳而聋，而面上三斗俗尘，何时扫去？则韵之一字，其世人对症之药乎？虽然，今世且有焚香啜茗，清凉在口，尘俗在心，俨然自附于韵，亦何异三家村老妪，动口念阿弥，便云升天成佛也。集韵第七。

【译文】

人生在世，不能把天下的书都读完。长着眼睛却看不见，有口却说不出，有耳朵却听不到，脸上的三斗厚的尘土，什么时候能够扫去呢？“韵”这个字，是不是世人的对症之药呢？即使是这样，现在的人焚香品茶，口清凉了，心还是俗的，好像身上有韵味，又和村里的老妇有什么不同，动口就念佛语，说升天成佛了。集韵第七。

【原典】

陈慥家蓄数姬①，每日晚藏花一枝，使诸姬射覆，中者留宿，时号“花媒”。

【注释】

①姬：歌姬。

【译文】

陈慥家里养了好几个美姬，每天晚上藏一枝花让她们去找，找到的就留下侍宿，时人称之为“花媒”。

【原典】

清斋幽闭，时时暮雨打梨花；冷句忽来，字字秋风吹木叶。

【译文】

清斋幽静地闭着，时时传来傍晚雨打梨花的声音；忽然有凄冷的诗句，每个字都是秋风吹树叶般的凄凉。

【原典】

春云宜山，夏云宜树，秋云宜水，冬云宜野。

【译文】

春天的云适宜飘荡在山上，夏天的云适宜飘在树梢上，秋天的云适宜飘在水上，冬天的云适宜飘在田野里。

【原典】

清疏畅快，月色最称风光；潇洒风流，花情何如柳态。

【译文】

晴朗稀疏，能让人畅快的最好的风光是月色；能称得上潇洒风流的，应该是花的神情、柳的姿态。

【跟进解读】

人们自古有一种历史情结，怀念往昔。而月亮，这个在古时文学中最富含义也是出现频率最高的一词当然不能忘却。如果孤独难耐，可以吟咏“举杯邀明月，对

影成三人”；如果失意了，来句“明月几时有，把酒问青天”；如果恋爱了，便是“月上柳梢头，人约黄昏后”；失恋了，便是“月有阴晴圆缺，人有悲欢离合”以此自慰……同样，月亮又是人们追求的一种象征。古时的摘月也好，现今的登月也罢，总是告诉人们要去追求，攀登而不可懈怠。

现今的社会发展的要求，人们纷纷离开自己的故乡，远奔异地去寻求自己的事业。白天繁忙的节奏使他们无暇思索其余，可是当夜深人静之时，内心的孤独寂寞便牵引着他们想念。可是单纯想念怎能排遣心中的抑郁？唯有看到故地与新家共有之物——月亮，他们才得以稍稍安慰。

【原典】

香令人幽，酒令人远，茶令人爽，琴令人寂，棋令人闲，剑令人侠，杖令人轻，麈令人雅，月令人清，竹令人冷，花令人韵，石令人隽，雪令人旷，僧令人谈，蒲团令人野，美人令人怜，山水令人奇，书史令人博，金石鼎彝①令人古。

【注释】

①鼎彝：古代祭器，上面多刻着表彰有功人物的文字。

【译文】

香让人幽怨，酒让人想得远，茶让人清爽，琴令人寂静，棋让人闲适，剑让人有豪气，竹杖让人轻佟，拂尘让人雅，月让人清爽，竹让人清冷，花让人有韵致，石让人隽永，雪让人旷达，僧让人交谈，蒲团让人粗野，美人让人爱怜，山水让人称奇，史书让人广博，金石鼎彝增添人的古朴。

【原典】

吾斋之中，不尚虚礼，凡入此斋，均为知己。随分款留，忘形笑语，不言是非，不侈荣利，闲谈古今，静玩山水，清茶好酒，以适幽趣，臭味之交，如斯而已。

【译文】

我的书斋中，不喜欢虚礼，只要进入书斋的都是知己。随便去留，开怀说笑，不说是非，不羡慕声名利禄，闲谈古今，把玩山水，清茶好酒只不过适合志趣相投的人，大家的品位一致罢了。

【跟进解读】

书斋，顾名思义，是读书的房间，同时也是藏书的地方，还是书写的地方。书画同源，中国古代书写绘画全用毛笔，写出来、画出来即是书法和绘画艺术。读书、藏书、书画是书斋的基本功能。后来，文物古玩的收藏和鉴赏常常在这里进行，诗词歌赋和书法绘画乃至篆刻的切磋和研讨也常常在这里进行。所以，书斋是以个人名义所建立，以主人和密友为主体，进行文化艺术活动的中心。书斋姓“文”，所以别名称作“文房”。

值得指出的是，中国古代的书斋和西方的书房除了布置和装饰上的地域和民族风格不同以外，在本质和功能上有很大的区别，中国传统的书斋是功能多样的文化综合体，而西方的书房则只相当于小小的私人图书馆，具有藏书和读书的功能。

【原典】

竹径款扉，柳阴班席。每当雄才之处，明月停辉，浮云驻影。退而与诸俊髦西湖靓媚，赖此英雄，一洗粉泽。

【译文】

沿着竹林小路叩门，在柳树下按次序坐下来。每当有英雄才俊到来的时候，明月的光辉停止不动，浮云也不飘动了。和各位英雄豪杰泛舟西湖，观赏明媚的春光，西湖也因为英雄豪杰洗去了脂粉气。

【原典】

幽心人似梅花，韵心士同杨柳。

【译文】

内心幽静的人像梅花，富有韵味的人就像柳树。

【原典】

倦时呼鹤舞，醉后倩僧扶。

【译文】

疲倦时让鹤来跳舞，醉后让和尚来扶着。

【原典】

乌衔幽梦远，只在数尺窗纱，蛩[1]递秋声悄，无言一龛灯火。

【注释】

①蛩（qióng）：虫叫。

【译文】

乌衔着幽梦飞远，梦境好像在数尺纱窗外，蟋蟀的叫声传递着秋天的讯息，对着龛中的灯火无言。

【原典】

藉[1]草班荆，安稳林泉之窔[2]；披裘拾穗，逍遥草泽之臞[3]。

【注释】

①藉：借着。

②窔（yào）：指幽深隐暗处。

③臞（qú）：清瘦，消瘦。

【译文】

就着草坪盘腿而坐，在山水环绕的林泉间安然徜徉；披着裘衣拾起麦穗，在阳光的照耀下逍遥自在。

【原典】

万绿阴中，小亭避暑，八闼洞开，几簟皆绿。

【译文】

在广阔的绿荫中，小亭是避暑的好地方，树荫八面敞开，把案几和簟席都染上了绿色。

【原典】

雨过蝉声来，花气令人醉。

【译文】

雨过听见蝉声，花的香气让人沉醉。

【原典】

瘦影疏而漏月，香阴气而堕风[①]。

【注释】

①堕风：随风。

【译文】

瘦竹萧疏漏下月影，花丛的香气随微风散开。

【原典】

修竹到门云里寺，流泉入袖水中人。

【译文】

修长的竹子掩映到云雾缭绕的寺庙前，清泉在水中映出的人的袖子间流淌。

【原典】

诗题半作逃禅偈[①]，酒价都为买药钱。

【注释】

①偈（jì）：又作伽陀、偈陀。意译偈颂、颂。系与诗之形式相同，以一句五言或七言表现的韵文，一般以四句为一偈。在梵文佛典中，一首四句三十二字的偈颂，谓之一“首卢迦”。

【译文】

作诗的题目多半是参禅的偈语，卖酒的钱是买药炼丹的钱。

【原典】

流水有方能出世，名山如药可轻身。

【译文】

流水有让人超凡脱俗的奇特方法，名山像使人身体健硕的妙药。

【原典】

与梅同瘦，与竹同清，与柳同眠，与桃李同笑，居然花里神仙；与莺同声，与燕同语，与鹤同唳，与鹦鹉同言，如此话中知己。

【译文】

和梅一样瘦，和竹一样清，和柳一起睡，和桃花、李花一起笑，好像是花国里的神仙；和黄莺一起歌唱，和燕子说话，和鹤鸣叫，和鹦鹉说话，这就是鸟中的知己。

【原典】

梅花入夜影萧疏，顿令月瘦，柳絮当空晴恍忽，偏惹风狂。

【译文】

寒夜里梅花更显得萧疏冷清，让月亮也消瘦了，柳絮飘飞，晴朗的天空恍惚，偏偏惹来狂风吹拂。

【原典】

花阴流影，散为半院舞衣；水响飞音，听来一溪歌板。

【译文】

花荫流动的影子，随着阳光洒了半院；溪水流淌的声音，听起来好像是音乐的节拍声。

【原典】

浣花溪内，洗十年游子衣尘；修竹林中，定四海良朋交籍。

【译文】

在浣花溪里，洗去游子衣服上十年的灰尘；在修竹林中，编定四海知己交往的名册。

【原典】

人语亦语，诋其昧于钳口①；人默亦默，訾其短于雌黄。

【注释】

①钳口：不随意发言。

【译文】

附和别人说话，人们会诋毁他把不住口风；跟随别人沉默，人们会讥讽他不善于评论品鉴。

【跟进解读】

很多人想要获得别人的好感，在谈话中不管别人说什么都点头称是，就像水里的葫芦一样乱点头。其实，像这样一味地点头附和别人，并不能使自己成为一个别人喜欢的人，反而会失去自己的主见，变得人云亦云。

在一般情况下，同意别人的观点确实能够让人心里舒畅，没有人喜欢别人反驳自己的观点。但是不论对错一味附和别人，会让人觉得你非常虚伪。在人际交往中一定要注意，不要让自己成为默默无闻、人云亦云的人，更不要成为招人厌烦的应声虫。

【原典】

艳阳天气，是花皆堪酿酒；绿阴深处，凡叶尽可题诗。

【译文】

艳阳天里，只要是花就能采来酿酒；绿荫深处，只要是叶子就可以题诗。

【原典】

曲沼荇香侵月，未许鱼窥；幽关松冷巢云，不劳鹤伴。

【译文】

花香浸着月影，不可以看鱼；松树清冷云归去，这样幽静的时候，不可以让鹤来相伴。

【原典】

篇诗斗酒，何殊太白之丹丘；扣舷吹箫，好继东坡之赤壁。

【译文】

畅饮斗酒吟诵诗篇，和李白的《丹丘诗》没有什么不同；叩响船舷吹箫相和，好像是仿照苏轼续写《赤壁赋》。

【原典】

茶中着料，碗中着果，譬如玉貌加脂，蛾眉着黛，翻累本色。煎茶非漫浪，要须人品与茶相得，故其法往往传于高流隐逸，有烟霞泉石磊落胸次者。

【译文】

茶中放佐料，碗里放果品，好比是秀丽的脸上涂上脂粉，好看的眉上画青黛，反而影响了本色。煎茶不是随便的事，必须要人品和茶品相宜，因此煎茶的方法只在高人隐士和有烟霞泉石那样磊落胸怀的人之间流传。

【跟进解读】

古人对饮茶的时间和环境比较讲究，认为最适宜饮茶的时间是身心感到悠闲安逸的时候，披着衣衫吟诵诗歌的时候，思绪纷乱的时候，赏歌听曲的时候，歌曲唱完的时候，关上门逃避某件事情的时候，弹琴赏画的时候，夜深和朋友谈心的时候，窗户明亮、茶几干净的时候，洞房咏诗的时候，主人和客人一起悠闲亲昵地谈话的时候，和美女好友一起聊天的时候，拜访朋友刚回来的时候，天气晴朗、微风轻拂的时候，稍有阴天或下着小雨的时候，在小桥画廊的地方，在茂密高大的竹林里面，赏花逗鸟的时候，在有荷叶的亭子里避暑的时候，在院子里焚香的时候，在筵席结束、人都散去的时候，在孩子读书的场所，在清静幽雅的寺庙和道观，在有名泉怪石的时候。

【原典】

高士流连，花木添清疏之致；幽人剥啄，莓苔生黯淡之光。

【译文】

高士流连于山林花木之间，更增添了清疏的韵致；隐士的手杖敲打着路边的莓苔，莓苔更添了黯淡的光景。

【原典】

松涧边携杖独往，立处云生破衲；竹窗下枕书高卧，觉时月浸寒毡。

【译文】

在松涧边拄着拐杖独来独往，站的地方白云从破旧的衲衣中环绕升腾；在竹窗下面头枕经书睡大觉，醒来时发现月亮的清冷侵入身下的寒毡。

【原典】

散履闲行，野鸟忘机时作伴；披襟兀坐，白云无语谩相留。

【译文】

放开脚步闲逛，野鸟忘记了警惕前来相伴；披着衣襟打坐，白云无语，似乎在留下供人观赏。

【跟进解读】

心血来潮时，何妨脱下鞋袜光脚在草地上散步，就连野鸟也会忘记被人捕捉的危险和我做伴；当大自然的景色和我的思想融为一体时，何妨披着衣裳静坐在落花下深思，白云虽然不说话，但是漫不经心地留恋依依。

应当善于调节自己的生活。古代的知识分子很讲究生活的情趣，处雅地而行雅事，处大自然之中，跟天地之气相通，感应天人合一，使身心跟万物浑然成一体，怡然陶醉在人来鸟不惊的忘我境界中，这种佳境应该说是快乐似神仙了。一个人如果在世俗的争斗与尘世的喧嚣中度过一生，不知大自然之乐，不识人间真趣，岂不可悲。

【原典】

客到茶烟起竹下，何嫌屐破苍苔；诗成笔影弄花间，且喜歌飞《白雪》。

【译文】

客来就提水煮茶，茶烟在竹林下袅袅升起，又何必担心木屐踏破了苍翠的苔藓；笔墨在花丛飞舞中写成诗篇，随之飘来《白雪》的歌声，令人欣喜。

【原典】

月有意而入窗，云无心而出岫。

【译文】

月亮故意溜进窗户，白云无心从峰峦间飘出。

【原典】

屏绝外慕，偃息长林，置理乱于不闻，托清闲而自佚。松轩竹坞，酒瓮茶铛，山月溪云，农蓑渔罟。

【译文】

屏弃对尘世贪欲的向往，隐居在山林间，不管世间的治乱兴衰，只图清闲自在。松间的竹坞，盛酒的陶瓮，烹茶的茶铛，山间的明月，溪涧的云雾，农人的蓑衣，渔民的钓网，都令人欣喜和流连。

【跟进解读】

《坛经》认为“自心归依觉，邪迷不生，少欲知足，能离财色，名两足尊”，人一旦有了觉悟，就不会产生错误的思想，就会清心寡欲而变得知足常乐起来。《坛经》所指出的是一种安贫乐道的心态，这种心态建立在对人生的觉悟之上。

幸福与快乐其实都是由心理状态决定的。快乐并不一定要花大钱、搞“大动作”，有时只是一种觉悟问题，悟到了也就快乐了。口干了有水喝，肚子饿了有饭

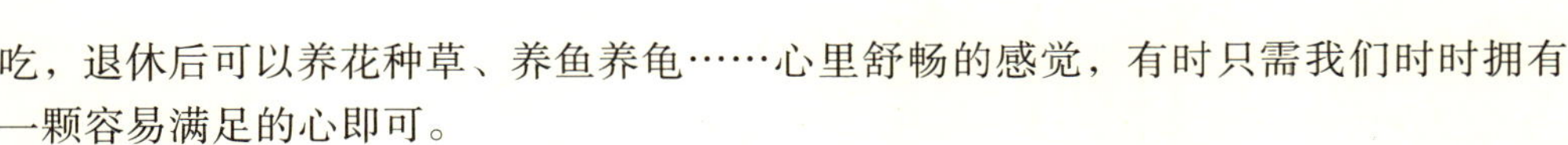

吃，退休后可以养花种草、养鱼养龟……心里舒畅的感觉，有时只需我们时时拥有一颗容易满足的心即可。

【原典】

怪石为实友，名琴为和友，好书为益友，奇画为观友，法帖为范友，良砚为砺友，宝镜为明友，净几为方友，古磁为虚友，旧炉为熏友，纸帐为素友，拂麈为静友。

【译文】

怪石是朴实的朋友，名琴是和谐的朋友，好书是益友，奇画是观赏的朋友，法帖是模仿的朋友，良砚是砥砺的朋友，宝镜是明亮的朋友，净几是方正的朋友，古磁是清虚的朋友，旧炉是熏香的朋友，纸帐是素淡的朋友，拂麈是幽静的朋友。

【原典】

扫径迎清风，登台邀明月。琴觞之余，间以歌咏，止许鸟语花香，来吾几榻耳。

【译文】

打扫小路迎接清风，登上高台邀请月亮。弹琴饮酒之余，伴随着吟咏歌唱，只许鸟语花香传到我的案几前。

【原典】

风波尘俗，不到意中，云水淡情，常来想外。

【译文】

从不在意是非风波这样的世俗之事，山水泉石、淡泊闲情，和思想相伴。

【原典】

纸帐梅花，休惊他三春清梦；笔床茶灶，可了我半日浮生。

【译文】

纸做的帐子，盛开的梅花，不要惊醒他三春清梦；放笔的架子，烹茶的灶，可以伴随我度过自在的一生。

【原典】

酒浇清苦月，诗慰寂寥花。

【译文】

借酒浇愁以面对清苦的月色，吟诗作赋慰问寂寥的花朵。

【原典】

一室十圭，寒蛩声暗，折脚铛边，敲石无火，水月在轩，灯魂未灭，揽衣独坐，如游皇古意思。

【译文】

在窄小的屋子里，在寒秋中虫子的悲鸣发不出声音，在折脚的茶铛之间，敲火石却生不出火来，水中明月照在高轩上，烛光熄灭灯花还在，揽衣独坐，这样的情景，仿佛是神游上古世界。

【原典】

遇月夜，露坐中庭，心爇[①]香一炷，可号伴月香。

【注释】

①爇（ruò）：意思是用火烧。

【译文】

赶上月夜，顶着露水在院中打坐，必须燃起一炷香，可称为伴月香。

【原典】

襟韵洒落如晴雪，秋月尘埃不可犯。

【译文】

胸襟开阔，韵致磊落像初晴的雪；秋月清静，是世间的尘埃无法侵犯和污染的。

【原典】

峰峦窈窕，一拳便是名山，花竹扶疏，半亩如同金谷。

【译文】

峰峦秀美，即使是拳头般大小也是名山；花荫竹影斑驳稀疏，即使只有半亩也比得上金谷园。

【原典】

观山水亦如读书，随其见趣高下。

【译文】

看山水也像读书一样，会根据人的情趣见识的不同一分高下。

【原典】

深山高居，炉香不可缺，取老松柏之根枝实叶，共捣治之，研风昉羼和之，每焚一丸，亦足助清苦。

【译文】

住在深山里，炉香是不可缺的，取老松柏的根枝、果实和叶子一起捣碎制成，研成粉末开始加以调和，每焚完一丸香，足以帮助人清心苦行。

【原典】

白日羲皇世，青山绮皓心。

【译文】

明媚的日光像上古伏羲时的清闲世界，山清水秀像汉初商山四皓那样超俗。

【原典】

松声、涧声、山禽声、夜虫声、鹤声、琴声、棋子落声、雨滴阶声、雪洒窗声、煎茶声，皆声之至清，而读书声为最。

【译文】

松间涛声、山涧水声、山禽叫声、夜虫鸣声、鹤声、琴声、棋子落声、雨滴阶声、雪洒窗声、煎茶声，这些声音都是至清的，读书声是最为清幽的。

【跟进解读】

中国传统文人之九大雅事，琴、棋、书、画、诗、酒、花、香、茶，这些传统中国生活方式已延续千年。

幽幽一室，三五好友，围坐一席，于淡雅清香中，手执茶碗、目视茶色、鼻闻茶香；又另抚花枝、赏花容、嗅花香；抬眼望去，观香览画……古代文人雅士便是这样惬意地体味着他们的生活哲学，令人心神向往。

【原典】

晓起入山，新流没岸；棋声未尽，石磬依然。

【译文】

早晨到山上去，溪涧的新涨的水淹没了堤岸；下棋的落子声没有断绝，石盘的情景和昨天一样。

【原典】

松声竹韵，不浓不淡。

【译文】

松涛竹韵，不浓不淡，恰到好处，令人清爽。

【跟进解读】

古人以松竹梅喻节操坚贞。南朝梁元帝《与刘智藏书》：“山间芳杜，自有松竹之娱；岩穴鸣琴，非无薜萝之致。”松四季常青，竹经冬不凋，梅则迎寒开花，故称岁寒三友。梅、竹、松是取梅寒丽秀，竹瘦而寿，松石丑而文，是三益友之意。天寒地冻，花木凋零。只有松竹梅这三位“朋友”欣欣向荣，一派生机。在旧社会结婚时，多在大门左右贴上“缘竹生笋，梅结红实”的对联，这是因“笋”与子孙的“孙”字同音。将松、竹、梅围成团状；分作三个团状，以简洁的线条代表松、竹、梅，构成图案：以松、竹、梅组成的洞门。

【原典】

何必丝与竹，山水有清音。

【译文】

没必要有丝竹的乐声，山水的清音就够了。

【原典】

世路中人，或图功名，或治生产，尽自正经。争奈天地间好风月、好山水、好书籍了不相涉，岂非枉却一生？

【译文】

世间的人，有的图功名，有的图经营家产，用尽才智。对天地间的好风月、好山水、好书籍毫不涉猎，难道不是枉活了一生？

【原典】

李岩老好睡。众人食罢下棋，岩老辄就枕，阅数局乃一展转，云：“我始一局，君几局矣？”

【译文】

李岩老喜欢睡，别人吃完饭在下棋，他却去睡觉。几局棋的工夫才翻了个身，问："我睡了一局，你们下了几局了？"

【原典】

夜长无赖，徘徊蕉雨半窗，日永多闲，打叠桐阴一院。

【译文】

长夜百无聊赖，在雨打芭蕉的床前徘徊，白天天长，有很多空闲，打扫梧桐掩映的院落。

【原典】

雨穿寒砌，夜来滴破愁心；雪洒虚窗，晓去散开清影。

【译文】

雨点穿过寒冷的石阶，在寂静中滴破了忧愁的心绪；白雪飘在虚掩的窗户上，在清晨散开一片清丽的景色。

【原典】

春夜宜苦吟，宜焚香读书，宜与老僧说法，以销艳思。夏夜宜闲谈，宜临水枯坐，宜听松声冷韵，以涤烦襟。秋夜宜豪游，宜访快士，宜谈兵说剑，以除萧瑟。冬夜宜茗战，宜酌酒说《三国》《水浒》《金瓶梅》诸集，宜箸竹肉，以破孤岑。

【译文】

春夜适合苦吟诗书、焚香读书，还有和老和尚谈论佛法，来消除内心美艳的情思；夏天适合闲谈，适合静坐，听松涛声、清冷的韵律，来消除内心的烦闷；秋天的晚上适合开怀游玩，拜访爽快的人，谈论兵法、剑术，消除萧瑟的感觉；冬天的晚上适合斗茶，适合一边喝酒一边说《三国》《水浒》《金瓶梅》等，用竹菌来佐食，打破孤独和寂寞。

【原典】

今日鬓丝禅榻畔，茶烟轻飏[①]落花风，此趣惟白香山得之。

【注释】

①飏（yáng）：通"扬"。

【译文】

苍白的鬓发垂在床边，茶灶上的轻烟飘荡在风中，这样的情趣只有香山居士白居易才能得到。

【原典】

清姿如卧云餐雪，天地尽愧其尘污；雅致如蕴玉含珠，日月转嫌其泄露。

【译文】

清逸的风姿就像躺在云朵里吃着白雪，天地都因为沾染尘俗而感到惭愧；优雅的韵致好比蕴藏的宝玉和含而不露的珍珠，日月还嫌自己泄露了宇宙的精光。

【原典】

焚香啜茗，自是吴中习气，雨窗却不可少。

【译文】

焚香品茶，本来就是吴中地区的习俗，雨中窗下的清闲安逸是不可少的。

【跟进解读】

古人焚香是为了享受高雅，也是宫廷贵族们身份的象征。而在现代喧闹的都市生活中，也需要这种动中求静的意境。可在客厅里摆上一个香炉，焚上一炷香，闭目养神，静静地感悟香气中带来的奇妙感受。熏香还有助于提神醒脑、消除疲劳，自己浮躁的心也会变得踏实。

【原典】

茶取色臭俱佳，行家偏嫌味苦；香须冲淡为雅，幽人最忌烟浓。

【译文】

茶要色泽、气味都好，精于此道的人却嫌味道苦涩；焚香要以清淡为好，隐士最忌讳香味太浓。

【跟进解读】

喝茶能静心、静神，有助于陶冶情操、去除杂念，这与提倡“清净、恬淡”的东方哲学思想很合拍，也符合佛道儒的“内省修行”思想。

【原典】

扫石烹泉，舌底嘲嘲茶味；开窗染翰，眼前处处诗题。

【译文】

打扫石阶煮上茶，舌底就泛起一股茶香；开窗远望，饱蘸浓墨，眼前到处都是作诗的题材。

【原典】

疏帘清簟[1]，销白昼惟有棋声；幽径柴门，印苍苔只容屐齿。

【注释】

①簟（diàn）：竹席。

【译文】

稀疏的竹子，清凉的竹席，消遣白日的时光，只听见围棋落子的声音；幽深的小路，简陋的柴门，印在苍苔上的只有木屐的齿痕。

【原典】

落花慵扫，留衬苍苔；村酿新刍，取烧红叶。

【译文】

落花懒得去扫，留下衬托苍苔；村酿在蒸馏新谷，取来红叶焚烧。

【原典】

幽径苍苔，杜门谢客，绿阴清昼，脱帽观诗。

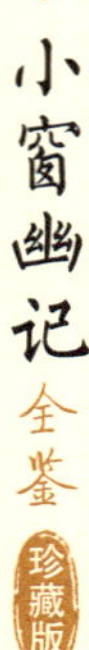

【译文】

幽静的小路布满苍苔，关上门谢绝客人来访；绿荫覆盖的小院白天很清凉，脱帽露顶，独自观赏诗词。

【原典】

烟萝挂月，静听猿啼，瀑布飞虹，闲观鹤浴。

【译文】

烟雾笼罩的藤萝仿佛挂着月亮，静听猿猴的叫声，飞流的瀑布仿佛横贯天空的长虹，闲的时候观看仙鹤沐浴。

【原典】

帘卷八窗，面面云峰送碧，塘开半亩，潇潇烟水涵清。

【译文】

把八面窗户的帘子卷起来，每面都有山峰送来的碧绿；挖开半亩方塘，潇潇烟水蕴含着清凉。

【原典】

云衲高僧，泛水登山，或可借以点缀；如必莲座说法，则诗酒之间自有禅趣，不敢学苦行头陀，以作死灰。

【译文】

穿着衲衣的僧人在江上泛舟，攀登高山，有时作为点缀；如果一定要坐在莲花宝座上说法，那么喝酒吟诗间自有禅趣，不必和头陀那样苦行，像死灰一样没趣。

【原典】

遨游仙子，寒云几片束行妆；高卧幽人，明月半床供枕簟。

【译文】

遨游宇宙的仙子，用几片寒云来装束行妆；高卧无忧的隐士，在月光洒满半张床的时候悠闲地枕着枕头。

【原典】

落落者难合，一合便不可分；欣欣者易亲，乍亲忽然成怨。故君子之处世也，宁风霜自挟，无鱼鸟亲人。

【译文】

沉默寡言的人很难合群，只要合群就难分开；乐观的人容易亲近，忽然亲近就会结怨。所以君子在世上，宁愿自己接受风霜做知己，也不愿像缸中鱼、笼中鸟一样亲附于人。

卷八　集奇

【原典】

我辈寂处窗下，视一切人世，俱若蠛蠓婴媿[①]，不堪寓目。而有一奇文怪说，目数行下，便狂呼叫绝，令人喜，令人怒，更令人悲，低徊数过，床头短剑亦呜呜作龙虎吟，便觉人世一切不平，俱付烟水。集奇第八。

【注释】

①蠛蠓（miè měng）婴媿（kuì）：蠓虫。

【译文】

我们静坐在窗下，冷眼看世上的一切事情，都好像蠓虫一样争着吸血，不忍去看。有一段奇怪的谈论，我一气看完，认为好极了，内容令人叫绝，也令人欢喜、愤怒，更令人悲伤。经过品味后，连挂在床头的短剑都发出龙吟的声音，让人觉得世间的恩怨情仇像过眼云烟一样散去了。集奇第八。

【原典】

吕圣公之不问朝士名，张师高之不发[①]窃器奴，韩稚圭之不易持烛兵，不独雅量过人，正是用世高手。

【注释】

①发：事发，揭发，败露。

【译文】

吕蒙正不问嘲笑他的那个朝士叫什么，张齐贤不揭发偷盗银器的奴仆，韩奇不换掉举蜡烛烧掉他胡子的士兵，这些人有度量，但是更懂得用世。

【原典】

花看水影，竹看月影，美人看帘影。

【译文】

花儿该看自己在水中的影子，竹子该看自己在月光下的影子，美人该看自己在珠帘后的影子。

【原典】

佞佛若可忏罪，则刑官无权；寻仙若可延年，则上帝无主。达士尽其在我，至诚贵于自然。

【译文】

迷恋佛教要是能改过忏悔，那么执刑官就无权施加刑罚；寻求成仙要是能延年益寿，那么连上天都管不着。通达的人的言行都出于内心的真诚，而且至诚的心贵在顺从自然。

【原典】

以货财害子孙，不必操戈入室；以学校杀后世，有如按剑伏兵。

【译文】

用钱财给子孙带来祸害，不一定要操戈入室；通过学校教育来扼杀后辈，就像按剑伏兵一样危险。

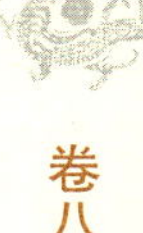

【原典】

君子不傲人以不如，不疑人以不肖。

【译文】

正人君子不会因为别人不如自己就骄傲，也不会因为别人的品行不端正就不信任别人。

【原典】

读诸葛武侯《出师表》而不堕泪者，其人必不忠；读韩退之《祭十二郎文》而不堕泪者，其人必不友①。

【注释】

①不友：不可成为朋友，无做人朋友的品质。

【译文】

读诸葛亮的《出师表》而不落泪的人，他必然没有尽忠之心；读韩愈的《祭十二郎文》而不落泪的人，他必然没有朋友间的情义。

【跟进解读】

人是有感情的动物，所以往往会即景生情，有的人看到花落满地或是夕阳西下就可能会感伤落泪，更何况是诸葛亮的《出师表》和韩愈的《祭十二郎文》呢？这情真意切的言行，足以表明臣子的赤胆忠心和一位长辈对晚辈的怀念之情。就像我们读李密的《陈情表》时的感受一样，忠孝难两全，但李密能够在尽孝之后履行对皇帝尽忠的职责，又是何等博大胸怀，怎能不叫人感动呢？

电视中看到感人的镜头，或是听到感人的故事，抑或亲眼目睹发生在我们身边的感人事迹，都会在心灵深处涌起一股流泪的冲动，虽然并不一定每次都要以泪释怀，但当我们的心灵得到了震颤，一定要珍惜这份感动，别让俗事把自己的心变得冰冷。

【原典】

世味非不浓艳，可以淡然处之。独天下之伟人与奇物，幸一见之，自不觉魄动心惊。

【译文】

世间的滋味并不是都那么美妙，有时候难免有些酸苦，但人可以用淡泊的态度去对待它。那些独领天下的大人物和传奇的事情，一生之中哪怕有幸见到一次，就会不自觉地感到惊心动魄。

【原典】

道上红尘，江中白浪，饶他南面百城；花间明月，松下凉风，输我北窗一枕。

【译文】

路上尘土飞扬，江中白浪翻腾，这情景比君临天下，坐拥百城还富有；花间有明月照耀，松下送来凉风，哪里有比我在北窗下枕着枕头大睡更自在呢。

【原典】

平易近人，会见神仙济度；瞒心昧己，便有邪祟[1]出来。

【注释】

①邪祟：妖魔邪恶之物。

【译文】

平易近人，便会有神仙来接应度化；做昧心事，便会有妖魔邪恶之物出来祸害。

【原典】

涯如沙聚，响若潮吞。

【译文】

水边陆地像沙土堆积而成，响声像潮水吞吐一样。

【原典】

诗书乃圣贤之供案，妻妾乃屋漏[1]之史官。

【注释】

①屋漏：古代室内西北角设小帐，安藏神主。《诗经》："相在尔室，尚不愧于屋漏。"毛传："西北隅谓之屋漏。"郑玄笺："屋，小帐也；漏，隐也。"后即用以泛指屋之深暗处。

【译文】

诗书乃是供奉圣贤的桌案，妻妾乃是记录你私下行径的史官。

【原典】

强项者未必为穷之路，屈膝者未必为通之媒。故铜头铁面，君子落得做个君子；奴颜婢膝，小人枉自做了小人。

【译文】

那些品行刚直的人未必就会因为自己不懂圆滑而穷途末路，那些卑躬屈膝喜欢逢迎拍马的人也未必就可以在仕途路上一帆风顺。所以一个有铮铮铁骨的君子，就坦坦荡荡地做个君子，最后至少可以问心无愧；而那些愿意为奴为婢的小人，即便投机取巧获得了暂时的成功，也只能落得小人的境地。

【跟进解读】

世俗之人对于眼前的利益看得太重，所以当有荣宠利益降临的时候，便迫不及待地迎上去，哪怕因此趋炎附势丢掉自己的尊严也在所不惜。因为有宠与辱的利害关系，所以人们就会对上级表现为溜须拍马、吹捧颂扬。然而从长远来看，这是不可取的。当人们为了这些利益而宠辱若惊的时候，就已经失掉了平常心，也就看不清事物运行的方向了，当然也就不能够规避祸患了。所以真的不必因为顾忌世俗的眼光而把自己安排进一场场争名逐利的闹剧里去，相比之下，保持心的清净才是更重要的。

在孔子的心目中，君子是理想的人，是仁的外化，是义的体现，是智勇的代表。仁是君子的本质，无论环境再难，处境再险恶，他不能须臾离开仁。为了仁的实现，他不惜牺牲自己的宝贵生命。他严以律己，宽以待人，"成人之美，不成人之恶"，君子胸怀坦荡，内省不疚，无忧无惧；君子言行一致，耻言过其行，即以说大话，说空话，而不贯彻执行为耻。君子勤奋上进，好学深思，为进德修业，终生奋斗不息。可以说，孔子将人们所具有的一切美德都赋予君子。但这些美德的实现既无须惊天动地的业绩，亦无须逃离现实的人生。孔子告诉人们的只是现实的智慧、实践的智慧、生活的智慧。

【原典】

石怪常疑虎，云闲却类僧。

【译文】

石头的形状很奇怪，让人常当成老虎；云彩悠闲地飘荡，像僧人远游。

【原典】

大豪杰，舍己为人；小丈夫，因人利己。

【译文】

品德高尚的人会为了他人的利益而放弃自己的利益；品德低下的人则恰恰相反，他们会借助别人的利益来成就自己的目的。

【跟进解读】

轻视道德的威力，纵容自己为所欲为的人，都难逃正义的审判。因此，君子应当效法大地，以宽厚的德行负载万物。做人首先要宽厚为怀，这是基础。

古代有一个说法：天圆地方。《易经》中说："直、方、大，不习无不利。"直即正，方指义。所以，只要你像大地一样坦荡、一样笔直，又极为广大，具有了"直""方""大"这样的德行，不需要学习也不会不利。如果一个人能够以敬畏和谨慎的态度，使内心正直，又能以正义的准则作为自己外在的行为规范，他的德行就不会孤立。如果不孤立，就能得到大家的拥护，那离成功还会远吗？不会学习都有利，那再学习，不就会有很大的成功了吗？

【原典】

一段世情，全凭冷眼觑破；几番幽趣，半从热肠换来。

【译文】

对于世事全靠冷眼旁观才能看破；几番幽韵雅趣，大半要用热心肠才能换来。

【原典】

识尽世间好人，读尽世间好书，看尽世间好山水。

【译文】

认识全天下的好人，读完全天下的好书，看完全天下的好山好水。

【原典】

舌头无骨，得言句之总持；眼里有筋，具游戏之三昧。

【译文】

舌头没有骨，却可以总管语言；眼里有筋，却足以看破游戏世间的真意。

【跟进解读】

“舌头无骨，得言语之总持”是以柔克刚的智慧。中国哲学中，关于刚强与柔弱的辩证关系是讨论颇多的。所谓以柔克刚、以弱胜强，实是深知事物转换之理的极高智慧。

老子曾说：“知其雄，守其雌，为天下。”意思是，知道什么是刚强，却安于柔弱的地位，如此，才能常立于不败之地。应该说，老子的这种哲学对中国的为政者也影响非浅。

在中国人看来，忍让绝非怯懦，能忍人所不能忍，才是最刚强的。天下之人莫不贪强，而纯刚纯强往往会招致损伤。

忍耐并非软弱，它显示着一种力量，是内心充实，无所畏惧的表现。古人说：“君子之所以取远者，则必有所持。所就者大，则必有所忍。”忍是一种强者的心态，更是一个人的修养。在现实生活中，大凡有真本领者都善于忍耐，忍耐是为了给自己留有余地，而有了余地才能掌控住大局。

【原典】

群居闭口，独坐防心。

【译文】

与众人共处时要懂得缄默，自己独坐时要提防心性放纵。

【原典】

三徙成名，笑范蠡碌碌浮生，纵扁舟忘却五湖风月；一朝解绶[①]，羡渊明飘飘遗世，命巾车归来满架琴书。

【注释】

①绶：一种彩色丝带，用来系官印或勋章，代指官职、地位。

【译文】

三次迁徙成名于天下，可笑范蠡忙忙碌碌奔波劳碌了一生，乘一叶扁舟不知去向，却忘记了欣赏五湖美好的风光；弃官归隐山林，羡慕陶渊明飘然忘世的隐居生活，吩咐轻车简从归去来兮，装载的只有满车的琴与书。

【跟进解读】

三徙成名：春秋时期的越国大夫范蠡，辅佐越王勾践灭了吴国，后来因不能与勾践共安乐而离开了越国，投奔齐国，改名为鸱夷子皮。后来又到了陶，经商致富，号陶朱公，十九年中三致千金。三次迁徙，治国经商俱成功，因此得名。

一朝解绶：说的是晋朝陶渊明辞去彭泽县令，不愿为五斗米折腰的故事。

人活着贵要有一种可歌可泣的精神，因为精神是人获取动力的重要来源。在自己的追求之路上栽了跟头并不可怕，只要不失奋斗的动力，保持向上向善的拼搏精神，总会等到可以展示自己才华的机会，实现梦想，享受生活的快乐。

【原典】

人生不得行胸怀，虽寿百岁，犹夭[①]也。

【注释】

①夭：年少时死为夭。在此处是说即使活着和死了也没什么区别。

【译文】

一个人如果不能施展心中的抱负，展示自己的才华，那么即使有百岁高寿，也与那些夭折的婴儿没有什么区别。

【跟进解读】

有位先哲说过，生命就是从母体到坟墓的一段弧线，如何让这条弧线发出更耀眼的光芒，就是我们活着时所要做的事。虽然人并不是为别人而活着，但总应该证明点什么，证明给世人我们可以活得有价值、有意义。那究竟又该怎么做呢？年轻时不要怕，年老后不要悔，这就是浓缩的人生智慧。

趁着年轻时的蓬勃朝气去努力耕耘一番，争取早日有所作为，即使年老之后也不要为曾经所做的错事而感到后悔。虽然人生中有些事我们努力了一辈子也没有达到，但只要我们尽心尽力去做了，也就无怨无悔了。如果年轻时不去闯荡天下，等老了再想从头开始，悔之晚矣，那才是一生的悲哀呢。

【原典】

以一石一树与人者，非佳子弟。

【译文】

给别人像石头和树这样小恩惠的人，不是好后生。

【原典】

一勺水，便具四海水味，世法[①]不必尽尝；千江月，总是一轮月光，心珠[②]宜当独朗。

【注释】

①世法：佛教语，也就是所说的世间生死无常的事物。

②心珠：比喻人纯洁如珠的本性，因为佛教认为众生的本性都是清净无尘的。

【译文】

一勺中的水，就具有了五湖四海所有水的味道，所以说世间一切生灭无常的事物不一定都要体验；千江之水的明月，其实也都是同一轮月光，所以人心应该纯洁如珠，光明普照。

【跟进解读】

有些人只知一味地追求，却不懂得适时地放弃。其实世间的许多事物都有着相近或相通的本性，只要知其一便可推而广之，何必枉费心力，贪求太多。退一步就能达到超然的境界，不把精力花在那些短暂无价值的事物上，本身就是一种觉悟，就是一种取舍。当你自身的佛性觉醒，就会明白一切都不假外求，不需要用外面的事证明自己，也不需要外面的东西帮助自己修行，只要靠自己的一颗真心去领悟就可以了。

月挂窗前，正如我们内心觉醒的菩提，一直都在那里照耀，只看我们是否愿意抬头。只有唤醒心中的菩提，才能在各种诱惑面前真正守住自己的心，保持心境的清净纯洁。

【原典】

面上扫开十层甲，眉目才无可憎；胸中涤去数斗尘，语言方觉有味。

【译文】

只有揭开掩盖脸上真性情的假面具，才能露出真相，眉目也不至于让人觉得可憎；只有涤除了内心的欲望和杂念，语言才会让人觉得有味可亲。

【原典】

愁非一种，春愁则天愁地愁；怨有千般，闺怨则人怨鬼怨。天懒云沉，雨昏花蹙，法界岂少愁云；石颓山瘦，水枯木落，大地觉多窘况。

【译文】

忧愁不止一种，要是春愁，那么天也愁地也愁；怨恨有很多种，如果是闺中之怨，那么会怨天、怨鬼。天慵懒云就会低沉，阴雨昏暗的时候花就皱眉，宇宙难道会没有忧愁吗？岩石剥落，泉水枯竭，树木凋落，感觉大地多了窘迫的情形。

【原典】

笋含禅味，喜坡①仙玉版之参；石结清盟，受米颠②袍笏之辱。

【注释】

①坡：即东坡，苏轼。

②米颠：宋名画家，名米芾，性情放达，不拘于时，时人称之米颠。

【译文】

竹笋饱含着禅趣之味，很高兴苏东坡参拜玉版和尚的游戏；巨石可以结成清雅的会盟，反而受到米芾锦袍笏参拜的羞辱。

【跟进解读】

笋含禅味，喜坡仙玉版之参：这个典故出自惠洪的《冷斋夜话》第七卷。书中记载：苏东坡自岭南北归，与刘安世（字器之）相遇，又尝要刘器之同参玉版和尚，器之每倦山行，闻见玉版，欣然从之。至廉泉寺，烧笋而食，器之觉笋味胜，问："此笋何名？"东坡曰："即玉版也。此老师善说法，更令人得禅悦之味。"于是器之乃悟其戏，为大笑。

石结清盟，受米颠袍笏之辱：出自《宋史·米芾传》。米芾字符章，号鹿门居士、襄阳漫士、海岳外史，世称米南宫、米颠。尝以太常博士出知无为军，治所有巨石，状奇丑，见之大喜，曰："'此足以当吾拜！'具衣冠拜之，呼之为兄长。"抱笏是官员的一种装束。

能够从竹笋中品出禅的味道，关键在于心底的安静自然，但这种高尚的境界修为并非一般凡夫俗子所能达到。拜怪石为兄，又是何等狂放洒脱，一切都是真情实感的流露，如此坦然率真的性情实在令人敬佩。回首现实生活中的我们，有苏轼、米芾这种情怀的又有几人？

【原典】

缃绨[1]递满而改头换面，兹律既湮；缥帙[2]动盈而活剥生吞，斯风亦坠。

【注释】

①缃绨（tí）：米黄色的书套。

②缥帙（piǎo zhì）：淡青色的书衣。亦指书卷。

【译文】

书架上放着米黄色的书套，书却变了，书的真谛已经没了；淡青色的书套有几尺厚，内容却被活剥了，传统的读书风气已经消失殆尽了。

【原典】

先读经，后可读史；非作文，未可作诗。

【译文】

只有先读经书，才可以读史书；要是不练习做文章，就没法作好诗。

【原典】

俗气入骨，即吞刀刮肠，饮灰洗胃，觉俗态之益呈；正气效灵，即刀锯在前，鼎镬具后，见英风之益露。

【译文】

俗气深入骨髓，即使吞刀刮肠、喝灰洗胃，仍然觉得神态俗得要命；要是灵魂中有正气，即使刀锯在前，鼎镬在后，反而更能显出英雄的豪气。

【原典】

于琴得道机，于棋得兵机，于卦得神机，于兰得仙机。

【译文】

从琴中悟得自然的玄机，从下棋中可以领悟兵法战略，从占卜中可以得到莫测的神机，从丹药中悟得成为神仙的机缘。

【原典】

世界极于大千，不知大千之外更有何物；天宫极于非想，不知非想之上毕竟何穷。

【译文】

世界非常大，不知道广大无边的世界之外有什么东西；天宫在非想的地方无限大，不知道非想之处究竟还有多少无穷胜景。

【原典】

千载奇逢，无如好书良友；一生清福，只在茗碗炉烟。

【译文】

千载难逢的好机会，没有比得上好书和良友的；一生的清福，只在品茶之中。

【原典】

作梦则天地亦不醒，何论文章；为客则洪蒙[1]无主人，何有章句？

【注释】

①洪蒙：指开天辟地的时候。

【译文】

进入梦境，即使天地也会处于沉醉状态，更别说文章的清醒；人如果作为世上的匆匆过客，那么自从天地开辟以来就没有主人，哪里还会有什么诗文章句？

【原典】

艳出浦之轻莲，丽穿波之半月。

【译文】

娇艳的花朵，没有比生长在水边的清丽荷花更动人的；美丽的景色，没有比波光粼粼的半圆之月更美丽的。

【原典】

云气恍堆窗里岫，绝胜看山；泉声疑泻竹间樽，贤于对酒。杖底唯云，囊中唯月，不劳关市之讥；石笥藏书，池塘洗墨，岂供山泽之税？

【译文】

云蒸霞蔚的景象，仿佛是堆积在窗前的山峦，其中的绝妙比观赏山景更美；泉水叮咚作响，好像是打开倾泻于竹间的酒樽，这种美感比对酒当歌还美。竹杖之下只有云雾，行囊里只装着月光，不用关市的稽查；石匣中藏着书，在池塘里洗笔，哪里用得着交山泽的税收呢？

【原典】

有此世界，必不可无此传奇；有此传奇，乃可维此世界，则传奇所关非小，正可藉口《西厢》一卷，以为风流谈资。

【译文】

有这样的世界，一定不会缺少这样的戏曲；正是有了这些戏曲，才会维系这样的世界，由此看来，戏曲不是非同小可的，一部《西厢记》可以作为风流谈资。

【原典】

非穷愁不能著书，当孤愤不宜说剑。

【译文】

一个人，没有到穷困悲愁的时候，不可以著书立说；自己孤傲激愤的时候，不应当谈刀论剑。

【原典】

湖山之佳，无如清晓春时。常乘月至馆，景生残夜，水映岑楼，而翠黛临阶，吹流衣袂，莺声鸟韵，催起哄然。披衣步林中，则曙光薄户，明霞射几，轻风微散，海旭乍来。见沿堤春草霏霏，明媚如织，远岫朗润出沐，长江浩渺无涯，岚光晴气，舒展不一，大是奇绝。

【译文】

湖山最好的景致，没有比春天的清晨更好的了。常常伴着残月来到馆舍，眼前

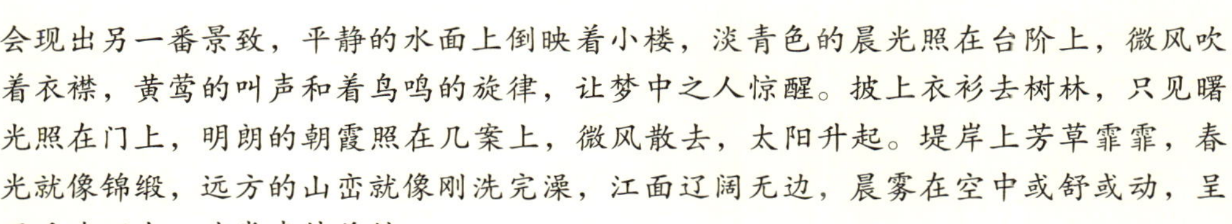

会现出另一番景致，平静的水面上倒映着小楼，淡青色的晨光照在台阶上，微风吹着衣襟，黄莺的叫声和着鸟鸣的旋律，让梦中之人惊醒。披上衣衫去树林，只见曙光照在门上，明朗的朝霞照在几案上，微风散去，太阳升起。堤岸上芳草霏霏，春光就像锦缎，远方的山峦就像刚洗完澡，江面辽阔无边，晨雾在空中或舒或动，呈现千姿百态，非常奇特美妙。

【原典】

心无机事，案有好书，饱食晏眠，时清体健，此是上界真人。

【译文】

内心没有算计，案头就摆上好书，饱食终日，安然睡去，身体强健心态好，这样的情景就好像是天上的神仙一样。

【原典】

读《春秋》，在人事上见天理；读《周易》，在天理上见人事。

【译文】

读《春秋》，在人事上能看出天理；读《周易》，在天理之上能洞察出人情世事。

【原典】

则何益矣，茗战有如酒兵；试妄言之，谈空不若说鬼。

【译文】

品茶斗茶就好像斗酒一样，没什么好处；终日空谈有什么作用，还不如谈狐说鬼呢！

【原典】

镜花水月，若使慧眼看透；笔彩剑光，肯教壮志销磨。

【译文】

镜中花、水中月，如果有慧眼就能看透；笔中彩、剑上花，怎能让壮志消磨殆尽呢！

【原典】

委形无寄，但教鹿豕为群；壮志有怀，莫遣草木同朽。

【译文】

放浪性情，无欲无求，只求和猪、鹿一同居住；胸怀壮志，不能和草木一起腐朽。

【原典】

哄日吐霞，吞河漱月，气开地震，声动天发。

【译文】

烘托太阳，焕发彩霞，把山河包容起来，用月光漱洗，气势已开，大地为之震动，声势一动，上天都为之叫喊。

【原典】

贫富之交，可以情[①]谅，鲍子[②]所以让金；贵贱之间，易以势[③]移，管宁[④]所以割席。

【注释】

①情：情势，境况。

②鲍子：鲍叔牙，春秋时期齐国大夫。

③势：地位，权势。

④管宁：三国时期的魏国人。

【译文】

以贫贱富贵相交的朋友，可以根据不同的情势给予谅解，这就是鲍叔牙让金给管仲的原因；高贵低贱的交情，容易因为地位的不同而发生变化，这就是管宁割席断义的原因。

【跟进解读】

鲍子让金：春秋时期的管仲与鲍叔牙是至交好友，感情甚厚，因为管仲家境贫寒，鲍叔牙便让管仲在两人经商的利润中多取一份，后来又向齐桓公举荐管仲，成就了齐桓公的一代霸业。所以后来管仲说道："生我者父母，知我者鲍子也。"

管宁割席：管宁是三国时期的魏国人，与华歆同学，又同席读书，有乘轩冕之人在其门前经过，管宁读书如故，华歆则跑出去观看，管宁割席分为两半说："子非吾友也。"

真正的朋友重在坦诚相待，真心相交，不可有丝毫的虚情假意。朋友处于危难中要及时伸出我们的援助之手，这样我们才会让朋友变成知己，让友谊地久天长。如果嫌贫爱富，那相交的结果必定分道扬镳，甚至成为仇敌。

【原典】

论名节，则缓急之事小；较生死，则名节之论微。但知为饿夫以采南山之薇[①]，不必为枯鱼[②]以需西江之水。

【注释】

①南山之薇：典出商周时期，伯夷与叔齐两人劝说周武王不要消灭殷商，而最终武王伐纣消灭商朝建立周朝，两人认为自己拥护的殷商泯灭，食周朝的粮食是可耻的，于是逃到首阳山吃野菜充饥，最后两人在首阳山饿死。

②枯鱼：死鱼，典出《庄子》。庄子向监河侯借粮，监河侯故意取笑庄子，说等自己有钱了就借给庄子大量黄金。庄子生气，给监河侯讲了一个故事，说自己遇到一条快渴死的鱼，这条鱼说自己是东海龙王的大使，让庄子相救，而庄子表示自己要去请求吴国、越国的君王引东海的水来解救它。

【译文】

一说到名节问题，其他或缓或急的事情就不重要了；而如果和生死相比较，即使是名节问题，也显得不那么重要了。伯夷和叔齐为了守护名节而采摘野菜充饥，

至死也没有丢失名节；而引东海的水来解救渴死的鱼，恐怕真的做到的时候，也无法救活眼前这条鱼了。

【跟进解读】

不必为枯鱼以需西江之水：《庄子·外物》中记载："周昨来，有中道而呼者。周顾视，车辙中有鲋鱼焉。周问之曰：'鲋鱼来！子何为者邪？'对曰：'我，东海之波臣也。君岂有斗升之水而活我哉？'周曰：'诺，我且南游吴越之王，激西江之水而迎子，可乎？'鲋鱼愤然作色曰：'我失我常与，我无所处。吾得斗升之水然活耳，君乃言此，曾不如早索我于枯鱼之肆。'"

曾记得不食嗟来之食的故事，警示世人人格要高于侮辱下的苟活。有些人为了一些鸡毛蒜皮的小事便大动干戈，相互谩骂，甚至拳脚相加，又哪里顾及自己的人格？更可悲的是还有一些人置尊严、道义于不顾，以身试法，做些法理难容的事情，结果身败名裂，甚至命丧黄泉。若连自己的生命都不顾惜，又谈什么节操与荣辱呢？

【原典】

儒有一亩之宫，自不妨草茅下贱；士无三寸之舌，何用此土木形骸。

【译文】

儒生只需要有一亩那么大的房屋就可以了，这样可以做到自然，以致甘于居住在茅舍并处于贫贱之中；谋士没有三寸不烂之舌，要土木一样的身体又有什么用呢？

【原典】

怜之一字，吾不乐受，盖有才而徒受人怜，无用可知；傲之一字，吾不敢矜，盖有才而徒以资傲，无用可知。

【译文】

对于"怜"这个字，我个人是不愿接受的，因为有才能的人还需要接受他人的怜悯才能生存，这样的人也没什么用了；对于"傲"这个字而言，我也不敢自居，因为有才能的人居然自恃清高，表现得傲慢无礼，这样的人即使有才能也没有什么大用处。

【跟进解读】

社会是个复杂的载体，处世为人不可太过张扬，当兢兢业业，克己守仁，与人为善。心高气傲不是智者所为，不适当低头反而会引来灾难，甚至杀身之祸。明哲保身虽不是上上之策，但也不失为权宜之计。为人太过傲气，必定会失去人心与朋友，受到世人的孤立，这样反而不可能完成自己想要去做的事情，更不用说其他。

高傲并不能帮助我们解决问题；相反，它更容易让我们陷入危险的境地，甚至毁灭。性格决定命运，不能说这句话没有启发性，低调做人，多思考少发言确实能帮助我们避开一些不必要的麻烦，全身而退才能厚积薄发，达到真正的成功，而不是争一时之气，丧失了成功的先机。

【原典】

点破无稽不根之论，只须冷语半言；看透阴阳颠倒之行，惟此冷眼一只。

【译文】

只要半句冷言，便可以说穿那些荒谬无根的言论；仅凭一只冷眼，便可看透世间是非颠倒的行为。

【原典】

古之钓也，以圣贤为竿，道德为纶，仁义为钩，利禄为饵，四海为池，万民为鱼。钓道微矣，非圣人其孰能之？

【译文】

古代先贤垂钓，是以圣贤之道为钓竿，以道德为钓线，以仁义为鱼钩，以利禄为鱼饵，以四海为池塘，将万民都视为鱼。垂钓之道如今衰微了，不是圣人，谁能掌握这种钓道呢？

【原典】

浮云回度，开月影而弯环；骤雨横飞，挟星精而摇动①。

【注释】

①“浮云”四句：摘自唐元稹《观兵部马射赋》。写驰射比赛时勇士们的精彩表现。

【译文】

如浮云飞旋般骑马飞驰，拉开弓如月影弯弯；飞箭如急雨般狂飞，挟着星宿之灵而摇动。

【原典】

翻光倒影，擢菡萏于湖中；舒艳腾辉，攒䗖蝀①于天畔。照万象于晴初，散寥天于日余②。

【注释】

①䗖蝀（dì dōng）：彩虹。

②“翻光”六句：摘自唐韦充《余霞散成绮赋》。写“白日欲没兮，红霞始生”之时，霞光的美丽与游子的愁思。

【译文】

晚霞倒映在水中，荷花挺拔地立于湖里；晚霞舒展其艳丽、闪耀其光辉，在天边汇聚成彩虹。初晴的阳光照耀着万物，夕阳的余晖在静寂的天空散开。

卷九　集绮

【原典】

朱楼绿幕，笑语勾别座之香，越舞吴歌，巧舌吐莲花之艳。此身如在怨脸愁房、红妆翠袖之间，若远若近，为之黯然。嗟乎！又何怪乎身当其际者，拥玉床之翠而心迷，听伶人之奏而陨涕乎？集绮第九。

【译文】

坐在红楼绿帐之中，欢声笑语引来四周春色，看着吴越地区的歌舞旖旎，灵巧的口舌唱出动听的歌声。每每听到这样的歌声，就如同身处在众多看似美丽带笑，但愁眉苦脸、心有怨言的美女当中，这种感觉忽近忽远，若即若离，想到这里，不禁心中有些黯然神伤。唉！既然如此，又怎能责怪那些身处这样环境的人，他们看似开心，在玉床之上拥抱着美女佳人，但听到伶人弹奏的歌曲又怎会触动心弦而泪水滑落呢？集绮第九。

【原典】

天台花好，阮郎①却无计再来；巫峡云深，宋玉只有情空赋。瞻碧云之黯黯，觅神女其何踪？睹明月之娟娟，问嫦娥而不应。

【注释】

①阮郎：据《太平御览》卷四一引南朝宋刘义庆《幽明录》曰，汉明帝永平五年，会稽郡剡县刘晨、阮肇共入天台山采药，遇到两仙女，被招为婿，后思乡返家，发现已过十世，欲再回天台寻仙而不可得。

【译文】

天台山上的花儿依然美丽，阮肇却无法再来；巫峡上空依然白云深深，宋玉即便有情也只能徒劳题赋。只看到碧云沉沉，哪里去寻神女的踪迹？空见明月美好，问嫦娥却没有回应。

【原典】

妆台正对书楼，隔池有影；绣户相通绮户，望眼多情。

【译文】

梳妆台正对着读书楼，隔着池塘也可以看到彼此的倒影；闺秀之屋与豪华之家的绮户相通，眼睛望去，彼此多情。

【原典】

莲开并蒂，影怜池上鸳鸯；缕结同心，日丽屏间孔雀。

【译文】

并蒂莲花开放，池中的倒影令池里的鸳鸯也感到喜爱；丝缕结成同心之结，阳光照耀着屏风，令屏风上的孔雀显得更为美丽。

【原典】

堂上鸣琴操，久弹乎孤凤①；邑中制锦纹，重织于双鸾。

【注释】

①孤凤：即孤鸾，汉琴曲有《双凤离鸾》曲。

【译文】

堂上弹起琴曲，反复弹奏着那曲《孤鸾》；邑中织造锦纹，重重编织的是双鸾图。

【原典】

春透水波明，寒峭花枝瘦。极目烟中百尺楼，人在楼中否？

【译文】

春水清澈，水波明亮，寒意料峭，花枝瘦弱。极目远眺那云雾中的百尺楼台，思念的人儿可在里面？

【原典】

明月当搂，高眠如避，惜哉夜光暗投；芳树交窗，把玩无主，嗟矣红颜薄命。

【译文】

明月照着高楼，而人却在睡梦中，好似故意避开这月色，可惜这月华暗投；花木在窗前交织，却无人赏看，嗟叹红颜薄命。

【原典】

鸟语听其涩时，怜娇情之未啭；蝉声听已断处，愁孤节之渐消[①]。

【注释】

①蝉声听已断处，愁孤节之渐消：古人认为蝉很高洁，如《大戴礼记》中认为蝉只饮不食，又《后汉书·舆服志》中载，“侍中中常侍黄金硝，附蝉为文，貂尾为饰”，《古今注》曰“貂者，取其有文采而不炳焕。蝉，取其清虚识变也”。蝉在古人的认知里，是和节操联系在一起的。

【译文】

鸟鸣要听其声音青涩之时，赏其情致未及宛转流畅；蝉声要听已经中断之处，愁其孤高之节已渐渐消失。

【原典】

流苏帐底，披之而夜月窥人；玉镜台前，讽之而朝烟萦树。

【译文】

打开流苏帐，月光乘机前来窥人；讽咏于玉镜台前，早上的雾气正缭绕在树间。

【原典】

李后主宫人秋水，喜簪异花，芳香拂髻鬓，尝有粉蝶聚其间，扑之不去。

【译文】

南唐后主李煜的宫女秋水，喜欢在头上插戴奇异的花朵，头发散发着芳香，常有粉蝶飞聚其间，受到扑赶也不离开。

【跟进解读】

李煜，南唐中主李璟第六子。建隆二年继位，史称后主。38岁时，宋师长驱渡江，迫围金陵，次年城陷降宋，被俘至汴京，封为右千牛卫上将军、违命侯。后被宋太宗赐服毒药而死。他是一个“好声色，不恤政事”的国君，但正是亡国成就了他千古词坛的“南面王”（清沈雄《古今词话》语）地位。正所谓“国家不幸诗家幸，话到沧桑语始工”。

【原典】

濯足清流，芹香飞涧；浣花新水，蝶粉迷波。

【译文】

在清澈的溪水中浴足，水芹的芳香飞散在涧水边；在新水中洗花，花粉令水波迷蒙。

【原典】

昔人有花中十友：桂为仙友，莲为净友，梅为清友，菊为逸友，海棠名友，荼蘼韵友，瑞香殊友，芝兰芳友，腊梅奇友，栀子禅友。昔人有禽中五客：鸥为闲客，鹤为仙客，鹭为雪客，孔雀南客[①]，鹦鹉陇客[②]。会花鸟之情，真是天趣活泼。

【注释】

①南客：明代李时珍《本草纲目·禽部·孔雀》曰：“孔，大也。李昉呼为南客，梵书谓之摩由逻。”

②陇客：东汉末祢衡《鹦鹉赋》：“惟西域之灵鸟兮。”古代鹦鹉出于陇坻间，称陇客。

【译文】

前人有花中十友：桂树是仙友，莲花是净友，梅花是清友，菊花是逸友，海棠是名友，荼蘼是韵友，瑞香是殊友，芝兰是芳友，腊梅是奇友，栀子是禅友。前人有禽中五客：海鸥是闲客，仙鹤是仙客，鹭鸶是雪客，孔雀是南客，鹦鹉是陇客。体会到花鸟的情趣，是真正天真活泼的意味。

【跟进解读】

如此生动形象的比喻让我们不禁扪心自问：自己和朋友之间到底属于哪一种结交呢？由此可推知自己与花鸟相似的性情。

值得我们深思的是，朋友也有好坏之分，如果结交了一些酒肉朋友，得意时便聚在一起喝个烂醉如泥，失意时便躲得无影无踪，如何算得上朋友？与以上所说的花鸟之情就更是天壤之别了。

【原典】

木香盛开，把杯独坐其下，遥令青奴吹笛，止留一小奚侍酒，才少斟酌，便退立迎春架后。花看半开，酒饮微醉。

【译文】

木香花开正盛，独坐其下饮酒，命青奴远远吹笛助兴，只留下一个小仆人侍酒，只一斟上酒，便立即退回到迎春花架之后。看花看到半开，饮酒饮到微熏。

【原典】

夜来月下卧醒，花影零乱，满人襟袖，疑如濯魄于冰壶。

【译文】

夜里在月下醒来，襟袖上全是零乱的花影，恍然觉得灵魂像在冰壶中洗过。

【原典】

看花步，男子当作女人；寻花步，女人当作男子。

【译文】

看花时，男子也应当如女子般轻盈缓慢举步；寻花时，女子当如男子般迈步迅速快捷。

【原典】

野花艳目，不必牡丹；村酒醉人，何须绿蚁[①]。

【注释】

①绿蚁：新酿的酒还未滤清时，酒面浮起蚁状的细密微绿的酒渣，称为“绿蚁”，后世用以代指新出的酒。

【译文】

野花也可令人觉得眼前一亮，不必非得是牡丹；家酿的村酒也可醉人，何必非要是新酿的美酒？

【原典】

石鼓池边，小草无名可斗；板桥柳外，飞花有阵堪题。

【译文】

大石在池边，小草叫不出名字，无法斗草；板桥在柳林之外，落花成阵，可以题诗。

【原典】

高楼对月，邻女秋砧；古寺闻钟，山僧晓梵。

【译文】

明月对着高楼，邻家女子正在秋天的夜里敲砧洗衣；古庙中听到钟声，是山僧正在做早课。

【原典】

佳人病怯，不耐春寒；豪客多情，犹怜夜饮。李太白之宝花宜障[①]，光孟祖之狗窦堪呼[②]。

【注释】

①李太白之宝花宜障：据《开元天宝遗事》记载，宁王有位歌伎叫宠姐，秘不示人，有一次李白乘酒兴提出要见宠姐，宁王令设七宝花障，让宠姐在障后清歌一曲。

②光孟祖之狗窦堪呼：晋人光逸，字孟祖。《晋书》载，光逸去访胡毋辅之、谢鲲等朋友，朋友们正闭室酣饮，门人不让他进，他便在狗洞中大叫，胡毋辅之"惊曰："他人决不能尔，必我孟祖也。"遽呼入，遂与饮，不舍昼夜。

【译文】

佳人身体虚弱，不能承受春天的寒意；豪侠之士多情，仍然喜欢夜里宴饮。李太白想见的宠姐，应被花障遮蔽；光孟祖想见朋友，值得在狗洞中大叫。

【跟进解读】

李太白之宝花宜障：据《开元天宝遗事》中记载："宁王宫有位名叫宠姐的歌伎，长得非常漂亮，又善于歌唱。每到宴请宾客之时，其他歌伎都在当前，只有宠姐是客人见不到的。一次饮到半睡半醒之时，李白乘着醉意笑说：'很久就听说贵王府的宠姐能歌善舞，今天美酒佳肴都已经享尽，大家也都感到有些倦意了，王爷为什么还如此小气，不让我们见见宠姐之面呢？'王爷笑着吩咐手下说：'设七宝花障，请宠姐在障后为大家吟歌吧。'李白起身道谢：'虽然不让我们见其面，但能够听到她的声音也是很幸运的了。'"

光孟祖之狗窦堪呼：据《晋书·光逸传》记载："（光逸字孟祖）初至，辅之与谢鲲、阮放、毕卓、羊曼、桓彝、阮孚散发裸裎，闭室酣饮已多日。逸将排户入，守者不从，逸便于户外脱衣露头于狗洞中窥之而大叫。辅之答曰：'他人决不能尔，必我孟祖也。'遽呼入，遂与饮，不舍昼夜。时人谓之八达。"

好奇之心，人皆有之，更何况是李白这样的奇人异士呢？虽不能见慕名之人一面，但能听其歌声，也便足够了。像孟祖如此的狂放之人，世间更是少有，类似行为又岂是一般人能够阻止的，只能任其逍遥自在了。

【原典】

梅额生香[①]，已堪饮爵；草堂飞雪，更可题诗。七种之羹[②]，呼起袁生之卧[③]，六生之饼[④]，敢迎王子之舟[⑤]。豪饮竟日，赋诗而散。佳人半醉，美女新妆。月下弹瑟，石边侍酒。烹雪之茶，果然胜有寒香；争春之馆，自是堪来花叹。

【注释】

①梅额生香：相传南朝宋武帝女寿阳公主，人日卧含章殿的檐下，梅花落在额上，成五出之花，拂之不去，世称梅花妆。

②七种之羹：即七宝羹，旧俗农历正月初七用七种蔬菜拌和米粉所做的羹。

③袁生之卧：袁生，东汉袁安，为人严谨。《后汉书·袁安传》载，洛阳下大雪时，许多人都扫雪外出乞食，袁安家里的雪没有打扫，洛阳令让人除雪入户看他是否冻死，结果袁安僵卧，问他为什么不出门，他说大雪天大家都饿，不应出门打扰别人。

④六生之饼：指六瓣的雪花。

⑤王子之舟：《世说新语·任诞》载，王子猷于大雪之夜，忽然想念好友戴安道，连夜乘舟去访，走了一夜，到了门前却不进门就返回。人问其故，答曰："吾本乘兴而来，兴尽而返，何必见戴？"

【译文】

梅花贴在额上生香，已足够助酒兴；草堂前飞雪飘洒，更可以题诗。七宝羹，唤起僵卧的袁安；雪花飘散，迎着王子猷的小舟。终日豪饮，赋诗尽兴而散。佳人半醉，美女上好新妆。在月下弹瑟，在石边侍酒。用雪水煮茶，果然胜在有凛冽的清香；百花争春的馆阁，自然堪可为落花叹息。

【原典】

黄鸟让其声歌，青山学其眉黛。

【译文】

黄鸟也比不上她的歌声优美，青山也要学她画眉。

【原典】

画屋曲房，拥炉列坐，鞭车行酒，分队征歌，一笑千金，樗蒲[①]百万，名妓持笺，玉儿捧砚，淋漓挥洒，水月流虹，我醉欲眠，鼠奔鸟窜，罗襦轻解，鼻息如雷。此一境界，亦足赏心。

【注释】

①樗蒲（chū pú）：古代的一种博戏。

【译文】

房屋雕梁画栋，房间曲折幽深，围着火炉坐下，轮流行酒令，分组召歌，一笑值千金，博戏一掷百万，名妓拿着纸，小童捧着砚，挥洒笔墨，有如水中明月、天上彩虹，我醉了想睡，大家都作鸟兽散，轻轻解开衣衫，便鼾声如雷。这一种境界，也可以令人心情舒畅。

【原典】

柳花燕子，贴地欲飞，画扇练裙，避人欲进，此春游第一风光也。

【译文】

柳絮与燕子一起贴地而飞，拿着画扇、身着白裙的女子，想避人又想看风景，这正是春游最好的风景。

【原典】

涧险无平石，山深足细泉；短松犹百尺，少鹤已千年[①]。

【注释】

①"涧险"四句：摘自庾信《奉和赵王隐士诗》。写山景与山中隐士的生活。

【译文】

山涧险峻没有平整的石头，山谷幽深多涓涓细流；矮的松树都有百尺高，年幼的仙鹤也已有千岁之龄。

【原典】

鹤有累心犹被斥，梅无高韵也遭删[1]。

【注释】

①删：铲除。

【译文】

仙鹤如果为凡心所累，也会受到训斥；梅花若无高雅的韵致，也会遭到铲除。

【原典】

分果车中[1]毕竟借他人面孔；捉刀床侧[2]终须露自己心胸。

【注释】

①分果车中：《世说新语·容止》注引《语林》曰："安仁（潘岳）至美，每行，老妪以果掷之，满车。"

②捉刀床侧：《世说新语·容止》载："魏武帝见匈奴使，自以行陋，不足雄远国，使崔季圭代，帝自捉刀立床侧。既毕，令间谍问曰：'魏王如何？'匈奴使答曰：'魏王雅望非常，然床头捉刀人，此乃英雄也。'"

【译文】

像潘安仁一样，可以在车中得到大家投掷的果子，毕竟是靠别人给面子；像魏武帝那样即使持刀侍立在大臣身旁，也终会露出自己的心胸气概。

【原典】

雪滚花飞，缭绕歌楼，飘扑僧舍，点点共酒旆悠扬，阵阵追燕莺飞舞。沾泥逐水，岂特可入诗料，要知色身幻影，是即风里杨花、浮生燕垒[1]。

【注释】

①"雪滚"一段：摘自明代高濂《遵生八笺·四时幽赏录》之"山满楼观柳"。高濂在西湖边上造了一座房舍，名之曰"山满楼"，特别适合于此楼观苏堤之上柳树在不同季节的美妙姿态。

【译文】

飞絮如雪到处翻飞，缭绕于歌楼之侧，飘

飞着扑向僧舍，点点都与酒旗一起悠然飞扬，一阵阵追逐着燕子和黄莺一起飞舞。或沾在泥里，或追逐着流水，岂止是可以作为写诗的材料，要知道色与身都是幻影，就如这风里的柳絮，或是浮生中的燕巢一般。

【原典】

水绿霞红处。仙犬忽惊人，吠入桃花去①。

【注释】

①“水绿”一段：摘自明代屠隆《冥寥子游》。写一世外道人冥寥子，有深厚的涵养，超凡脱俗，又精诗文。与一群文人集会时，作诗：“沿溪踏沙行，水绿霞红处。仙犬忽惊人，吠入桃花去。”晚明陆绍珩撰《醉古堂剑扫》时，删去此诗首句“沿溪踏沙行”而采录之。

【译文】

流水清碧、霞光红艳处。仙犬忽然见人而惊，一路叫着进入桃花丛中。

【原典】

到来都是泪，过去即成尘。

【译文】

那些即将到来的岁月，可能大多数都夹杂着苦难；而那些已经逝去的日子，不好的事情都变成了飞烟。

【跟进解读】

对于苦难的人生，人们甚至会用“苦海”来形容。我们每个人都置身于这片汪洋大海之中，或浮或沉，品味着大海的滋味。不得不说，提出“人生苦难重重”这句哲理的人是伟大的，因为他让我们开始正视人生的本质。而只有当我们开始正视这每个人都无法回避的人生问题时，我们才能够使自己逐渐走上心灵的成熟之路。对每一个人来说，这句话都在起着一种启蒙的作用。因为一旦我们开始正视它，我们就能够凭借自己能力超越它，我们就可以升华自己的人生。只要我们认真对待人生的苦难，那么我们就不会再为人生的苦难而耿耿于怀了。

【原典】

斗草春风，才子愁销书带①翠；采菱秋水，佳人疑动镜花香。

【注释】

①书带：即书带草，又称麦冬、麦门冬、沿阶草。据说汉代郑玄门下曾用之束书，故名书带草。

【译文】

在春风中斗草为乐，才子的愁闷在书带草的翠色中消解；在秋水上采菱，水面的波纹仿佛是谁动了佳人的镜台。

【原典】

竹粉映琅玕之碧，胜新妆流媚，曾无掩面于花宫①；花珠凝翡翠之盘，虽什袭非珍，可免探颔于龙藏②。

【注释】

①花宫：指佛寺或仙界。

②探颔于龙藏：《庄子·列御寇》载："夫千金之珠，必在九重之渊而骊龙颔下。"

【译文】

竹上的白色轻粉映着碧绿的竹竿，比新打扮好的女子还要轻灵妩媚，并不曾比仙界逊色；花上露珠凝结在翡翠盘般的叶子上，虽然不是精心珍藏的宝物，却可免于再去龙的下巴里探寻珠宝的危险。

【原典】

因花整帽，借柳维船。

【译文】

整理被花枝弄乱的帽子，借助几丝垂柳系住小船。

【原典】

无端泪下，三更山月老猿啼；蓦地娇来，一月泥香新燕语。

【译文】

三更天，月色照耀群山，老猿哀啼，令人无端落泪；忽然传来一声娇啼，原来是春天泥土散发着香气，小燕子在呢喃细语。

【原典】

燕子刚来，春光惹恨；雁臣甫聚，秋思惨人。

【译文】

燕子刚刚飞来，春光牵动起多少遗憾；大雁刚刚聚集，秋天的思绪便令人感伤不已。

【原典】

韩嫣金弹[①]，误了饥寒人多少奔驰；潘岳果车，增了少年人多少颜色。

【注释】

①韩嫣金弹：据《西京杂记》记载，韩嫣是西汉时人，喜欢打弹弓，常用金为丸，每天丢失十多粒金丸，长安的少年人每听到他出来打弹弓，都来追随他，希望能捡到遗落的金丸。

【译文】

韩嫣用金做的弹丸，耽误了多少饥寒交迫的人奔驰拾捡；潘岳的掷满了果子的车，给少年人增加了多少风光。

【原典】

微风醒酒，好雨催诗，生韵生情，怀颇不恶。

【译文】

微风令醉酒的人醒来，好雨催生出诗歌，生出韵味与情趣，襟怀不差。

【原典】

苎罗村[1]里，对娇歌艳舞之山；若耶溪[2]边，拂浓抹淡妆之水。

【注释】

①苎（zhù）罗村：相传为西施出生地。

②若耶溪：相传西施曾于此浣纱。

【译文】

苎罗村里，面对的正是当年西施娇歌艳舞的青山；若耶溪边，轻拂的正是昔日西施对水浓妆淡抹的溪水。

【原典】

春归何处，街头愁杀卖花；客落他乡，河畔生憎折柳。

【译文】

春天归无觅处，街头愁坏了卖花人；流落在他乡为客，最恨分别时河畔折柳相送。

【原典】

胸中不平之气，说倩山禽；世上叵测之机，藏之烟柳。

【译文】

胸中一股不平之气，对山中的飞禽倾诉；世上不可捉摸的机巧，深藏在烟柳之中。

【原典】

祛长夜之恶魔，女郎说剑；销千秋之热血，学士谈禅。

【译文】

请美女说剑，可以祛除漫漫长夜中的恶魔；与学士谈禅，可以消融千秋沸腾的热血。

【原典】

论声之韵者，曰溪声、涧声、竹声、松声、山禽声、幽壑声、芭蕉雨声、落花声、落叶声，皆天地之清籁，诗坛之鼓吹也，然销魂之听，当以卖花声为第一。

【译文】

谈到声音富有韵味，是溪声、涧声、竹声、松声、山禽声、幽壑声、芭蕉雨声、落花声、落叶声，都是天地之间清雅的天籁之声，是诗坛的音乐，但是最令人销魂的声音，应当以卖花声为第一。

【原典】

石上酒花，几片湿云凝夜色；松间人语，数声宿鸟动朝喧。

【译文】

石上饮酒赏花，几片湿润的云朵凝住了夜色；松间传来人语，数声鸟鸣惊动清晨的喧闹。

【原典】

媚字极韵，但出以清致，则窈窕俱见风神；附以妖娆，则做作毕露丑态。如芙蓉媚秋水，绿筱[1]媚清涟，方不着迹。

【注释】

①筱（xiǎo）：小竹。

【译文】

“媚”这个字极其富有韵味，要是出之以清雅之致，就能于美好中显出风采和神气；要是加上妖娆之气，就会丑态毕露。就如芙蓉的妩媚出自秋水，绿竹的妩媚出自清波，才会不染尘俗之气。

【原典】

武士无刀兵气，书生无寒酸气，女郎无脂粉气，山人无烟霞气，僧家无香火气，换出一番世界，便为世上不可少之人。

【译文】

武士没有刀兵之气，书生没有寒酸之气，女郎没有脂粉之气，隐士没有烟霞之气，僧人没有香火之气，换了一番世界，便成为世上不可缺少的人。

【原典】

情词之娴美，《西厢》以后，无如《玉合》[1]《紫钗》《牡丹亭》三传，置之案头，可以挽文思之枯涩，收神情之懒散。

【注释】

①《玉合》：即明代梅鼎祚《玉合记》，写韩翊与柳氏之悲欢离合。《紫钗》即明汤显祖《紫钗记》，写李益与霍小玉的故事。《牡丹亭》作者是汤显祖，写杜丽娘与柳梦梅生死相恋的爱情故事。

【译文】

感情与文辞的娴静优美，《西厢记》之后，没有比得上《玉合记》《紫钗记》《牡丹亭》这三部传奇的了，放在案头上，可以挽救文思不畅的弊病，可以令懒散的神情收敛起来。

【原典】

俊石贵有画意，老树贵有禅意，韵士贵有酒意，美人贵有诗意。

【译文】

俊美的石头贵在有画意，苍老的树贵在有禅意，诗人贵在有酒意，美人贵在有诗意。

【原典】

风惊蟋蟀，闻织妇之鸣机；月满蟾蜍，见天河之弄杼。

【译文】

秋风惊起蟋蟀，仿佛听到织妇的织机作响；一轮圆月闪耀，仿佛可以看到织女在天河中摆弄机杼。

【原典】

酒有难悬之色，花有独蕴之香，以此想红颜媚骨，便可得之格外。

【译文】

美酒有无法悬赏的色泽，鲜花有独藏的芳香，以此推想到红颜美女，便可以有格外的心得。

【原典】

客斋使令，翔七宝妆，理茶具，响松风于蟹眼[①]，浮雪花于兔毫[②]。

【注释】

①响松风于蟹眼：烹茶有三沸，第一沸就如松风响起，水面浮起如蟹眼似的小气泡。苏轼《试院煎茶》："蟹眼已过鱼眼生，嗖嗖欲作松风鸣。"

②兔毫：即兔毫盏，是宋代建安出产的一种黑釉瓷茶盏，因纹理细密状如兔毫，故称。

【译文】

客斋之中的侍者，梳洗好七宝妆，前来整理茶具，煮茶之时听到水声如松风，泛起如蟹眼似的气泡，黑色的兔毫盏中就浮起雪花似的沫。

【原典】

世路既如此，但有肝胆向人；清议可奈何，曾无口舌造业。

【译文】

世事既然如此险恶，只有肝胆相照赤诚对人；别人的评判你无可奈何，却可以不去妄议别人，不去造口舌之业。

【原典】

花抽珠渐落，珠悬花更生。风来香转散，风度焰还轻[①]。

【注释】

①"花抽"一段：摘自南朝梁元帝萧绎《对烛赋》，写蜡烛燃烧之景。南朝齐萧纲亦有《对烛赋》，亦写烛光摇曳，烛泪流消："渐觉流珠走，熟视绛花多。宵深色丽，焰动风过。"

【译文】

燃烧着的蜡烛烛芯如花般抽长，烛泪就会渐渐落下，而融化的蜡烛越悬越高，烛芯越来越长。微风吹来香气散开，火焰也轻轻晃动。

【原典】

视莲潭之变彩，见松院之生凉；引惊蝉于宝瑟，宿兰燕于瑶筐。[①]

【注释】

①“视莲潭”一段：摘自唐王勃《七夕赋》。写七夕之夜的景象。

【译文】

看莲花潭水变幻色彩，看松荫院落生出凉意；奏起宝瑟引动惊蝉，在瑶筐之中栖宿着懒燕。

【原典】

蒲团布衲，难于少时存老去之禅心；玉剑角弓，贵于老时任少年之侠气。

【译文】

身着僧衣在蒲团上打坐，难得的是少年人有老来时的禅心；手拿玉剑、身悬角弓，可贵的是老了依然有少年的侠气。

卷十　集豪

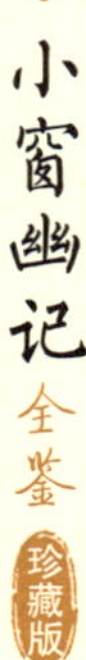

【原典】

今世矩视尺步[①]之辈，与夫守株待兔之流，是不束缚而阱者也。宇宙寥寥，求一豪者，安得哉？家徒四壁，一掷千金，豪之胆；兴酣落笔，泼墨千言，豪之才；我才必用，黄金复来，豪之识。夫豪既不可得，而后世倜傥之士，或以一言一字写其不平，又安与沉沉故纸同为销没乎！集豪第十。

【注释】

①矩视尺步：指不懂得变通。

【译文】

当今世上那些循规蹈矩的人，和那些守株待兔的人一样，是自己束缚住了自己的思想与行为，这就像为自己挖了个陷阱一样。宇宙之大，想找到一位真正豪放不羁的人，真的能够得到吗？一个人家徒四壁的时候仍然敢一掷千金，这是豪气的胆色；兴致盎然，落笔能写下千言万语，这是豪气的才华；能够像李白一样说出“天生我才必有用，千金散尽还复来”的话，这是一种豪气的见识。这些古人所拥有的豪迈行为，在今天都已经无法找到，对于后世的青年才俊，用几句话写下自己心中不平的事，我又怎么能看着代表他们心情的文字随着历史变成尘埃呢！集豪第十。

【原典】

桃花马[①]上，春衫少年侠气；贝叶斋[②]中，夜衲老去[③]禅心。

【注释】

①桃花马：指白毛红点的马。

②贝叶斋：指佛寺。

③老去：指显露出来的老态龙钟的神色。

【译文】

在春天的时节，跨上桃花马，让春天的衣衫在风中飘逸，显示出一派少年的英姿和豪侠的气魄；身居在佛寺里，在深夜中诵经的老衲，露出一副老态龙钟的神态，心态淡泊，一片禅心。

【原典】

岳色[①]江声，富煞[②]胸中邱壑；松阴花影，争残局上山河[③]。

【注释】

①岳色：指的是山色。

②富煞：富有的意思。

③山河：这里指棋局中的胜负。

【译文】

山色变得苍苍茫茫，江水滔滔不绝，使得人的内心无比开阔；松树间无比清凉，各种花落下参差的影子，这样的情景下正好可以邀请朋友来下几盘棋，在残局中争夺胜负。

【原典】

骥虽伏枥[1]，足[2]能千里；鹄[3]即垂翅，志在九霄。

【注释】

①枥：马槽。

②足：能够。

③鹄：指天鹅。

【译文】

好马虽然被束缚在槽下，但是还是能跑千里；即使让天鹅垂下翅膀，但是它还是志在千里。

【原典】

个个[1]题诗，写不尽千秋花月；人人作画，描不完大地江山。

【注释】

①个个：指每个人。

【译文】

即使让每个人来题一首诗，也不能书写尽人间的风花雪月；即使让每一个人都来画画，也不能够把大地的江河山水描绘尽。

【原典】

不能用世而故为玩世，只恐遇着真英雄；不能经世而故为欺世，只好对着假豪杰。

【译文】

不能在这个社会中发挥自己才干的人，只好以玩世不恭的态度游戏人生，只怕遇到真英雄的时候就会自惭形秽；不能承担治理社会责任的人，才选择欺骗这个社会，这样的人也只能和那些假豪杰成为朋友了。

【跟进解读】

渴望得到他人的认同是人的基本心理需求之一。这种天性是与生俱来的，在未成年时表现得尤为明显。所以，只要妈妈漫不经心地夸一句“儿子好棒”，小男孩就会变得特别高兴、特别听话，但是我们毫无来由地对一个成年人即使说一百句“你很优秀”，除了懊恼之外，他恐怕也不会生出什么特别的感觉。

那么，我们来想一想，他为什么会懊恼？或许因为他明白自己并不优秀，他觉得你在欺骗他。事实上，他也许有着自己的优点，但他不敢肯定和承认自己，这就是缺乏自我认同的表现。

缺乏自我认同的人，往往会格外重视他人对自己的看法，并在为人处世上追随群体的认同感，以免自己被排斥在群体之外。显然，这会让他以并不客观、公正的眼光来情绪性地看待自己。如果他认为自己达不到某个标准，就会产生被疏离的失落感和沮丧感。

事实上，被群体的认同感所左右是一件很危险的事情，它不但会使人失去对自我的客观认知，甚至会导致人们丧失自信，最终一事无成。可以说，听信权威和盲目从众的心理是人们被群体性认同左右的直接反映。

【原典】

诗酒兴将[①]残，剩却楼头几明月；登临情不已[②]，平分江上半青山。

【注释】

①将：马上，就要。

②不已：没有停止。

【译文】

诗兴就要没有了，酒席也剩下残羹冷炙了，天地间只剩下悬挂在楼头上的一轮明月了；登上高山，下面靠着江水，向江山水色倾诉自己的情愫，平分了江上的半座青山。

【原典】

闲行消白日[①]，悬李贺呕字之囊[②]；搔首问青天，携谢朓[③]惊人之句。

【注释】

①白日：时间。

②李贺呕字之囊：典出唐代诗人李贺，李贺每次外出都会带着笔墨纸砚和书囊，遇到感怀的心情作出诗句就第一时间收藏好。

③谢朓（tiǎo）：南齐著名诗人，擅长五言诗，以山水风景诗最为出色。

【译文】

在闲着的时候出来散散步，消磨一下时光，随身带着李贺呕字苦吟的锦囊；登上高山摆弄着头发，对着青天发问，随身带着谢朓惊人的诗句。

【原典】

假英雄专吷[①]不鸣之剑，若尔锋铓，遇真人[②]而落胆；穷豪杰惯作无米之炊，此等作用，当大计[③]而扬眉。

【注释】

①吷（xuè）：小声地吹嘘。

②真人：英雄。

③大计：国家大事。

【译文】

虚假的英雄只喜欢小声吹嘘并不能响的剑，像这种剑的锋芒，一旦碰到真正的英雄就会闻风丧胆；穷困没落的豪杰都喜欢做无米之炊的虚妄的事情，像他们这样的作为，要是能让他们来筹划国家大事的话，他们就会变得不可一世，以为自己很了不起。

【原典】

深居远俗[①]，尚愁移山有文[②]；纵饮达旦，犹笑[③]醉乡无记。

【注释】

①远俗：远离世俗。

②移山有文：是孔稚珪所写的用来讥讽周颙假托山神，其实内心热衷于名利的卑俗的做法。

③笑：讥笑。

【译文】

隐居深山，远离世俗的骚扰，还是忧愁《北山移文》这样的讥讽文章；放开情怀来欢畅地喝酒，喝一个通宵，还嘲笑这么美妙的醉乡的情怀居然没有人来给作记。

【原典】

藜床[①]半穿，管宁真吾师乎；轩冕[②]必顾，华歆洵非友也。

【注释】

①藜床：藜条编成的床榻。

②轩冕：达官贵族的车马。

【译文】

用藜条编成的床榻已经被坐穿半边了，面对这样的情景管宁还一心学习，像管宁这样的人真的是我的老师；一心想着看达官贵族的车马，像华歆这样的人不是我真正的朋友。

【原典】

车尘马足之下，露出丑形；深山穷谷之中，剩些真影。

【译文】

在车子掀起的尘土和飞奔的马脚下，不免会有丑陋的形象；在深山穷僻的山谷里，还是有一些真诚的身影。

【原典】

吐虹霓之气者，贵挟[①]风霜之色；依日月之光者，毋怀[②]雨露之私。

【注释】

①挟：带有。

②怀：拥有。

【译文】

有着霓虹气势的豪杰，他们身上的可贵之处是带着一份风霜沧桑的精神；依靠日月的影照才能发出光芒的东西，一定不要整天怀着承接雨露的想法。

【原典】

清襟[①]凝远，卷秋江万顷之波；妙笔纵横，挽昆仑一峰之秀。

【注释】

①清襟：指内心清静。

【译文】

内心清静的话神情就会显得悠远，能让秋江万顷的波浪卷起来；用生花的妙笔来描绘世间万物，就能够得到昆仑一峰的秀丽景色。

【原典】

闻鸡起舞，刘琨其壮士之雄心乎；闻筝起舞[①]，迦叶[②]其开士之素心乎？

【注释】

①闻筝起舞：佛教歌舞之神香山大树紧那罗能妙音鼓琴，迦叶闻之，不堪于坐，起而舞。

②迦叶：本名摩诃迦叶，释迦牟尼的弟子。佛祖之后，传正法眼藏，禅宗奉之为西天二十八祖之始祖。

【译文】

刘琨闻鸡起舞，表现出一个壮士的雄心大志；迦叶闻筝起舞，显示了一颗菩萨般的慈悲心肠。

【跟进解读】

有志者，事竟成，欲成就一番大事业的人，必须早立志向，而后为之奋起拼搏。但是，如果空立志向于心中，而不去通过实际行动来证明，那无异于永远无法企及的空中楼阁。

高尚远大的志向加上谦虚实干的作风和不畏艰难的胆量，后面这些才是人生中最可贵的精神。立志不努力，便是志大才疏，才疏就无法实现自己的志向。刘琨闻鸡起舞，把渴望精忠报国的志向落到了实处，这才是有志之士学习的榜样。

人的本性都是善良的，只不过由于后天成长在不同的环境中，而有了善恶之别，好坏之分。迦叶沉浸在美妙的音乐中，禁不住随之舞动，足见其向上向善的心灵追求。

【原典】

友[①]遍天下英杰人士，读尽人间未见之书。

【注释】

①友：和……交朋友。

【译文】

结交全天下的英雄豪杰之士，读遍全天下别人没有读过的书籍。

【原典】

交友须带三分侠气，作人要存一点素心[①]。

【注释】

①素心：纯洁的思想。

【译文】

在交朋友的时候要带着三分豪侠之气，至于做人一定要存有一点纯洁的心。

【原典】

栖守[①]道德者，寂寞一时；依阿[②]权势者，凄凉万古。

【注释】

①栖守：恪守。

②依：依附。阿：奉承。

【译文】

恪守道德，只会寂寞一时；依靠权贵，一定会凄凉万古。

【跟进解读】

孔子认为，“达”是自己内心的通畅，“达”要求士大夫必须从内心深处具备仁、义、礼的德行，注重自身的道德修养，而不仅仅是追求虚名。“闻”是外在的虚名，并不是显达。他是要告诉我们，要注重名实相符，表里如一，不要仅仅追求外在的虚无的名利，要注重自身的修养与提高。

道德是人们共同生活及其行为的一种重要的准则和规范。每一个人都是独立的，具有个性的。但是，每一个人都生活在社会中，因而就必须自觉地遵循社会的道德准则与规范。

然而，大千世界，世象纷繁，人们的处世态度、行为方式是迥然不同的。有的人豁达大度，有的人斤斤计较，有的人积极进取，有的人自暴自弃，有的人坚持正义，有的人颠倒是非……造成这种差异的原因可能很多，但都与他们道德品质的优劣高下有关。每一个有良知的人，应正确判断孰是孰非，不断提高道德品质的水准，自觉地加强道德品质的自我修养。

【原典】

深山穷谷，能老经济才猷[①]；绝壑断崖，难隐[②]灵文奇字。

【注释】

①猷（yóu）：消磨。

②隐：隐藏。

【译文】

深山穷谷里，可以把人内心的治国的才华消磨尽，使其变成一个无用之人；但是山谷里的绝崖断壁之间，却难以隐藏住人内心里奇妙的、富有灵感的神思和优美的句子。

【原典】

献策金门[①]苦未收，归心日夜水东流。扁舟载得愁千斛，闻说君王不税愁。

【注释】

①献策金门：指向皇上进谏。金门是指金马门，是汉代的宫门，是士人献策的地方。

【译文】

想向金门献策，却没有任何收获，因此而苦恼，打算回去的心思就好像日夜奔腾不息的江水一样一刻也没有停止。一叶扁舟能载动千斛愁绪，听说君王是不会对征收赋税忧愁的。

【原典】

英雄未转[1]之雄图，假糟邱[2]为霸业；风流不尽之余韵，托花谷为深山。

【注释】

①转：实现。

②糟邱：指酒乡。

【译文】

英雄没能完成自己心中驰骋天下的抱负，只能借喝酒麻痹自己，让自己以为成就了千秋的霸业；风流才子们有用不尽的才情，只能寄身于风月场所来避开世间的真意。

【跟进解读】

荀子曾说："良农不为水旱不耕，良贾不谈折阅（亏本）不市。"其实，在通向追求目标的途中有所失落，并非不好的事，它经常伴随着人类的进步、发展而光临；生活负担过于繁重，事业紧迫无法脱身，身心受到摧残打击，美好的理想难以实现，苦苦追求的东西无法得到，几番饮下生活的苦酒，遭受人生的挫折……人类的智慧和力量，也只有在同各种失落较量的过程中，才能更充分、更有力地显示出来。正如大江大河在奔涌中一旦碰到礁石，它便会把自己的全部活力释放出来。而对失落，如果能够正确地认识人世的复杂，勇敢地正视追求中的艰辛，深谙人生的辉煌本就触及着许多曲折、坎坷、失败、忧愁，必定能够笑傲失落，泰然处之。追求似坚固的手杖，目标是力量的源泉。一个人只要是有了这两点，定会融化冰冷的心，越过千山万水，一步步走向成功和喜悦。

【原典】

丈夫须有远图[1]，眼孔如轮，可怪处堂燕雀；豪杰宁无壮志，风棱[2]似铁，不忧当道豺狼。

【注释】

①远图：远大的抱负。

②风棱：性格。

【译文】

大丈夫必须要有长远的打算，眼孔犹如车轮一般，对处在屋檐下不知祸患将至的燕雀感到惊奇；真正的豪杰怎能没有雄心壮志，铮铮铁骨，威风八面，无须担心豺狼当道，奸佞当权。

【跟进解读】

没有目标的生活，就像没舵的航船，随风漂荡，不知该何去何从；有了对伟大理想的追求，才会拥有勇往直前的动力。"人无远虑，必有近忧。"在做事之前要经过一番深思熟虑的思考，预测事物的发展方向，才会在处理问题的过程中做到有条不紊，所以人必须要有远见卓识。

人人都希望得到这样的人生：学习、工作、生活样样都称心。可是，人生毕竟不能如想象中的那样一帆风顺，挫折、彷徨、痛苦随时都会烦扰我们。如果我们挺住了一时的彷徨，拾起对人生的美好憧憬，无疑就找到了人生前进的动力。不论遇到怎样的艰难困苦，不论自己感到了怎样的沉重和痛苦，永不放弃，勇敢追求，我们还是在点点滴滴中做到了，在彷徨之后坚定了，在最紧要的关头咬牙挺住了，于是，我们才能再一次迎来了胜利的希望。

【原典】

云长香火，千载遍于华夷；坡老[①]姓字，至今口于妇孺。意气精神，不可磨灭。

【注释】

①坡老：指苏东坡。

【译文】

关公的香火，千百年来在华夏大地上都没有断绝过，他受到了全华夏人的尊敬；苏轼的名字，从古到今都是妇孺皆知的。由此可见，人的意志和精神是不可磨灭的。

【原典】

据床嗒尔[①]，听豪士之谈锋；把盏惺然[②]，看酒人之醉态。

【注释】

①嗒（dā）尔：聚精会神的样子。

②惺然：清醒的样子。

【译文】

坐在榻上聚精会神，听豪杰滔滔不绝地高谈阔论；即使不断斟上酒，内心依然还是清醒的，正好可以看喝酒的人各自不同的醉态。

【原典】

登高眺远，吊[①]古寻幽，广胸中之邱壑，游物外之文章。

【注释】

①吊：凭吊。

【译文】

登上高地往远处眺望，凭吊古代的名胜古迹，寻找幽深之处的胜景，胸中的山河自然宽广，置身物外所写的文章让人读后更加酣畅。

【原典】

雪霁[①]清境，发于梦想。此间但[②]有荒山大江，修竹古木。

【注释】

①霁（jì）：停止。

②但：只有。

【译文】

大雪刚刚停止，太阳就出来了，让人不禁生出许多梦想。这种境界里只有空旷的荒山、奔流的大江，修长的翠竹、参天的大树。

【原典】

每饮村酒后，曳[①]杖放脚，不知远近，亦旷然天真。

【注释】

①曳：拖着。

【译文】

每次喝过山村的佳酿之后，就开始拄着拐杖，慢慢地走在山间的小路上，并不管路的远近，这种情形也可以称得上是旷达天真。

【原典】

王仲祖有好形仪[①]，每览[②]镜自照，曰："王文开那生宁馨儿！"

【注释】

①形仪：仪表长得好看。

②览：看。

【译文】

王仲祖这个人长得仪表堂堂，每次对着镜子看自己说："王文开（其父）怎么生了这么个漂亮儿子啊！"

【原典】

毛澄七岁善属对[①]，诸喜之者赠以金钱，归掷之曰，"吾犹薄苏秦斗大，安事此邓通[②]靡靡！"

【注释】

①属对：对对子。

②邓通：铜钱的代称。

【译文】

毛澄七岁的时候就很擅长对对子，那些很喜爱他的人都给他金钱，毛澄每次回来都把钱一扔，说："我连苏秦斗大的金印都看不上，哪里能看上这些铜钱呢！"

【原典】

梁公实荐一士于李于麟，士欲以谢梁，曰："吾有长生术，不惜为公授[①]。"梁曰："吾名在天地间，只恐盛着不了，安用长生！"

【注释】

①授：传授。

【译文】

梁公实向李于麟举荐了一个人，这个人为了向梁公实表示感谢，说：“我有长生不老的术法，即使告诉您也在所不惜。”而梁公实却说了一句非常豪迈的话：“我的名声在这个天地之间，恐怕都盛不下了，还要长生不老做什么！”

【跟进解读】

《大畜卦》以大畜为卦名，除了有积蓄、畜养之意外，还有一种停止的意思。南怀瑾先生说“伊子以多识前言往行，以畜其德”，这句话事实上就是告诉我们，生活中我们要多学习前贤圣人的言行，并以此来修养、积攒自己的德行。自古至今，许多人往往更喜欢追名逐利，而不去积攒德行。历史上许多大的灾祸，就是由此而引发的，正所谓“修名不如修德”，修名者往往身败名裂，而修德者可以独善其身。积攒名声只能招来小人们更多的妒忌，给他们更多攻击自己的借口；而积攒德行，则在修身的同时，不给小人们任何报复的机会，在无声无息间消灾避祸。

在现实生活中，不争名不逐利，洁身自好、修养好自己的品德，这是消灾避祸的良药啊。

【原典】

大丈夫当雄飞，安能雌伏？

【译文】

大丈夫一定要有理想，怎能无所作为活一生？

【跟进解读】

一个有理想、有热情，对生活充满期待并肯为之付出努力的人，不仅能将自己的理想化为现实，就连石头也能在其感召下开始远行。

理想，可以引导一个人走上正途。所谓“哀莫大于心死”，在海涛法师看来，一个人最悲哀的事情就是没有理想。一个没有希望的人，眼前将始终暗淡无光。就算猫狗，也希望有美好的三餐；就算花草，也希望有朝露的滋润；何况万物之灵的人类，怎能没有正当的希望，怎能没有崇高的理想？

佛陀曾经说过，很难说世上有什么做不了的事，因为昨天的梦想可以是今天的希望，还可以是明天的现实。理想是每个人生命中不可或缺的部分，没有泪水的人，他的眼睛是干涸的；没有梦想的人，他的世界是黑暗的。怀揣理想，人生也可轻舞飞扬。

在心中怀有美丽梦想和崇高理想的人，终有一天会将这一切实现。哥伦布梦想着另一个世界，结果他发现了新大陆；哥白尼梦想着一个更为广阔的宇宙，结果他发现了宇宙的奥秘，极大地扩展了人们的视野；释迦牟尼梦想着一个纤尘不染、宁静平和的精神世界，结果他最终找到了世间的真谛。

珍藏你的梦想，珍藏你的理想，珍藏拨动你心弦的乐章，珍藏你心中圣洁的美丽，珍藏你最纯洁的思想，因为令人欢乐的所有情境，天堂的所有美好，都来源于此。只要对自己诚实，对自己的梦想诚实，所有的理想终将实现。

【原典】

高言[①]成啸虎之风，豪举[②]破涌山之浪。

【注释】

①高言：高尚的言论。

②豪举：豪侠的举动。

【译文】

高尚的言论往往有虎啸的威风，豪侠的举动可以把拍山的大浪给打破。

【原典】

管城子[①]无食肉相[②]，世人皮相何为；孔方兄[③]有绝交书，今日盟交安在？

【注释】

①管城子：毛笔的谑称，这里指文人。

②食肉相：做大官的面相。

③孔方兄：圆形方孔，指代金钱。

【译文】

读书人没有做大官的面相，世人为什么总是目光短浅；钱财是破坏真诚友谊的根源，当年结盟的交情今天还会在吗？

【跟进解读】

有人说钱是古今第一哲学家，若能读懂钱，就能变为哲人。即使在茫茫荒漠中，钱犹如砂石一样无用，但钱的哲理仍在狂风中卷着；即使钱失去了外形，变成了一个密码，或者一张磁卡，但钱的精神也在其中储存着。人之所以在不断创造、在不断进取，就因为看到了钱和钱负载的力量、智慧和信念。有了钱，人就有了倾注爱的对象；若失去钱，人不只孤单，更否定了自己。

海涛法师说："钱其实本身无罪，反而有功，只是俗人歪曲了钱的本质，自身也留下无尽的痛苦和悲哀。"其实大师的话我们不难理解。比如，把钱用来造福社会，它就是善的；反之，用来毒害社会和大众，它就是恶的。

金钱其实就是一种以交换为目的的货币，我们应当让它为人服务，帮助我们实现人生的目标。所以，我们在运用金钱时最重要的首先是认清自己的目的，而不是一味地埋怨金钱的诱惑作用，就像海涛法师讲述的那样，犯罪的不是钱财，而是我们自身。

【原典】

襟怀贵疏朗[①]，不宜太逞豪华；文字要雄奇，不宜故求寂寞。

【注释】

①朗：开阔明朗。

【译文】

人的襟怀贵在开阔明朗，不应该过于卖弄豪华；作文写字需要雄伟的气魄，不能故意自求寂寞。

【原典】

悬榻待贤士，岂曰交情已乎；投辖留好宾，不过酒兴而已。

【译文】

把坐榻悬挂起来等待着贤士的到来，难道说仅仅是交情吗？为了挽留住好的宾客投辖于井，不过是为了饮酒能够尽兴罢了。

【原典】

才以气雄，品由心定。

【译文】

人的才华是因为心气才称得上是雄，人的品格是由人的内心来决定的。

【原典】

济①笔海则为舟航，骋文囿则为羽翼。

【注释】

①济：驾驶。

【译文】

沉浸在知识的海洋里，把笔看作是一叶小舟，翰墨如波；驰骋在文学的囿苑里，文思如缕，张开羽翼翱翔。

【原典】

胸中无三万卷书，眼中无天下奇山川，未必能文。纵①能，亦无豪杰语耳。

【注释】

①纵：即使的意思。

【译文】

要是胸中没有三万卷书的储藏，眼里没有天下的神奇的山川，那么要想写出好文章是很难的。即使能写文章，也未必能有英雄豪杰的语言。

【原典】

山厨失斧，断之以剑。客至无枕，解琴自供。盥盆溃散①，磬为注洗。盖不暖足，覆之以蓑。

【注释】

①溃散：破旧。

【译文】

居住在简陋的山里，要是砍柴的斧头丢了，那么可以用剑来劈柴；客人来了没有枕头，可以解下琴来让他们枕着睡觉；洗漱的盆子坏了，就用石磬来当作脸盆用；被子没法暖脚，就盖上蓑衣。

【原典】

孟宗[1]少游学，其母制十二幅被，以招贤士共卧，庶得闻君子之言。

【注释】

①孟宗：字恭武，三国江夏人。

【译文】

孟宗小的时候外出游学，他的母亲为他缝制了十二幅大被子，这样就可以让那些贫穷的贤士一起来和他睡在一起，以此希望他能听到君子的教诲。

【原典】

张[1]烟雾于海际，耀光景于河渚；乘天梁而皓荡，叩帝阍[2]而延伫。

【注释】

①张：弥漫。

②帝阍（hūn）：指天门。

【译文】

烟雾把海天都给遮蔽起来了，在河边的沙洲上闪耀着光景，乘着天梁驰骋于浩荡的天宇，叩响天门，在外面等待着天门大开。

【原典】

声誉可尽，江天不可尽；丹青可穷[1]，山色不可穷。

【注释】

①穷：是指尽头的意思。

【译文】

凡尘的声誉是可以穷尽的，但是江水和天空是没有尽头的；丹青是可以穷尽的，但是山色是没有办法穷尽的。

【原典】

闻秋空鹤唳[1]，令人逸骨仙仙；看海上龙腾，觉我壮心勃勃。

【注释】

①鹤唳（lì）：仙鹤的鸣叫声。

【译文】

在秋天听到空中传来鹤的鸣叫声，顿时让人感觉到身体轻飘飘的，有一种飘飘欲仙的感觉；看到海上波涛汹涌，就会让我感觉到雄心勃勃。

【原典】

明月在天，秋声[1]在树，珠箔[2]卷啸倚高楼；苍苔在地，春酒在壶，玉山颓醉眠芳草。

【注释】

①秋声：指秋虫的鸣叫声。

②珠箔：指珠帘。

【译文】

明月悬挂在天上，秋虫在树梢上鸣叫，把珠子穿成的帘子卷起来，倚在高楼上放声高唱；绿色的青苔把大地都覆盖上了，在壶里装上春天的美酒，像玉山那样醉卧在芳草丛里。

【原典】

胸中自是奇，乘风破浪，平吞万顷苍茫；脚底由来[1]阔，历险穷[2]幽，飞度千寻杳霭。

【注释】

①由来：一直，从来。

②穷：穷尽。

【译文】

胸中自然清奇，乘风破浪，可以把万顷苍茫的大地给吞并了；脚底下一直都很宽阔，历尽艰辛，把幽静的地方都探索一遍，可以飞跃千里的烟霞。

【原典】

每从白门归，见江山逶迤[1]，草木苍郁。人常言佳，我觉是别离人肠中一段酸楚气耳。

【注释】

①逶迤（wēi yí）：连绵不绝。

【译文】

每次从白门回来，只看见江水奔流不止，草木非常茂盛苍翠。人们对着这样的情景总是夸赞太妙了，我总感觉这是离别的人们愁肠之中的一种酸楚之气。

【原典】

放不出[1]憎人面孔，落在酒杯；丢不下怜世心肠，寄之诗句。

【注释】

①放不出：指不显示，不表现。

【译文】

脸上从来不会显示出憎恨别人的表情，只好把这个面孔留在酒杯里；内心从来放不下怜悯世俗的情怀，只好把这种心肠寄托在诗歌中。

【原典】

春到十千美酒，为花洗妆；夜来一片名香，与月熏魄。

【译文】

春天来了，洒下很多美酒，为花朵洗去尘妆；夜幕来了，点燃一片名香，为皎洁的月亮熏魄。

【原典】

忍到熟[1]处则忧患消，淡到真时则天地赘[2]。

【注释】

①熟：时机成熟。

②赘（zhuì）：多余的。

【译文】

如果自己的忍耐变成了一种习惯，那些心中的忧患也就渐渐消失了；淡泊到融入本性的时候，认为天地中的一切都是多余的了。

【跟进解读】

圣严法师说："佛陀的教育不只是教我们如何了生脱死，更是教我们如何去包容人，不生计较。"在大师眼里，"了生脱死"是修佛的"最高境界"，而"教我们如何去包容人，不生计较"具有最实际的意义。在一般人看来，让自己拥有一颗"退让心"要比"了生脱死"更有意义得多。尝试在生活中换一种角度考虑问题，退一步，有时候是一种以退为进的策略，如果能够适时地把以退为进的策略用于生活中，那么生活将会变得张弛有度，游刃有余，你便会得到"柳暗花明又一村"的释然。有时候，退一步、忍一忍是为了更好前进，僵持的局面对大家都没有什么好处，在不违背自己原则的基础上，选择退让也就选择了人生的主动。因为这时候的你已经不再局限于眼前，而是着眼于未来。

【原典】

醺醺[①]熟读《离骚》，孝伯外敢曰并皆名士；碌碌常承色笑，阿奴辈果然尽是佳儿。

【注释】

①醺醺（xūn）：指喝得醉醺醺的样子。

【译文】

喝得醉醺醺的时候，正好可以熟读《离骚》，除了王孝伯之外都能够称得上是名士；忙忙碌碌，一辈子都迎合别人欢笑，阿奴之辈果然都是好孩子。

【原典】

敢于世上放开眼，不向人间浪皱眉。

【译文】

敢于在这个世界上睁开双眼直视世间的人生百态，不为那些原本就改变不了的事情心生不快。

【跟进解读】

人生在世，要互相理解，多感激别人的恩惠，不要计较别人对你的不好。如果人们都能用博大的胸怀原谅别人的过错，那我们生活中的一些小怨恨还有什么不能忘记呢？但是生活中的大多数人还是不能做到完全不受别人影响，很多人都会在意别人对自己的看法，或者是嫉妒、怨恨、误解等等，由此便产生了种种烦恼。

所以，正如佛家所说："不是某人使我烦恼，而是我拿某人的言行来烦恼自己。""事事在意"其实是你拿别人的过错来惩罚自己，当你拥有开阔的心胸，学会"不

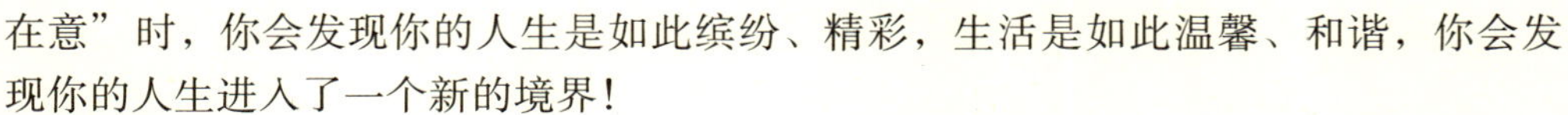

在意”时，你会发现你的人生是如此缤纷、精彩，生活是如此温馨、和谐，你会发现你的人生进入了一个新的境界！

【原典】

云破月窥[①]花好处，夜深花睡月明中。

【注释】

①窥：偷看。

【译文】

乌云断开的地方，月光露出来偷看鲜花的美丽；深夜的时候，花朵在皎洁月光的照射下沉沉地睡去。

【原典】

三春[①]花鸟犹堪[②]赏，千古文章只自知。文章自是堪千古，花鸟三春只几时。

【注释】

①三春：指整个春天。

②堪：可以。

【译文】

春天的花香鸟语还可以值得欣赏，千古流传的文章只有自己知道。文章是可以流传千古的，但春天的花香鸟语存在的时间是非常短暂的。

【原典】

士大夫胸中无三斗墨，何以运管城[①]？然恐酝酿宿陈[②]，出之无光泽耳。

【注释】

①管城：指运笔写文章。

②宿陈：指酝酿太久。

【译文】

士大夫胸中如果没有三斗墨水，用什么来运笔作文呢？又恐怕酝酿着墨太久，积食难以消化，表达出来也没有什么文采。

【原典】

攫[①]金于市者，见金而不见人；剖身藏珠者，爱珠而忘自爱。与夫决性命以饕[②]富贵，纵嗜欲以戕生者何异？

【注释】

①攫（jué）：抢劫。

②饕（tāo）：追求。

【译文】

在闹市里抢金子的人，在他的眼睛里只有金子没有人；剖开自己的身体隐藏宝珠的人，只知道宝珠是珍贵的，却忘记了自己的身子才是更珍贵的。这些人和那些拼死求得荣华富贵的人比起来，他们放纵私欲残害生灵的做法有什么不一样的呢？

【原典】

说不尽山水好景，但[①]付沉吟；当不起世态炎凉，惟有闭户。

【注释】

①但：只好。

【译文】

山水风景的优美是说不完的，只好沉吟；世态的炎凉也是一般人受不了的，只好关起门。

【原典】

能为世必不可少之人，能为人必不可及之事，则庶几此生不虚。

【译文】

能够成为这个世上必不可少的一个人，能够做出别人难以做到的事情，那么这一辈子来到世间，可以说是不虚此生了。

【跟进解读】

人生可以平凡，但不可平淡。成功者最基本的要素就是具有积极向上的心态，高度的责任心以及不断的努力。人，当我们认识到自己积极心态的那一天，也就是我们遇到最重要的人，而这个世界上重要的人就是我们自己！我们的这种精神、思想、心理就是我们成功的力量。

人生的永恒，不是平淡，而是追求。奋斗，只有不断地奋斗，才能有精彩的人生。人生绝不是一段简单的过程，活着就意味着一次又一次重新诞生。生活无论是贫穷还是富有，无论是顺境还是逆境，都不能用平淡去注释。要想让人生充满希望，让生活富有质量，你就要突破自我封闭的重围，斩断世俗坚固的锁链，让不满的车轮碾碎平庸的陈旧观念，以战胜者的姿态走出地平线！

【原典】

处世当于热地[①]思冷，出世当于冷地[②]求热。

【注释】

①热地：指名利场。

②冷地：指世外。

【译文】

在尘俗的社会上，一定要在热闹的名利场中冷静地思考，要是隐居世外的话，应该在冷静之中反思自己。

【原典】

办大事者，匪[①]独以意气胜，盖亦其智略绝也，故负气雄行[②]，力足以折公侯，出奇制算，事足以骇耳目。如此人者，俱千古矣。嗟嗟[③]！今世徒虚语耳。

【注释】

①匪：同“非”，不是，表示否定。

②负气雄行：这里指豪爽的义气，勇猛的行为。

③嗟嗟：感叹词。

【译文】

能够成就大事业的人，他们之所以能够取胜并不只是靠着内心的一股豪气，大概也是和他们高深的智慧分不开，所以豪爽的义气和勇猛的行为，靠这些就足可以让那些王侯贵族欣赏的了；做事能够出奇制胜，做的事业骇人听闻。像这样的英雄豪杰再也看不到了。唉！只不过在当今有一个虚名罢了。

【原典】

说剑谈兵，今生恨[①]少封侯骨；登高对酒，此日休吟烈士[②]歌。

【注释】

①恨：遗憾。

②烈士：这里是指豪杰。

【译文】

论说剑侠、谈论兵事，这辈子最遗憾的就是没有长一副封侯的骨相；登上高处拿起酒来畅饮，从今天开始再也不要吟诵豪杰的歌了。

【原典】

身许为知己死，一剑夷门[①]，到今侠骨香仍古；腰不为督邮折，五斗彭泽[②]，从古高风清至今。

【注释】

①一剑夷门：战国魏都大梁夷门小官侯生，为报信陵君的知遇之恩，献计窃符救赵，行军前自刎。

②五斗彭泽：指彭泽县令陶渊明不为五斗米折腰之事。

【译文】

士为知己而死，侯生一剑自刎结束了自己的生命，血洒夷门，他的侠骨之香到现在还很浓烈；不因为五斗米向督邮折腰，谄媚于达官，彭泽令陶渊明的高风亮节，直到今天还在流传。

【原典】

剑击秋风，四壁如闻鬼啸；琴弹夜月，空山引动猿号。

【译文】

在秋风中舞剑，四壁听起来好像是鬼神在叫；在月夜下弹琴，空中仿佛有猿猴在哀鸣。

【原典】

壮志愤懑难消，高人[①]情深一往。

【注释】

①高人：指志趣高远的人。

【译文】

凌云壮志，难以消除内心里的愤懑；高人逸事，一如既往情深似海。

【原典】

先达[①]笑弹冠，休向侯门轻曳裾[②]；相知犹按剑，莫从世路暗投珠。

【注释】

①先达：指志趣高远的前辈。

②曳裾：这里指为王侯效命。

【译文】

那些志趣高远的前辈对那些想出仕做官的人嘲笑不已，千万不要轻易到王侯的门前奔走效命；相知的朋友还要按剑规劝，千万不要在仕途这条路上明珠暗投。

卷十一　集法

【原典】

自方袍幅巾[①]之态，遍满天下，而超脱颖绝之士，遂以同污合流矫之，而世道已不古矣。夫迂腐者，既泥于法，而超脱者，又越于法，然则士君子亦不偏不倚，期无所泥越则已[②]矣，何必方袍幅巾，作此迂态耶！集法第十一。

【注释】

①方袍：原指僧袍，这里指正式的衣装，代指迂腐正规的人。幅巾：用整幅绢做成的束发的方巾。

②则已：语气词，罢了。

【译文】

那些穿着讲究、遵守礼法的迂腐之人，遍布天下，超凡脱俗的人，只能和那些歪门邪道的人同流合污了，世道已经不古啊。太迂腐的人，总是拘泥于法度，而那些卓尔不群的人，又总是违反法度，身为君子只能不偏不倚，期待自己既不拘泥也不违反，何必像那些身穿正装表面遵守礼法的人那样惺惺作态呢！集法第十一。

【原典】

一心可以交万友，二心不可以交一友。

【译文】

做人只要一心一意就能有成千上万的朋友；要是三心二意的话，那么就会连一个朋友都交不上。

【原典】

凡事留不尽之意则机圆[①]，凡物留不尽之意[②]则用裕，凡情留不尽之意则味深，凡言留不尽之意则致[③]远，凡兴留不尽之意则趣多，凡才留不尽之意则神满。

【注释】

①机圆：机巧圆满。

②不尽之意：这里是指余地。

③致：达到。

【译文】

只要做事的时候给自己留出足够的退路，那么就会机巧圆满；只要在用东西的时候留下足够的余地，那么就会宽裕很多；只要在情感中留下足够的余地，那么感情就会意味深长；在说话的时候为自己留有余地，就会达到长久的目标；要是在兴致上留下足够的余地，就会得到无穷的趣味；要是在才智上留下足够余地的话，那么精神就会永远处于饱满的状态。

【原典】

有世法，有世缘，有世情。缘非[①]情，则易断；情非法，则易流。

【注释】

①非：这里指不按照的意思。

【译文】

在这个世上，有法律规则，有缘分，有感情。如果缘分缺乏感情的维系，也就很难长久，容易中断；而感情如果没有法则约束，就容易做出失控的事情。

【跟进解读】

人是感情的动物。生活在这多彩多姿的世界上，无论亲子、夫妇、手足、朋友等各方面的感情经营，都是有情人生的重要课题。

很多人都认为“情关难过”，其实真正最难过的是面对分离的“舍不得”，那种风云变色，仿佛失去了生命的全部的痛苦，身临其境的人是宁愿用所有的力量去挽回的！有时候又恰好相反，因为别人对我们太好，不知何以为报，也是令人伤脑筋的事情。

所以要如何处理感情上的压力呢？我们都要学习。当然，必须先了解造成压力的原因，是因为看不开还是舍不得？深切地省思压力的来源，理性地面对它，而不要纵容自己耽溺其间。任何感情挫折的调适都需要时间，但不是无休无止地沉浸在泪水中。

我们要了解感情的多面性，不要钻牛角尖地认为错过了一段感情，人生就一定会变成黑白的。失去了爱情还有亲情、友情等其他方面的感情，而且“塞翁失马，焉知非福”，人生的高潮迭起又岂是我们所能料尽的？

【原典】

少年人要心忙，忙则摄①浮气；老年人要心闲，闲则乐②余年。

【注释】

①摄：慑服，收敛。

②乐：以……为乐。

【译文】

少年人一定要忙碌起来，只要心忙起来才会使浮躁的心气得到收敛；老年人的心一定要足够闲适，只有做到内心闲适才能够安享晚年。

【原典】

晋人清谈，宋人理学，以晋人遣俗①，以宋人禔躬②，合之双美，分之两伤也。

【注释】

①遣俗：排遣世俗。

②禔（shì）躬：安身立命。

【译文】

晋朝的人都崇尚闲谈，宋朝的人讲求理学，要是能够用晋人的清谈来排遣世俗，用宋人的理学来安身立命，即把这两者有机地结合在一起的话，那么就会收到意想不到的好效果，而分开来只谈一方面就会两败俱伤，没有好的结果。

【原典】

莫行心上过不去事，莫存事上行不去①心。

【注释】

①行不去：行不通。

【译文】

要是在内心里感到过意不去，那么这样的事情最好不要去做；要是想法从事理上说不过去的话，最好不要去想。

【原典】

忙处事为，常向闲中先检点；动[1]时念想，预从静里密[2]操持。青天白日处节义，自暗室屋漏中培来；旋乾转坤的经纶[3]，自临深履薄处操出。

【注释】

①动：行动。

②密：严格。

③经纶：治国的方略。

【译文】

在忙碌的时候做的事情，一定要在闲下来的时候再仔细地去想一想，首先要自我检点；在行动的时候出现的念头和想法，一定要在清静的时候严格地去办。青天白日中表现出来的节操和行为，是在处境非常恶劣的时候培养出来的；乾坤旋转过程中体现出来的是治国的方略，这些谋略是在如临深渊、如履薄冰的谨慎的心态中磨炼出来的。

【原典】

以积货财[1]之心积学问，以求[2]功名之念求道德，以爱子女之心爱父母，以保爵位之策保国家。

【注释】

①货财：财富。

②求：追求。

【译文】

像积累财富那样去积累学问，像追求功名那么热烈地去追求道德，像对待自己的妻子儿女一样去孝敬自己的父母，像保全自己的爵位一样处心积虑地去保卫国家。

【原典】

一点不忍的念头，是生[1]民生物之根芽；一段不为[2]的气象，是撑天撑地之柱石。

【注释】

①生：使……生。

②不为：指道家的清静无为的思想。

【译文】

有一点不忍之心的念头，是使人民得到教化，万物得以生长的根芽；至于那清静无为的气象，是可以作为顶天立地、经邦济世的柱石。

【原典】

不可乘[①]喜而轻诺，不可因醉而生嗔[②]；不可乘快而多事，不可因倦而鲜[③]终。

【注释】

①乘：趁着。

②嗔（chēn）：嗔怪，生气。

③鲜：不能。

【译文】

做人不应该在高兴的时候轻易向别人许诺什么，也不可以因为喝醉了而生气；不可以因为非常欢快就滋生事端，不能因为疲倦的原因而使办事情有始无终。

【原典】

白沙在泥，与之俱黑，渐染之习久矣；他山之石，可以攻[①]玉，切磋之力大焉。

【注释】

①攻：打磨。

【译文】

雪白的沙子进入黑色的泥土里面，也会与泥土成为同样的黑色，这是因为互相之间侵染太久的缘故；别的山上的石头，可以打磨成玉石，这说明即使地位相差很大，彼此交流产生的作用也是可观的。

【跟进解读】

荀子说："蓬生麻中，不扶自直；白沙在涅，与之俱黑。"意思就是飞蓬生长在麻中间，不去扶它会自然而直；白沙放在黑土里，就和黑土一样黑。所谓"近朱者赤，近墨者黑"也是如此，同样被人们用来比喻接近好人可以使人变好，接近坏人可以使人变坏。说明了环境对一个人的影响是巨大的。

如果你的周围是一群鹰，那么你自己也会成为一只展翅翱翔的雄鹰；如果你周围是一群山雀，那么你也许永远也看不到海阔天空。由此可见，朋友的行为对我们的影响是多么的深。假如你真正的挚友很多，可以帮助你走上光明大道，你就成了一只雄鹰；假如你择友不当，则会导致自己走上邪门歪道，甚至走上违法犯罪的深渊，你就成了一只永远飞不起来的山雀，你的终身幸福将毁于一旦。

如果我们和优秀的人交朋友，时间长了，自我熏陶，自己也会变得优秀；如果我们和品行恶劣的人交朋友，感同身受，自己也逐渐会变成一个让人讨厌的人。我们都知道交朋友是件很慎重的事。我们既要用自己的爱心去对待别人，也希望周围同样都是用爱心对待我们的人，谁也不愿意去和品行恶劣的人交朋友。

【原典】

事系幽隐，要思回护他，着不得一点攻讦的念头；人属寒微，要思矜礼他，着不得一毫傲睨的气象。

【译文】

关系到他人隐私的事情，如果真的想要维护对方，就不能有因为掌握了对方的一点把柄而借机要挟对方的念头；对于那些出身寒微的人，如果真的想要尊重对方，自己就不能有一点傲慢的态度。

【跟进解读】

一个过分自我的人是根本不懂得去尊重别人的。其实尊重别人的人格是赢得别人喜爱的一个重要因素。人格，对每个人来说都是最重要、最宝贵的。对每一个人来说，他都有这样的一个愿望：那就是使自己的自尊心得到满足，使自己被了解、被尊重、被赏识。如果你不尊重别人的人格，使别人的自尊心受到了伤害，当时，他或许会一笑了之，你却严重地伤害了他。事实上，如果你表示出了对他的不尊重，即使他当时对你还是很友善。但是，如果他不是一个精神境界极高的人，他以后是不会很喜欢你的。

相反，如果你满足了他的自尊心，使他有一种自身价值得到实现的感觉，那么，这表明你很尊重他的人格，你帮助他获得了自我实现，他也会为你所做的一切表示感激，他对你有一种感激之情，他会因此而喜欢你。

【原典】

礼义廉耻，可以律己，不可以绳①人。律己则寡②过，绳人则寡合。

【注释】

①绳：约束，准绳。

②寡：很少。

【译文】

礼义廉耻这些东西是用来约束自己的，不是拿来约束别人的。要是拿这些东西来约束自己的话，自己就会少犯错误；要是拿这些教条来约束别人的话，就不能和别人团结。

【原典】

凡事韬晦①，不独益己，抑且②益人；凡事表暴③，不独损人，抑且损己。

【注释】

①韬晦：韬光养晦。

②抑且：而且，表转折。

③表暴：表露。

【译文】

凡事都要学会韬光养晦，这样做不仅对自己有好处，对别人也是有好处的；要是每件事情都要去张狂表露，急于展示自己的话，受到伤害的不仅仅是别人，还有自己。

【原典】

觉人之诈①，不形②于言；受人之侮，不动③于色。此中有无穷意味，亦有无穷受用。

【注释】

①诈：欺骗。

②形：表现。

③动：表现。

【译文】

知道别人在欺诈自己，却不说出来；遭受到别人的侮辱，却不表露在脸上。这中间的意味是非常多的，而且会对自己产生深远的影响。

【原典】

爵位不宜太盛①，太盛则危；能事不宜尽毕②，尽毕则衰。

【注释】

①盛：显赫。

②毕：完毕。

【译文】

官职不应该过于显赫，太显赫就会有危险出现；对于自己擅长的事情不应该穷尽力量去做，穷尽力量去做就会使自己走向衰落。

【原典】

遇故旧之交，意气要愈①新；处隐微②之事，心迹③宜愈显；待衰朽之人，恩礼要愈隆。

【注释】

①愈：更加。

②隐微：隐秘微小。

③心迹：心思和形迹。

【译文】

遇到自己以前的好朋友，彼此之间的情感和意气就会更加新鲜；处理隐秘微小的事情，自己的心思和形迹一定要更加明显；对待那些年老衰弱的人，所用的恩惠和礼仪一定要更为隆重。

【原典】

忧勤是美德，太苦①则无以适性怡情；淡泊②是高风，太枯③则无以济人利物。

【注释】

①苦：辛苦。

②淡泊：清静淡泊。

③枯：枯燥。

【译文】

忧心勤劳是一种美德，但是做人过于辛苦的话，就没办法使自己的情操和性情得到陶冶；清静淡泊是一种高尚的品德，要是太过于枯燥的话就没办法去帮助别人，从而成就一些事情。

【原典】

作人要脱俗，不可存一矫俗①之心；应世要随时，不可起一趋时②之念。

【注释】

①矫俗：矫正世俗。

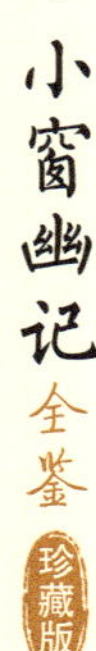

②趋时：逢迎世俗。

【译文】

做人一定要超凡脱俗，但是不要想着去矫正世俗；为人处世一定要适宜当时的潮流，不要在心里有什么奉迎世俗的念头。

【原典】

从师延[1]名士，鲜垂教[2]之实益；为徒攀高第，少[3]受诲之真心。

【注释】

①延：延请。

②垂教：亲自教导。

③少：缺少。

【译文】

请名流来做自己的老师，很少能够得到他亲自来教诲的益处；为了攀上高门大族做了人家的弟子，这些人很少有接受教育的诚心。

【原典】

病中之趣味，不可不尝；穷途之景界，不可不历。

【译文】

疾病缠身的滋味，不能不去尝试一下；穷途末路的境界，不能不亲自经历一次。

【原典】

才人国士，既负不群之才，定负不羁之行，是以才稍压众则忌心生，行稍违时[1]则侧目至。死后声名，空誉墓中之骸骨；穷途潦倒，谁怜宫外之蛾眉。

【注释】

①违时：不合世俗。

【译文】

那些真正有才华的人，既然身负超出众人的才学，定然会有一些放荡不羁的行为，正是因为才智超过了群众才更容易被他人嫉妒，这样的人行为稍有违背当时的思想和法规，就会遭到他人不满的眼光。在他们死后，世人为其追加的美名只不过是给坟墓中的尸骨罢了；如果身处穷困潦倒的境地，谁还会可怜那些宫外的美女。

【原典】

贵人之交贫士也，骄色[1]易露；贫士之交贵人也，傲骨当存。

【注释】

①骄色：骄傲的神情。

【译文】

富贵的人和贫寒的人相来往，容易对别人显示出骄傲的神色；贫寒的人和性情高贵的人相交往，应该在内心里有一份傲骨。

【原典】

君子处身，宁人负[1]己，己无[2]负人；小人处事，宁己负人，无人负己。

【注释】

①负：辜负。

②无：不要。

【译文】

君子为人处世，宁可别人辜负自己，也不要自己辜负别人；小人为人处世，宁可让自己辜负别人，也不愿意自己被别人辜负了。

【原典】

砚神曰淬妃，墨神曰回氏，纸神曰尚卿，笔神曰昌化，又曰佩阿。

【译文】

把砚神称为淬妃，把墨神称为回氏，把纸神称为尚卿，把笔神称为昌化，又把它叫作佩阿。

【原典】

要治世，半部《论语》；要出世，一卷《南华》[①]。

【注释】

①《南华》：指《南华真经》，即《庄子》。

【译文】

要治理国家，只要半部《论语》就足够了；要想出世修道，一卷《庄子》就足够了。

【原典】

祸莫大于纵己之欲[①]，恶莫大于言人之非[②]。

【注释】

①欲：欲望。

②非：是非。

【译文】

纵容自己的欲望是最大的祸，说他人是非的言语是最大的恶。

【跟进解读】

佛家认为待人处世，要保持不被外界所牵动的态度，要保持不被贪欲所蛊惑的定心，要保持不被冒犯所激怒的平静，这就叫禅定。禅宗所推崇的这种禅定，并不是一般的人所能做到，有时候就连那些自认已经有所入定的人也不免口是心非。冷静下来就是禅定，能理智地对待所有问题并施爱于人便是真慈悲。能保持禅定的人，不会被他人一时的顶撞所击垮；能修行禅定的人，不会被他人一时的冒犯所触怒。

佛教中的禅定，从某个层面上说就是生活中我们常说的克制和忍耐。每个人在走向成功的道路上，都会遇到形形色色的诱惑，而显现出本能的贪欲。如想消除贪欲之心，免去贪欲之害，必须做到克制、忍耐。生活中，只有学会忍耐，以律己之心克制自己，常思贪欲之害，才能抵制欲望的侵扰，心胸坦荡，走好人生之路。

通常，在别人背后议论是非的人，就算他不是小人，但也算不上君子。因为真正的君子是不会这样做的，真正的君子如果对人有意见会当面提出来，让人改正。

那种当面说一套、背后说另外一套的人，长期下去离小人也会不远了。

因此，在日常生活中，我们做事为人，应该做到光明正大，有想法和意见就当面提出来，努力做到“闲谈莫论人非”。

【原典】

求见[①]知于人世易，求真知[②]于自己难；求粉饰[③]于耳目易，求无愧于隐微难。

【注释】

①见：被。

②知：了解。

③粉饰：掩盖。

【译文】

要想被世人知道是很容易的一件事情，但是想真正了解自己是很难的；要想掩盖自己的过错、遮掩别人的耳目是很容易的一件事情，但是要想做到每件小事都问心无愧却是很难的。

【原典】

圣人之言，须常将来眼头过，口头转，心头运。

【译文】

圣人说过的话，一定要经常拿来用眼睛看上几眼，用嘴说一说，用心想一想。

【原典】

与其巧持[①]于末，不若拙[②]戒于初。

【注释】

①巧持：逞巧卖能。

②拙：愚拙。

【译文】

与其在事情快要结束的时候才开始卖弄自己的才能和小聪明，倒不如在事情刚刚开始的时候就用愚拙来告诫自己。

【原典】

君子有三惜：此生不学，一可惜；此日闲过[①]，二可惜；此身一败，三可惜。

【注释】

①过：度过。

【译文】

有德行的君子最可惜的三件事：第一可惜的是这一辈子不学习，第二可惜的是今天碌碌无为虚度日子了，第三可惜的是这辈子一败涂地。

【原典】

昼观诸妻子[①]，夜卜诸梦寐。两者无愧，始可言学。

【注释】

①妻子：这里指妻子和儿女。

【译文】

白天里通过妻子儿女的反应来观察，晚上通过对照梦中的言行来观察。要是都问心无愧的话，那么才能称得上是修身学习。

【原典】

士大夫三日不读书，则礼义不交，便觉面目可憎，语言无味[①]。

【注释】

①无味：缺少生机。

【译文】

士大夫要是三天不读书的话，在和世人交往的时候就不能严格按照礼仪规范来做了，会觉得自己面目可憎，言语缺少生气。

【原典】

与其密面[①]交，不若亲谅友[②]；与其施新恩，不若还旧债。

【注释】

①密面：表面上亲热。

②谅友：正直诚实的朋友。

【译文】

和那些在表面上和自己很亲密的人交往的话，不如和为人正直诚实的人相交往；与其说是给别人施舍新的恩惠，不如当作是一个旧的债务来偿还。

【原典】

士人所贵，节行[①]为大。轩冕[②]失之，有时而复来；节行失之，终身不可得矣。

【注释】

①节行：气节操守。

②轩冕：官爵和禄位。

【译文】

士人最可宝贵的是气节操守。失去了官爵和禄位，还可以有一天再得到；气节操守一旦失去了，这一辈子也不可能再找回来。

【原典】

势不可倚尽[①]，言不可道[②]尽，福不可享尽，事不可处尽，意味偏长。

【注释】

①尽：完结。

②道：说。

【译文】

权势不可以长期依仗，话不可以都说完，幸福不可以享尽，事情也不可以做绝，这几句短短的话，真是意味深长。

【原典】

静坐然后知平日之气浮[①]，守默[②]然后知平日之言躁，省事然后知平日之费闲，闭户然后知平日之交滥，寡欲然后知平日之病[③]多，近情然后知平日之念刻。

【注释】

①气浮：心气浮躁。

②守默：这里指沉默。

③病：这里指毛病。

【译文】

只有安然静坐的时候才知道自己平时是很心气浮躁的；只有闭口不说话的时候，才知道自己在平时的时候说话是多么焦躁的；在反省事情的时候，才知道自己在平日里是怎样煞费苦心的；在闭门谢客的时候，才知道自己在平日里的交往过于泛滥；当自己真的能够做到清心寡欲的时候，才明白平时坏毛病太多；接近人情的时候，才知道自己在平日里存在着刻薄的念头。

【原典】

喜时之言多失信[①]，怒时之言多失体[②]。

【注释】

①信：信用。

②体：体面。

【译文】

快乐的时候说的话，大多不能守信；生气的时候说的话，大多有失体面。

【跟进解读】

淡定是在形容一种态度。遇事沉稳中，又积极果断，行事放松自如，从容冷静，闲看庭前花落，轻摇羽扇城头。淡定形容一种原则。展示出对人对事不急不躁、不温不火，亲而有度、顺而有持。

买不了房子，你会生气；买不了车子，你也会生气。可是，生气只能让你更加不痛快，绝不会让你的存款多起来。生活，不是去和那些不如意去生气，而是去享受生活中美好的那部分，这样，你就会快乐。

聪明人的聪明之处，是善于利用理智，将情绪引入正确的表现渠道，用理智驾驭情感。“人生一世，草木一秋”，短短几十年的人生，何不让自己活得快活一点，潇洒一点呢？

【原典】

泛交则多费[①]，多费则多营，多营[②]则多求，多求则多辱[③]。

【注释】

①费：花费。

②营：经营。

③辱：侮辱。

【译文】

过于广泛的交往自然会带来过多的花费，过多的花费必然需要更多的经营来谋取收入，过多的收入只能来自过多的索取，过多的索取往往会自取其辱。

【原典】

正以处心，廉以律己，忠以事君，恭以事长[①]，信以接物，宽以待下，敬以治事[②]，此居官之七要也。

【注释】

①长：长辈。

②治事：从事政务。

【译文】

努力让自己做到公正，要求自己廉洁，侍奉君主一定要做到忠诚，对待长辈要做到恭敬，待人接物一定要守信用，对待下属一定要做到宽厚，从事政务一定要做到敬爱自己的工作，这是做官的七条重要的准则。

【原典】

圣人[①]成大事业者，从战战兢兢之小心来。

【注释】

①圣人：圣明的人。

【译文】

圣明的人之所以能够成就大事业，是因为他们一开始就能做到兢兢业业，谨慎小心。

【原典】

酒入舌出，舌出言[①]失，言失身弃。余以为弃[②]身，不如弃酒。

【注释】

①言：所说的话。

②弃：放弃。

【译文】

把酒喝进口中，往往把舌头吐出来，舌头一吐出来，说话往往就不得体，说话不得体的话，自身就被人所不屑了。所以我认为与其抛弃自身，还不如戒酒。

【原典】

青天白日，和风庆云，不特[①]人多喜色，即鸟鹊且有好音[②]。若暴风怒雨，疾雷掣电，鸟亦投林，人皆闭户。故君子以太和元气[③]为主。

【注释】

①特：只。

②好音：好的叫声。

③太和元气：指冲和之气。

【译文】

风和日丽，风和云祥，不仅是人喜笑颜开，就连鸟鹊也都叫得格外开心。如果遇上的是暴风怒雨，雷电交加，鸟鹊都躲进树林里，人们也都会关上窗户。因此君子一定要保持一份冲和之气。

【原典】

胸中落[1]意气两字，则交游定不得力；落骚雅二字，则读书定不深心[2]。

【注释】

①落：失去。

②深心：深入内心。

【译文】

人的胸中要是缺少“意气”这两个字，那么在交游的时候一定不会得心应手；没有“骚雅”这两个字的话，那么即使读书也不会深入人的内心。

【原典】

交友之先宜察[1]，交友之后宜信。

【注释】

①察：考察人。

【译文】

交友之前考察好，交友之后一定要彼此信任。

【跟进解读】

芸芸众生中谁能成为你人脉的中坚力量，谁又是生命中的贵人？俗话说：“人上一百，五颜六色。”这就要你睁大眼睛，学会识人辨人。只有掌握识人之道，你才会打造出成就自己事业的人脉。认真地考察了对方，把对方当成朋友，那么，就一定要诚信相待。

无法对朋友保持忠诚，结果没有人把他当成是真正的朋友，遇到事情也没有人肯帮他，可以说在交友这方面他做得是相当失败的。圣经上说：“忠诚的朋友是无价之宝。”忠诚的朋友可以丰富我们的生活，但要得到朋友的忠诚，我们就必须敞开心扉，对朋友坦诚以待，这样才能换来朋友的尊敬。

常言道：“物以类聚，人以群分。”也就是说是什么样的人就和什么样的人在一起，因为他们价值观相近，所以才合得来。即《易经》中所说的“同声相应，同气相求”。所以性情耿直的和投机取巧的人合不来，喜欢酒色财气的人也绝对不会跟自律甚严的人成为好友。因此，人们常说观察一个人的交友情况，大概就可以知道这个人的性情了。

没有真诚便没有真正的友谊，如果你希望朋友对你推心置腹，那么就不要以自己的圆滑和虚伪作条件换取友情。坦诚地伸出你的双手吧，这样你才能得到真正的朋友，才能有个好人缘。

【原典】

惟[1]书不问贵贱贫富老少，观[2]书一卷，则有一卷之益；观书一日，则有一日之益。

【注释】

①惟：只有。

②观：看，阅读。

【译文】

只有书不问贵贱贫富老少，看书一卷，就是增加一卷的益处；看书一日，就会有一日的益处。

【跟进解读】

活到老，学到老，每个人若要跟上时代的脚步，就必须不停地去阅读、去学习。在现代社会中，知识的更新速度越来越快，不努力学习，就会被淘汰。只要付出就会有收获，即使比不上别人，但跟自己比未尝不是一种超越！只要行动起来，就比原地踏步要强得多。世界上总有那么一些人在人生的道路上不能“更上一层楼”，不是因为过于自高自大，而是因为他们总是以时间、年龄、精力等一系列借口，将自己束缚在一个不能继续学习的位置上，他们从内心里就认为自己不能学习了，结果导致他们学不到任何东西。

读书时，我们应该遵循这样一条原则：如果你不喜欢某种类型的书籍，那就不要去阅读。他人喜欢的书不一定适合你自己，而图书目录也只是为你提供了一些建议。当你重视它时，你的思维就会被束缚在一个狭小的范围内。因此，我们应该根据自己的兴趣，寻找那些真正适合我们的图书。

【原典】

坦易①其心胸，率真其笑语，疏野②其礼数，简少其交游。

【注释】

①坦易：坦荡简单。

②疏野：使变得淳朴自然。

【译文】

让自己内心坦荡没有什么私心，使自己的欢笑保持一份天真，使礼教变得淳朴自然，尽量减少交游的事情。

【原典】

好丑不可太明，议论不可务①尽，情势不可殚竭，好恶不可骤②施。

【注释】

①务：一定。

②骤：马上。

【译文】

对于美丑不可以过于分明，对于别人的议论不能说得过于绝对，对于事情不能没有任何余地，对于事物的好恶不能马上就表现出来。

【原典】

不风之波，开眼①之梦，皆能增进道心。

【注释】

①开眼：睁着眼。

【译文】

不用风吹就起的波浪，白天里睁着眼做的梦，这些事情都能够使人的顿悟之心增强。

【原典】

开口讥消人，是轻薄第一件[①]，不惟[②]丧德，亦足丧身。

【注释】

①第一件：最大的事。

②惟：只是。

【译文】

张嘴讥笑别人，这是一件非常轻薄的事情，不仅会丧失道德，也可能会因为这件事导致家破人亡。

【原典】

不能受言[①]者，不可轻与一言，此是善交法。

【注释】

①受言：接受别人的意见。

【译文】

对于那些不愿意接受别人意见的人，不要轻易对他劝告什么，只有记住这点才可以和这种人结交。

【原典】

君子于[①]人，当于有过中求无过，不当于无过中求有过。

【注释】

①于：对待。

【译文】

君子对待别人的态度，应该在犯错的人的身上找没有错误的地方，而不是在没有犯错误的人的身上刻意地去找这个人的过错。

【原典】

我能容人，人在我范围，报[①]之在我，不报在我；人若容我，我在人范围，不报不知，报之不知。自重者然后人重[②]，人轻[③]者由我自轻。

【注释】

①报：报答。

②重：尊重。

③轻：轻视。

【译文】

我能宽容别人的话，那么这个人就在我的范围之内了，不管报答不报答他，完全在于我自己；要是别人宽容了我，那么我就在别人的范围之内了，不报答别人可能不知道，即使报答别人，别人可能也不知道。自己尊重自己的人，别人往往也会尊重他们，别人轻视自己，往往是由于自己先轻视自己。

【原典】

高明性多疏脱[①]，须学精严；狷介[②]常苦迂拘，当思圆转[③]。

【注释】

①疏脱：性情疏朗、放荡不羁的人。

②狷介：孤傲耿直的人。

③圆转：思想活跃，学会变通。

【译文】

见识高远的人大多是性情疏朗、放荡不羁的，这些人必须学会精细严谨的作风；孤傲耿直的人常常受到迂腐的礼教的束缚，这些人一定要学会思想活跃，学会变通。

【原典】

欲做精金美玉的人品，定从烈火煅来；思立揭地掀天[①]的事功，须向薄冰履过。

【注释】

①揭地掀天：惊天动地。

【译文】

想要拥有精金美玉那样高尚的人品，一定要经过烈火般世事的锻炼；想要做一番惊天动地的大事情，需要如履薄冰一样小心谨慎。

【跟进解读】

纵观历史看历代功臣，能够做到功盖天下而主不疑，位极人臣而众不妒，穷奢极欲而人不非，实在是少而又少。最重要的原因是他们不懂得低调做人，不明白放低姿态才是自我保护的最佳途径。深谙低调行事之道的人，不管位有多高，权有多重，周围有多少妒贤嫉能的人，都能在危机四伏的世界中为自己保留一席之地。所以，要求得发展，首先应该保全自己，自我保护是立足于世的第一步。然而从古至今，很多人都不懂得自我保护，尤其是一些位高权重、才华横溢、富可敌国之人，被自身耀眼的光芒所迷惑，没有意识到这正是祸害的起始。

【原典】

性[①]不可纵，怒不可留，语不可激，饮不可过[②]。

【注释】

①性：性情。

②过：过量。

【译文】

不可以放纵自己的性情，不可以保留自己的怒气，不要说过于偏激的话，不要过量饮酒。

【原典】

昨日之非不可留，留之则根烬复萌，而尘情终累乎理趣[1]；今日之是不可执，执之则渣滓未化，而理趣反转为欲根。

【注释】

①理趣：高尚的情怀。

【译文】

过去的错误不能遗留，留下不改正会让自己重新犯错，世俗的情感终究会拖累高尚的情怀；当下的事情不能过于执着，执着则会让事情做得不够完善，留下缺漏，这会让高尚的情怀转变成俗欲的根源。

【跟进解读】

孔子有一个学生叫曾参，即曾子，他是孔子的得意门生，说他得孔子的真传当不为过。“四书五经”的“四书”中的《大学》就是他写的，据说《孝经》也是他的著作。可见曾子是一个很有成就的人，在儒家思想史上他也算得是一个有重要贡献的人。南怀瑾先生认为，曾子说的“三省”——“我每天多次反省自己：替人家谋虑是否不够尽心？和朋友交往是否不够诚信？传授的学业是否不曾复习”，虽然是普通寻常的事，但确实是容易忽视的事。这“三省”说了两个方面：一是修己；二是对人。对人要诚信，不欺人也不欺己。替人谋事要尽心，尽心才能不苟且、不敷衍。修己不能一时一事，修己要贯穿整个人生，要时时温习旧经验，求取新知识，不能停下来，一停下来就会僵化。

“吾日三省吾身”，这是一句非常有名的古训。遵循这句古训对自己的思想言行及时反省，可以达到察得失、明事理、促提高的目的。只有不断地反省自我，努力做到“慎独”，才能成为一个高尚的人。

【原典】

市[1]私恩，不如扶公议；结新知，不如敦[2]旧好；立荣名，不如种隐德；尚奇节，不如谨庸行。

【注释】

①市：买，得到。

②敦：加深。

【译文】

用自己私人的恩惠去关心他人，不如扶持公共的道德和评议；结交新的朋友，不如加深老朋友之间的友谊；树立虚荣的声名，不如修缮高尚的品德；崇尚奇特的节操，不如把心放在日常的行为上。

【跟进解读】

人际交往中，一个人道德品质和修养的高下，是决定与他人相处得好与坏的重要因素。道德品质高尚，个人修养好，就容易赢得他人的信任与友谊；如果不注重个人道德品质修养，就难以处理好与他人的关系，交不到真心朋友。我们身边就不乏这样的人：有的人看自己一枝花，看别人豆腐渣，处处自我感觉良好，盛气凌人；

还有的人一事当前往往从一己私利出发，见到好处就争抢，遇到问题就相互推诿，甚至给别人拆台。这些人生活中之所以难有朋友，归根到底，就是在自身道德品质和个人修养方面出了问题。

也许有人觉得，有些人道德品质不好，个人修养难以恭维，身边不是同样有许多朋友吗？其实这种所谓“朋友”并非真朋友，而是“伪朋友”。别人与他交往不是冲着他的人品人格去的，而是奔着他的权势而去，是为了相互利用以达到个人目的，充其量只是“势利之交”。一旦其丧失了权力地位，没有了利用价值后，那些所谓的“挚友”也就会弃他而去。所以说，要想收获真正的友谊、拥有真正的朋友，最终要靠良好的个人思想道德修养，只有用高尚道德修养赢得的友谊和感情才是真诚的，才会历久弥坚。

【原典】

不实心[1]，不成事；不虚心，不知事。

【注释】

①实心：真心实意。

【译文】

要是做事情不真心实意的话，就不能干成大事情；要是不虚心向别人请教的话，就不能明白事理。

【原典】

老成人受病，在作意步趋；少年人受病[1]，在假意超脱。

【注释】

①受病：被别人指责。

【译文】

老成的人容易犯的错误，就是亦步亦趋不敢有所作为；年轻人容易犯的错误，在于假装超脱世俗。

【跟进解读】

很多人总是会拘泥于人们对他们的评价，他们似乎习惯了这种贴在自己身上的“标签”，以至于在做任何事的时候，他们总是会按照“标签”去进行。到最后，则很难有所突破。例如，有些人买了一件奢侈品，身边的朋友可能就会称赞：“真有钱！买的东西通常都是十分高档的。”那么，之后买任何东西他们可能都会想到别人给予的“标签”，也不去想自己是否有能力，只买贵的不买对的。很明显，这种情况就是他们被“标签”所束缚，很可能会对自己的生活造成困扰。长此以往，就会形成一种奢侈浪费的作风，特别不可取。

这些都还只是生活中的细枝末节。很多人因为“标签”的束缚而自我设限，甚至改变了自身的人生道路。或者因为他人的一句嘲讽就彻底将自己的人生否定掉，这是一种很严重的自我设限行为，它将会摧毁内心强大的能量，使人生笼罩在一片阴霾中。其实，这些人不是没有获取成功、实现理想的可能，只是他们通常都会被各种“标签”束缚，失去积极进取的激情和敢想敢做的斗志。于是，他们的潜力也会逐渐被消极抹杀，能力也会被遏制、否定，从此一事无成，惶惶不可终日。

【原典】

为善[①]有表里始终之异，不过假好人。

【注释】

①为善：做好事。

【译文】

做好事如果不能表里如一、善始善终，不过是一个假好人。

【原典】

入心处咫尺玄门[①]，得意时千古快事[②]。

【注释】

①玄门：玄深的境界。

②快事：快乐的事情。

【译文】

要是能够进入人的内心深处的话，距离高深的境界也就只有很短的距离了；要是处在得意会心的时候，就是千古以来最快乐的时候了。

【原典】

世间会讨[①]便宜人，必是吃过亏者。

【注释】

①讨：占。

【译文】

世界上会讨便宜的人，一定是吃过亏的人。

【跟进解读】

事实告诉我们，如果一个人愿意吃点小亏，而不是事事占便宜、讨好处，他日后必定能得“大便宜”，也必能修成“正果”。相反，那些想占大便宜，却不能吃小亏的人，到头来非但便宜占不到，反而还会吃大亏。

人生行走于世，如果我们并非无欲无求，那么在“吃亏”与“得福”之间，就不能总盯着眼前的利益去计算。换句话说，人生的每一步都是为下一步做铺垫，着眼于未来，吃点小亏，才能有更大的回报。其实，吃亏是一种胸怀，一种品质。不懂得吃亏，就不能完美地领悟人生；不懂得吃亏，就不会有事业的壮丽辉煌；只有吃亏，才会使自己周围的好多事、好多人变为无价的珍宝在心底深深珍藏。

【原典】

书是同人，每读一篇，自觉寝食有味；佛为老友，但窥半偈，转思前境真空。

【译文】

书就和志同道合者一样，每次读过一遍，就会觉得自己连吃饭睡觉都有滋有味；佛就像一位老朋友一样，只要看上半句偈语，就会想到前世的一切都是虚空。

【原典】

天地俱不醒，落得昏沉醉梦；洪濛[①]率是客，枉[②]寻寥廓主人。

【注释】

①洪濛：指宇宙。

②枉：白白地，徒然地。

【译文】

要是天地还是处于一片混混沌沌的状态下，那么就可以昏昏沉沉地睡去，酣然入梦了；宇宙之间都是客人，没有必要再寻找宇宙的主人。

【原典】

老成人必典必[①]则，半步可规[②]；气闷人不吐不茹[③]，一时难对。

【注释】

①必：一定。

②规：规则。

③茹：这里是说出来的意思。

【译文】

老成持重的人一定会遵守典章规则，做事情都会循规蹈矩；喜欢生闷气的人说话，含混不清，让人难以应付。

【原典】

重[①]友者，交时极难，看得难，以故转重；轻友者，交时极易，看得易，以[②]故转轻。

【注释】

①重：看重，重视。

②以：表示原因。

【译文】

对于重视友情的人，他们在结交朋友的时候非常难，正因为他们把交朋友看成一件困难的事情，所以他们才重视友情；对于那些轻视友情的人，他们结交朋友非常容易，因为他们把交朋友看成一件很容易的事情，所以他们一旦得到友情就不会再重视。

【原典】

掩户[①]焚香，清福已具。如无福者，定生他想。更有福者，辅[②]以读书。

【注释】

①户：门。

②辅：辅助。

【译文】

关门点香，清福已经具备了。要是这个人是一个没有福分的人的话，他肯定会有其他想法；要想得到更多福分的人，他除了关上门点上清香之外，还应该读点书。

【原典】

国家用人，犹农家积粟[①]。粟积于丰年，乃可济[②]饥；才储于平时，乃可济用。

【注释】

①粟：泛指粮食。

②济：帮助。

【译文】

对国家来说，选用和储备人才就好比农民储备粮食一样。在丰年的时候多储备一些粮食的话，那么饥年的时候就不会挨饿；平时国家多储备一些人才的话，在需要的时候就能随时选用他们。

【原典】

考人品，要在五伦[①]上见。此处得，则小过不足疵[②]；此处失，则众长不足录。

【注释】

①五伦：古时把君臣、父子、兄弟、夫妇、朋友五种基本的人际关系称为五伦。

②疵：瑕疵。不足疵，即不足以称其为瑕疵。

【译文】

考察一个人的品德，要在君臣、父子、兄弟、夫妇、朋友这五种人伦关系上来评判。如果在五伦上都做得很得体的话，那么即使平日犯些小的错误也算不上有瑕疵；如果五伦之上有违背礼仪的行为，就算有再多的长处，也不能够录用。

【跟进解读】

考察人的标准有很多，在古代就以五伦为准。身为臣子，对君王要忠心耿耿；身为子女，对父母要尊敬孝顺；身为兄长，对弟弟要给予呵护教导，古代有“有父从父，无父从兄”之语；夫妻之间要恩爱有加，互相关爱体贴。如果五伦之事都做得无可厚非，那就可称得上一个具有高尚道德情操的人，即使在其他方面犯些小错误，也是可以原谅的。如果在最根本的五伦之上都做出不得体的事情，即使其他方面做得再好，也不可轻易录用。

【原典】

国家尊名节，奖恬退，虽一时未见其效，然当患难仓卒[①]之际，终赖其用。如禄山之乱[②]，河北二十四郡皆望风奔溃，而抗节不挠者，止一颜真卿，明皇初不识其人。则所谓名节者，亦未尝不自恬退中得来也。故奖恬退者，乃所以励名节。

【注释】

①仓卒：仓促。也作仓猝。卒，通“猝”。

②禄山之乱：指唐朝有名的安史之乱。

【译文】

国家尊崇名节操守，奖励淡泊退让，虽然一时没有见到成效，但当遇患难危亡的关键时刻，终究还是要靠这样的人来拯救国家的。就拿唐朝的安史之乱来看，黄河以北的二十四个郡守都望风而逃，能够不屈不挠抵抗叛逆的，也不过颜真卿一人而已，而唐明皇最初竟然还不认识他。由此看来，保持名节操守的人，也未必不是从淡泊退让的人群中走出来的。所以说奖励淡泊退让的人，也是在激励有名节操守的人。

【跟进解读】

禄山之乱：就是说的唐代的安史之乱。天宝十四年（755年），平卢、范阳、河东三镇节度使起兵叛变大唐，紧接着其部下史思明也跟着叛乱，后历经八年战争，才由郭子仪率兵平复，唐朝从此由盛转衰。

颜真卿：字清臣，山东临沂人，开元年间的进士，曾做过监察御史、平原太守等官职，后被封为鲁国公，他也是中国历史上一位著名的书法家。安史之乱后，河北诸郡守官望风而逃，唐玄宗叹曰："河北二十四郡，岂无一忠臣乎？"后来得知只有颜真卿一人坚守平原，玄宗大喜："朕不识颜真卿形态何如，所为得如此！"

这不禁让人想起了韩愈在《马说》中所写："千里马常有，而伯乐不常有，故虽有名马，只辱于奴隶人之手，或骈死于槽枥之间。"在现实生活中有许多人才被埋没在了平庸的人群中，原因就是我们没有伯乐的眼光，不能识别有才之士。只有做到知人善任，使人尽其才，才尽其用，我们才称得上真正的伯乐。是金子总会发光的。一时得不到施展才华的人也不要气馁，只要埋头做好自己眼前的工作，总会有出人头地的一天。

【原典】

以无累[①]之神，合[②]有道之器，宫商[③]暂离，不可得已。

【注释】

①无累：没有牵累。

②合：符合。

③宫商：古代五乐的音阶，分别为宫、商、角、徵、羽。

【译文】

把没有可以牵累的精神，和具体事物中所蕴含的抽象的道理相结合，即使像乐器所发出来的声音那样不准，也不能停下来。

【原典】

精神清旺[①]，境境都有会心；志气昏愚[②]，到处俱成梦幻。

【注释】

①清旺：清醒旺盛。

②昏愚：昏庸愚钝。

【译文】

精神清醒，处于旺盛的状态，遇到什么事都会有所领悟；心志昏聩，走到哪里都会感觉浑浑噩噩，如梦如幻。

【跟进解读】

专注力让我们可以集中精力、全神贯注、专心致志地去从事一项事业，却并不能保证我们可以一心一意地走到目标的终点。因此，我们还需要意志力的配合。因为，只有坚强的意志，才能保证我们应对各种风险，才能使我们有毅力来锻造出自己的专注力。所谓"专注"，就是集中精力、全神贯注、专心致志。它要求人们能够排除外界所有的干扰，一心一意地将一件事情做到极致。只有将自己有限的精力投

入到一件事情或者一个目标之中，我们才能发挥出自己最大的能量。这就好比放大镜，只有将太阳的热量集中到一点，才能使其产生出最大的能量。

当遇到难题时，我们不必惊慌失措，而要立刻开始进行有意义的、建设性的思考。因为，通过积极的思考，你会激发出自己意识中的能量，从而获得解决问题的方法，记住，这种思考应该是摒除了焦虑、紧张、恐惧后的思考。

【原典】

孟郊有句云："青山碾为尘，白日无闲人。"于邺[1]云："白日若不落，红尘应更深。"又云："如逢幽隐处，似遇独醒人。"王维云："行到水穷处，坐看云起时。"又云："明月松间照，清泉石上流。"皎然[2]云："少时不见山，便觉无奇趣。"每一吟讽，逸思翩翩。

【注释】

①于邺：人名，字武陵，擅写诗。

②皎然：人名，字清昼，著名僧人。

【译文】

唐朝诗人孟郊有这样一句诗："青山碾为尘，白日无闲人。"于邺也有一首诗说："白日若不落，红尘应更深。"他还说："如逢幽隐处，似遇独醒人。"王维有首诗说："行到水穷处，坐看云起时。"他还说："明月松间照，清泉石上流。"皎然也有这样的诗句："少时不见山，便觉无奇趣。"现在每次吟诵这样的诗句，就会将我的闲适的思绪都开启了，让我浮想联翩。

卷十二　集倩

【原典】

倩[①]不可多得，美人有其韵，名花有其致，青山绿水有其丰标。外则山臞[②]韵士，当情景相会之时，偶[③]出一语，亦莫不尽其韵[④]，极其致，领略其丰标[⑤]。可以启[⑥]名花之笑，可以佐美人之歌，可以发山水之清音，而又何可多得！集倩第十二。

【注释】

①倩：含笑的样子，引申为妩媚、美妙。

②山臞（qú）：用来形容隐士们萧疏清瘦的样子。

③偶：偶尔。

④韵：风韵，神韵。

⑤丰标：风姿，仪态。

⑥启：开启，绽开。

【译文】

美妙的东西是不可以轻易得到的，美人有她自己独特的韵致，名花也有自己独特的情致，青山绿水也有独特的仪态。除此之外，还有那些隐居在山林深处的情致高雅的隐士，每当他们看到情景交融的时候，偶尔说出一句名言，就能够把其中的情韵、风致和仪态全部表达出来，并能够领略到其中的韵味。可以让名花绽开笑容，可以伴着美人的轻歌曼舞，可以使山水发出动人悦耳的音乐，这样的事真是难得啊！集倩第十二。

【原典】

会心[①]处，自有濠濮间想，无可亲人鱼鸟；偃卧[②]时，便是羲皇[③]上人，何必夏月凉风？

【注释】

①会心：心领神会。出自《世说新语·言语》："会心处不必在远，翳然临水，便自有濠濮间想，觉鸟兽禽人，自来亲人。"

②偃卧：仰面闲卧。

③羲皇：这里指上古时代。

【译文】

能够让人会心的地方，一定会生发对天地人生的玄想，然后就可以与鸟兽禽鱼相亲近了；扬起脸来闲适地躺下的时候，便是上古时代恬静闲适的人们，何必非要有皎洁的夏月与和凉爽的风呢？

【原典】

一轩[①]明月，花影参差[②]，席地便宜[③]小酌；十里青山，鸟声断续，寻春几度长吟[④]。

【注释】

①轩：轮。

②参差：长短不齐。

③便宜：适合，适宜。

④长吟：指鸟长时间鸣叫。

【译文】

一轮皎洁的月亮当空悬挂，在花园里投下一院子参差的花影，把地当席，坐在地上，非常适合对着月亮和人饮酒；十里青山郁郁葱葱，各种鸟儿欢唱，鸟的鸣叫声断断续续地传来，在这种情景下去踏青寻春，几度长吟不绝。

【原典】

入山采药，临水[①]捕鱼，绿树阴中鸟道[②]；扫石弹琴，卷帘[③]看鹤，白云深处人家。

【注释】

①临水：在水边。

②鸟道：这里指狭窄的道路。

③卷帘：卷起窗帘。

【译文】

到山中去采药，到水边去捕鱼，被绿树环绕掩映的山路蜿蜒曲折，就像是鸟道一般狭窄；打扫一块石头，在上面抚琴而弹，卷起帘子来看院子里养的白鹤，这是白云深处的人家。

【原典】

南涧科头[①]，可任半帘明月；北窗坦腹[②]，还须一榻清风。

【注释】

①科头：扎起头发。

②坦腹：袒露着肚子。

【译文】

在南涧中扎起头发，可以任由半帘明月照着；在北窗下露着肚子睡大觉，还要有清风吹拂着。

【原典】

披帙[①]横风榻，邀棋[②]坐雨窗。

【注释】

①披帙：开卷读书。

②邀棋：邀请别人下棋。

【译文】

在风吹拂的床榻上横躺着开卷读书，邀请别人相对坐在雨中的床前下着棋。

【原典】

洛阳每遇梨花时，人多携[①]酒树下，曰："为梨花洗妆。"

【注释】

①携：拿着。

【译文】

每到梨花盛开的时候，洛阳城的人大都带着酒到梨花树下，说："为梨花洗妆。"

【原典】

绿染林皋[①]，红销[②]溪水。

【注释】

①皋（gāo）：水边的高地。

②销：染遍。

【译文】

春天的时候，浓浓的绿色把水边的高地都染遍了，落花把山间的溪水都染成了红色。

【原典】

几声好鸟斜阳外，一簇[①]春风小院中。

【注释】

①一簇：一股。

【译文】

从远处传来几声动人的鸟叫，一股春风吹进了山中的小院里。

【原典】

有客到柴门[①]，清尊[②]开江上之月；无人剪蒿径[③]，孤榻对雨中之山。

【注释】

①柴门：篱笆门，这里借指寒舍。

②尊：酒樽。

③蒿（hāo）径：荒芜的小路。

【译文】

有朋友到我的寒舍来做客，清薄的酒倒进了酒樽里，江上的月光相互映照着；山间的小路由于没有人收拾变得荒芜了，我孤零零地躺在床榻上久久不能入睡，面对着远处雨中的山峰。

【原典】

恨[①]留山鸟，啼百卉之春红；愁寄陇云[②]，锁四天之暮碧。

【注释】

①恨：怨恨。

②陇云：陇上的行云。

【译文】

山鸟的心头凝聚着怨恨，悲惨的啼叫唤醒了百花在春天吐艳盛开；陇上的行云

寄托着哀愁，把天空的暮色苍茫深深地锁住了。

【原典】

涧口有泉常饮鹤，山头无地不栽花。

【译文】

山涧的涧口常常有仙鹤来饮水，山头都栽满了美丽的花。

【原典】

双杵茶烟，具载陆君之灶[①]；半床松月，且窥扬子之书[②]。

【注释】

①陆君之灶：茶圣陆羽的茶灶，这里指陆羽所创造的茶具二十四器。

②扬子之书：西汉文学家扬雄所编著的书，代表作有《太玄》《法言》。

【译文】

一对杵臼茶烟笼罩，陆羽所创造的茶具二十四器全部都被陈列着；半床都被明月映照着，姑且看看扬雄所编著的玄妙之书。

【原典】

寻雪后之梅，几忙[①]骚客；访霜前之菊，颇惬[②]幽人。

【注释】

①忙：使……忙。

②惬：使……惬意。

【译文】

寻找雪后开的梅花，使骚客忙碌坏了；求访在下霜之前开的菊花，这件事情值得隐士们感到高兴。

【原典】

瘦竹如幽人，幽花如处女。

【译文】

消瘦的竹子就好像隐士一般，幽静的花朵就好像处女一样。

【原典】

晨起推窗，红雨乱飞，闲花笑也；绿树有声，闲鸟啼也；烟岚[①]灭没，闲云度也；藻荇[②]可数，闲池静也；风细帘青，林空月印，闲庭峭也。山扉昼扃，而剥啄每多闲侣；帖括因人，而几案每多闲编。绣佛长斋，禅心释谛[③]，而念多闲想，语多闲词。闲中滋味，洵[④]足乐也。

【注释】

①烟岚：山间升起的烟雾。

②藻荇（xìng）：水中生长的一种水草。

③释：解释，阐释。谛：其中的道理。

④洵：差不多。

【译文】

早晨起来我推开窗户，外面被花瓣映红的雨纷纷飞舞，花朵随风微笑；翠绿的树上传出来声音，原来是悠闲的鸟儿的啼叫声；山间升腾的烟雾散尽了，只有悠闲的云朵飘来荡去；漂荡在水上的水草寥寥无几，几乎能数得过来，这是因为水池寂静的缘故；微风徐徐吹来，透过帘子能看到青翠的景致，树林空寂留下月亮的踪迹，空旷的院子也显得更加冷峻。山门白天就关上了，叩门拜访的人多是悠闲的同伴；科举应试通常要因人而定，而几案上却摆着风雅的闲书。书斋中挂着佛的绣像，禅心在阐释着其中的道理，而心里的念头多是悠闲的想法，语言多是悠闲的词句。这悠闲中的滋味，确实足以使人快乐。

【跟进解读】

现代社会，追求物质财富是一个普遍的现象，世俗奢靡之风弥漫得很厉害。很多人认为成功者的生活应该是高消费，进出于高档交际场所，开豪华跑车，住精美别墅，似乎人们已经忘记了简约生活的快乐，只知道追求奢华的享受。

然而，过度地追求精致、华贵的生活反倒会让人陷于无尽的痛苦当中。但也有一些人能够独善其身，在物欲横流的社会中发现简约生活的美好。

梭罗曾说过："我们的生命不应该置于琐碎之中，而应该尽量简单，尽量快乐。"但现实社会中，随着生活节奏的加快，人们的人生观、价值观在多样化呈现的同时，心态也日益浮躁起来，我们似乎已经不知道自己真正想要的是什么。也许，有一天我们可以触摸到生命的本质，当生命最真实的一面展现在我们面前时，我们可能会得到真正的答案。

【原典】

雨中连榻，花下飞觞[①]。进艇长波，散发弄月。紫箫玉笛，飒[②]起中流。白露可餐，天河在袖。

【注释】

①飞觞：指酒杯交错畅饮。

②飒（sà）：忽然。

【译文】

在雨中摆下连榻或坐或卧，在花树下面摆下酒席，大家纷纷举起酒杯欢快畅饮。驾起了小船逐开波浪在水上嬉戏，到了兴致高的时候，索性披开头发欣赏天上皎洁的月亮。从中流忽然传来紫箫玉笛的优美旋律，让人顿时感到心旷神怡、精神舒爽，内心里忽然有一种飘飘欲仙的感觉。洁白的露珠可以直接取来喝，连远在天上悬挂着的银河似乎也可以装进袖子里了。

【原典】

午夜箕踞[①]松下，依依皎月，时来亲人[②]，亦复快然[③]自适。

【注释】

①箕踞（jī jù）：盘腿闲坐。

②亲人：这里指月亮和人亲近。

③快然：指欢乐畅快的样子。

【译文】

在夜深人静的午夜盘着腿坐在高大的松树下面，皎洁的明月不时地来和人亲近，这些事情也足够使人感到快乐。

【原典】

赏花有地有时，不得其时而漫然命客①，皆为唐突。寒花宜初雪，宜雨霁②，宜新月，宜暖房；温花宜晴日，宜轻寒，宜华堂③；暑花宜雨后，宜快风，宜佳木浓阴，宜竹下，宜水阁；凉花宜爽月，宜夕阳，宜空阶，宜苔径，宜古藤巉石④边。若不论风日，不择佳地，神气散缓，了不相属，比于妓舍酒馆中花，何异哉？

【注释】

①漫然：随意。命客：邀请客人。

②霁：雨停了。

③华堂：陈设华丽的大厅。

④巉（chán）石：形状怪异、体形嶙峋的石头。

【译文】

赏花一定要讲究时间和地点，要是不顾及时间随便邀请客人来观赏，那么这样做是很冒失的。对于那些在寒冷的季节开放的花，最好在瑞雪刚刚降落，或者是在雨后天晴、新月刚刚升起的时候，邀请客人到温暖的房间里观赏；对于那些在温暖的春季开放的花，最好的观赏时间是在晴天丽日、气温还不是那么暖和的时候，在华丽的厅堂中邀请客人前来赏花；对于那些在夏天开放的花，最好的时间是在大雨过后、强而有力的风吹拂的时候，在绿树浓荫、翠林竹下或者是在水中的台阁之上进行观赏；对于那些在凉爽的季节开放的花，应该在凉爽的月夜，或者在夕阳还没有落下一片余晖的时刻观赏，观赏的地点应该放在空旷的阶梯前，或者是在长满苔藓的幽静的小道上，或者选在怪石嶙峋、古藤缠绕的旁边。要是不顾时间和地点随时想到赏花，那么盛开的花的神色就会减少逊色，神韵全无，那么这些花和青楼、酒馆中摆放的花又能有什么区别呢？

【原典】

云霞争变①，风雨横天②，终日静坐，清风洒然③。

【注释】

①争变：竞相变幻。

②横天：从高高的天上降落。

③洒然：洒脱，舒畅。

【译文】

天空中的云霞相互之间争着变幻，风雨交加从高高的天上降落下来，就这样静静地坐着，顿时使人觉得清风吹在身上，非常洒脱、舒畅，让人心旷神怡。

【跟进解读】

简单就是剔除生活中繁复的杂念、拒绝杂事的纷扰；简单也是一种专注，叫作“好雪片片，不落别处”。生活中经常听一些人感叹烦恼多多，到处充满着不如意；也经常听到一些人总是抱怨无聊，时光难以打发。其实，生活是简单而且丰富多彩的，痛苦、无聊的是人们自己而已，跟生活本身无关。所以，是否快乐、是否充实，就看你怎样看待生活、发掘生活。如果觉得痛苦、无聊、人生没有意思，那是因为不懂得快乐！

世界上的事，无论看起来是多么复杂神秘，其实道理都是很简单的，关键在于是否看得透。生活本身是很简单的，快乐也很简单，是人们自己把它们想得复杂了，或者人们自己太复杂了，所以往往感受不到简单的快乐，弄不懂生活的真正意味。

快乐是简单的，它是一种自酿的美酒，是自己酿给自己品尝的；它是一种心灵的状态，是要用心去体会的。简单地活着，快乐地活着，你会发现快乐原来就是：“众里寻他千百度，蓦然回首，那人却在灯火阑珊处。”

【原典】

妙笛①至山水佳处，马上临风②，快作数弄③。

【注释】

①妙笛：这里指美妙的笛声。

②临风：这里指在风中疾驰。

③数弄：几曲。

【译文】

要想听美妙的笛声应该到山清水秀的地方去听，在马背上迎风迅速地驰骋，趁着这股欢快的劲头吹上几曲美好的曲子。

【原典】

心中事，眼中景，意中人。

【译文】

心中所想的快乐的事情，眼中所看到的美好的景象，藏在人内心里美丽的佳人。

【原典】

园花按时开放，因即其佳称①待之以客。梅花索笑客，桃花销恨客，杏花倚云客，水仙凌波客，牡丹酣酒客，芍药占春客，萱草忘忧客，莲花禅社客，葵花丹心客，海棠昌州客，桂花青云客，菊花招隐客，兰花幽谷客，酴醿清叙客，腊梅远寄客。须是身闲②，方可称为主人。

【注释】

①佳称：美妙的名称。

②身闲：身心闲适。

【译文】

园子里的花按照时节逐一开放，于是可以按照各种花卉的美好名字邀请不同的客人来欣赏这些花。把梅花称为索笑客，把桃花叫作销恨客，杏花叫作倚云客，水仙叫作凌波客，牡丹叫作酣酒客，芍药叫作占春客，萱草叫作忘忧客，莲花叫作禅社客，葵花叫作丹心客，海棠叫作昌州客，桂花叫作青云客，菊花叫作招隐客，兰花叫作幽谷客，酴醾叫作清叙客，腊梅叫作远寄客。要想观赏这些花一定要使身心放松，心无杂念，只有这样才能成为这些名花的主人。

【原典】

马蹄入树鸟梦坠[①]，月色满桥人影来。

【注释】

①坠：惊醒。

【译文】

从远处传来的马蹄奔跑的声音传到树林中，把在树梢上栖息的小鸟的一枕幽梦惊扰了；小桥流水上都洒满了皎洁的月光，惹得人们从远处走来。

【原典】

无事当[①]看韵书，有酒当邀韵友。

【注释】

①当：应该。

【译文】

闲得没有事情的时候，应该阅读一下格律优雅的诗书，要是得到了好酒，就应该邀请高雅的诗友来畅饮。

【跟进解读】

在这个世界上有这样一种财富，就算当今最贫穷的技工和劳工也能够轻松拥有。这是一种怎样的财富？那就是广博的知识、智慧的头脑和有修养的灵魂。在这个到处都是报纸、杂志和书籍的年代，我们没有任何借口让自己的心灵仍然处于一种贫瘠无知的状态之中。

在今天，如果你能够发挥自己的聪明才

智的话，那么，即使你身患残疾，也可以凭借自己的学识得到真正的财富。一个人即使再贫穷，他也仍然有机会得到这些财富。因为书籍可以使我们拥有长远的眼光，宽阔的胸襟，能让我们摆脱愚昧和无知，使我们步入知识的王国。

书籍让那些家境贫穷的人们重新燃起了生活的希望，书籍将遥远的古代文明与现今的世界各国联结在一起。对于我们来说，书籍创造出了一个崭新的世界，正是它们从天堂为我们带来了真理。

【原典】

红寥[1]滩头，青林古岸，西风扑面，风雪打头，披蓑顶笠，执[2]竿烟水，俨[3]在米芾《寒江独钓图》中。

【注释】

①红寥：一种水草，开淡红色的花。

②执：拿着。

③俨：犹如。

【译文】

在盛开着淡红色寥花的沙滩上，在青翠的古树遮掩下的古老的岸边，西风呼啸而来，急风暴雨劈头盖脸地打来，披起蓑衣，戴上斗笠，手里拿上一根钓鱼竿在烟波浩渺的寒江上垂钓，这样的境界简直就是宋代画家米芾所画的《寒江独钓图》中的意境。

【原典】

冯惟一[1]以杯酒自娱，酒酣即弹琵琶，弹罢[2]赋诗，诗成起舞，时人[3]爱其俊逸。

【注释】

①惟一：指冯吉，字惟一，是五代时在晋朝、周朝的官员。官至太常正卿，擅长写文章，尤其擅长草隶和琵琶，当时的人把他的琵琶、诗、舞称为“三绝”。

②罢：结束。

③时人：当时的人。

【译文】

冯惟一喜欢用喝酒的方式来使自己欢娱，喝酒喝得起劲的时候，他就弹起了琵琶，弹完了琵琶就开始作诗，作完一首诗他就翩翩起舞，当时的人都非常欣赏他的洒脱的风度。

【原典】

风下松而合曲[1]，泉萦石而生文[2]。

【注释】

①合曲：合乎音律。

②文：这里指河水粼粼的波纹。

【译文】

山风吹来经过高大的松树，发出了合乎音律的松涛的声音；清泉流经凹凸起伏

的石头，呈现出粼粼的波纹。

【原典】

秋风解缆，极目芦苇，白露横江，情景凄绝。孤雁惊飞，秋色远近[1]，泊[2]舟卧听，沽酒呼卢[3]，一切尘事，都付秋水芦花。

【注释】

①远近：远处和近处的情景。

②泊：停泊。

③呼卢：古代的一种赌博的方式。用木头制成黑白子。类似于现在的五子棋。

【译文】

天边吹来阵阵凉爽的秋风，解开拴船的缆绳，极目远眺，只看见芦花相互连成一片，绵延到了天边，洁白的露珠洒落在江面上，这一幕是很凄凉的。孤独的大雁受到了惊吓，扑棱着双翅高飞而去，远近呈现出一派秋天肃杀的情景，把船停泊在岸边，躺在船里听着江水发出的响亮的涛声，打来酒和客人一起喝酒，拿出呼卢玩起了博戏，一切身外的凡俗的事情都置之脑后，让它们随着秋水奔流到了远方，随着芦花飘荡着。

【跟进解读】

生活中有很多人对于工作的感觉千篇一律是“单调、枯燥无味、辛苦”等。只有极少数的人谈到他们的工作时神采飞扬，他们会自豪地告诉你，他们的工作速度如何之快，超过了目标的多少，任务完成又达到什么样的新水平，那种快乐溢于言表，他们是享受到了工作的乐趣。

有人这样自嘲说：白天是“让子弹飞”，晚上是“赵氏孤儿”。言下之意，是生活在忙碌和孤独中。其实，我们完全可以改变这种生活模式。有些人或许会说，改变这种生活模式是多么难：有时间时，口袋里没有金钱；等有了金钱，又没有了时间。告诉你，生活的惬意不在于你拥有多少金钱和时间，关键在于你是不是懂得去生活。生活的达人们会用最简单的方式放松自己，在浮躁喧嚣的现代社会中建立专属于自己的心灵家园，在氤氲的暖香中，幽静地享受生活的乐趣。表面上看，工作又忙又累，压力又大，“快乐”与“工作”两个词好像没有什么关系，人们似乎只有在工作之余才能找到快乐。其实不然，工作中蕴含着许许多多的乐趣。只要我们树立一种信念，调整好心态，我们每一个人都能工作并快乐着，快乐并幸福着。

【原典】

设禅榻二，一自适[1]，一待朋。朋若未至，则悬之。敢曰：“陈蕃[2]之榻，悬待孺子[3]，长史之榻，专设休源[4]。”亦惟禅榻之侧不容着俗人膝耳，诗魔酒颠，赖此榻祛醒。

【注释】

①适：使用。

②陈蕃：东汉名士。

③孺子：指徐稚，字孺子。

④休源：指南朝的孔休源，曾任晋安王长史。

【译文】

在斋房里陈设两个禅榻，一个专归自己用，另一个用来招待其他客人。要是没有朋友来，那么就挂起来。可以说："陈蕃的床榻是专门为徐稚准备的；长史的床榻是专门给孔休源准备的。"那么我的床榻的旁边是不允许凡夫俗子坐卧的，只允许那些诗魔、酒颠，靠着这个床榻的旁边祛魔醒酒。

【原典】

留连野水之烟[①]，淡[②]荡寒山之月。

【注释】

①烟：烟雾。

②淡：恬淡。

【译文】

弥漫在原野上和流水上面的烟雾令人流连忘返，笼罩在清寒山峰上面的月光非常柔和、皎洁。

【原典】

春夏之交，散行[①]麦野；秋冬之际，微醉稻场。欣看麦浪之翻银[②]，积翠直侵衣带；快睹稻香之覆[③]地，新醅欲溢尊罍[④]。每来得趣于庄村，宁去置身于草野。

【注释】

①散行：漫步。

②翻银：翻滚的银浪。

③覆：笼罩。

④尊罍（léi）：盛酒的器具。

【译文】

在春夏之交的时候，漫步在一望无际的麦田上；在秋冬之际的时候，陶醉于打谷场上；非常欣慰地看到微风徐徐吹过后茂密的麦田中翻腾的醉人的麦浪，麦穗积聚的青翠的气息侵入了人的衣带；很高兴地看到被稻谷的芳香包裹的稻谷场，新酿造的浊酒的香气溢满了酒杯。每次来到乡下都能从此得到无限的乐趣，让人不禁生出一种抛开城市的喧嚣置身于草莽山野的愿望。

【原典】

羁客在云村[①]，蕉雨[②]点点，如奏笙竽，声极可爱。山人读《易》《礼》，斗后[③]骑鹤以至，不减闻《韶》[④]也。

【注释】

①云村：云雾缭绕的山村。

②蕉雨：雨打芭蕉。

③斗后：意思和方外差不多。

④《韶》：传说是舜作的乐曲。

【译文】

旅居在外的游子行走于烟雾缭绕的乡村，雨点打在芭蕉叶上发出有节奏的响声，就好像有人在吹奏笙竽一样，声音好听极了。山中的隐士读完了《易经》《礼记》后，从方外骑着仙鹤飘然来到，这种境界比起听《韶》来也差不了多少。

【原典】

阴[1]茂树，濯[2]寒泉，溯[3]冷风，宁不爽然洒然？

【注释】

①阴：这里指乘凉。

②濯：洗浴。

③溯：逆着。

【译文】

在茂密的树下乘凉，在很冷的寒泉中洗浴，逆着冷风前行，这难道不令人感到心清气爽，潇洒卓然吗？

【原典】

韵言一展卷间，恍坐冰壶而观龙藏[1]。

【注释】

①恍：仿佛。龙藏：佛经，相传大乘经典藏在龙宫，所以说龙藏。

【译文】

高雅的言论，展开一卷经书来阅读就可以看到，那种境界就好像坐在冰壶里面诵读经书一样让人惬意。

【原典】

春来新笋，细[1]可供茶；雨后奇花，肥堪[2]待客。

【注释】

①细：细嫩。

②堪：可以。

【译文】

在初春的时候长出来的竹笋是非常细嫩的，可以将它们烹饪后作为喝茶时的小菜；雨后盛开的奇花长得非常肥嫩鲜妍，完全可以采来招待客人。

【原典】

赏花须结豪[1]友，观妓须结淡[2]友，登山须结逸[3]友，泛舟须结旷友，对月须结冷友，待雪须结艳友，捉[4]酒须结韵友。

【注释】

①豪：性情豪放。

②淡：性情淡泊。

③逸：隐逸。

④捉：拿着。

【译文】

观赏名花的时候应该和性格豪爽的友人一起结伴观赏；看歌伎唱歌的时候，应该和性情淡泊的人一起去；想去登山游览的时候，最好和隐逸的朋友一起前行；想到江湖上去泛舟游玩，最好和心胸旷达的朋友一起前行；想吟风弄月的话，最好和为人冷峻的朋友一起；想去踏雪寻找梅花的话，应该与文辞华美的朋友一起；端起酒杯来打算畅饮的话，应该和性情高雅的朋友一起。

【跟进解读】

孔子说："给君子做事容易，却难以博得他的喜欢。不用正道去博得他的喜欢，他是不会喜欢的。等到他使用人的时候，是量才使用。给小人做事很难，却容易博得他的喜欢。虽然不用正道去博得他喜欢，他也会喜欢的。等到他使用人的时候，则会责备求全。"这里实际上隐含着一种深刻的智谋思想：每个人都有自己的特点，量才使用就能极大地发挥出每个人的特长，使这个组织充满活力和拥有强大的战斗力。所以，我们要善于指挥别人做事，把合适的人安排在合适的岗位上，让每个人都发挥自己的优势。如果凡事都要靠自己，累死了也解决不了问题。所以，会做事的人不是凡事自己做，而是善于指挥和激励别人。

在长期的研究中，成功心理学发现，每个正常人都有其独特的才干，以及用才干构成的独特优势。成功心理学还发现，一个成功的团队，就在于扬长避短、最大限度地发挥每个人的优势。善于发现他人的长处，让每个人都充分发挥自己的优势，不但可以实现优势互补，造成众志成城的景象，更重要的是能够使人才各扬其长，互补其短，从而形成一股合力，诞生一种"核力"——一种超过每个人能力总和的新的合力，迅速赶上和超过竞争对手的实力。

【原典】

问客写药方，非关多病；闭门听野史，只为偷闲。

【译文】

向客人询问开写药方，并不是因为多病才这样做；关上门听别人讲野史故事，

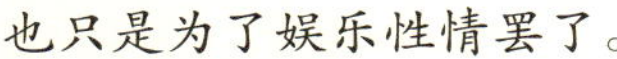

也只是为了娱乐性情罢了。

【原典】

岁行①尽矣，风雨凄然，纸窗竹屋，灯火青荧②，时于此间得小趣。

【注释】

①行：即将。

②青荧：指灯火的颜色。

【译文】

一年马上要过完了，风雨交加，这番景象让人看了感觉很凄凉，但是在纸窗竹屋里，在青荧的灯光下，在心头也时不时涌起盎然的情趣。

【原典】

山鸟每夜五更喧起五次，谓之报更，盖山间率真漏声①也。

【注释】

①漏声：自然天籁的报时声。

【译文】

山鸟每天晚上每到了一更都要鸣叫一次，这种行为称为报更，这真是山间自然天籁的报时声。

【原典】

分韵题诗，花前酒后；闭门放鹤，主去客来。

【译文】

按照韵类依次题诗联句，这种事情适合在赏花之前和饮完酒之后进行；把门关上把仙鹤放出来这样的事情，应该在主人要走的时候和客人快要来的时候做。

【原典】

插花着①瓶中，令俯仰高下，斜正疏密，皆有意态②，得画家写生之趣，方③佳。

【注释】

①着：放在。

②意态：韵味。

③方：才。

【译文】

在花瓶中插花最讲究的方法是，使花看起来高低抑扬、错落有致，斜正疏密有一定的秩序，让每一枝花都各自呈现出最优美的韵致，能够呈现出画家写生的意趣，这才是最好的插花的境界。

【原典】

法饮宜舒①，放饮宜雅，病饮宜小②，愁饮宜醉；春饮宜郊，夏饮宜洞，秋饮宜舟，冬饮宜室，夜饮宜月。

【注释】

①舒：舒缓。

②小：少量。

【译文】

按照一般的饮食规律来说，饮酒的时候应该慢慢饮用，豪放的饮酒应该优雅一点，如果生病了还要喝酒一定要量少并且注意节制，忧愁的时候喝酒应该讲究一醉方休；春天的时候饮酒的最好的地方是郊外，夏天适宜在洞中饮酒，秋天饮酒应该选择在船上，冬天喝酒适合在温暖的房间里，夜间想要喝酒的话应该在柔和的月光的照耀下。

【原典】

甘酒以待病客①，辣酒以待饮客②，苦酒以待豪客，淡酒以待清客③，浊酒以待俗客。

【注释】

①病客：这里指生病的客人。

②饮客：善于饮酒的人。

③清客：性情高雅的人。

【译文】

甘甜的酒是用来招待生病的客人的，辛辣的酒是用来招待善于饮酒的客人的，苦涩的酒是用来招待豪放的客人的，性情高雅的客人适合拿清淡的酒来招待，至于世俗的人应该拿混浊的酒来招待。

【原典】

仙人好楼居，须岧峣轩敞，八面玲珑，舒目披襟，有物外之观，霞表之胜。宜对山，宜临水；宜待月，宜观霞；宜夕阳，宜雪月。宜岸帻观书，宜倚栏吹笛；宜焚香静坐，宜挥麈清谈。江干①宜帆影，山郁②宜烟岚；院落宜杨柳，寺观宜松篁；溪边宜渔樵、宜鹭鸶，花前宜娉婷③、宜鹦鹉；宜翠雾霏微④，宜银河清浅；宜万里无云，长空如洗；宜千林雨过，叠嶂如新；宜高插江天，宜斜连城郭；宜开窗眺海日，宜露顶卧天风；宜啸，宜咏，宜终日敲棋；宜酒，宜诗，宜清宵对榻。

【注释】

①江干：江边。

②郁：指树木浓郁。

③娉婷：女子美好的姿态。

④霏微：云雾弥漫的样子。

【译文】

仙人喜欢住在高大的楼宇里，这样的高楼一定要高耸入云并且还要宽敞明亮，八面玲珑，放眼望去视野开阔，让人胸襟敞开，眼里有世外的景观，有云外的胜迹。适宜开门正对着青山，适宜前面有溪流在流淌着；适宜观看月亮从天边升起，适宜观看霞光映天的美好景致；这样的楼宇还要适合观看夕阳西照，宜于观看雪夜和月色相互照应。还要宜于穿着随便，任意地看书，能够斜倚着栏杆吹着笛子；还要适

合燃起香来打坐，宜于挥动着拂麈清谈。江面上有孤帆远影，山间有烟雾缭绕；院落里有杨柳依依，寺院讲究松竹常青；潺潺的小溪边适宜于打鱼砍柴，还适宜于鹭鸶翩翩飞舞。美丽的花前有美女娉婷曼妙的姿态，还有鹦鹉学舌。这样的楼宇早晨有苍翠的浓雾布满山野，夜间有闪闪的银河发出浅浅的青光；万里无云，长空就像洗过一样如此澄澈；千里林海大雨初晴，重峦叠嶂焕然一新。高耸江天，斜连城郭；打开窗户能看到海上的日出，适宜于摘下帽子沐浴在春风里，喝醉了酒长睡不醒；适宜于对天长啸，低声吟咏，适宜于终日和高手下棋畅谈；还要适宜于饮酒，适宜于作赋，适宜于在夜晚和别人对躺在榻上清谈。

【原典】

良夜风清，石床独坐，花香暗度[①]，松影参差。黄鹤楼可以不登，张怀民[②]可以不访，《满庭芳》可以不歌。

【注释】

①度：到达。

②张怀民：张梦得，北宋清河人，是苏轼被贬黄州时的朋友。

【译文】

在美好的夜晚，月亮非常白净，风也非常清新，独自一人坐在石榻上，空气中的阵阵花香暗暗袭来，高大的松树落下参差的松影，错落有致。这栏美好的景致，即使是黄鹤楼那样的名胜也可以不去攀登，连张怀民那样的朋友也可以不去拜访，《满庭芳》那样的名词也可以不去歌唱。

【原典】

茅屋竹窗，一榻清风邀客；茶炉药灶，半帘明月窥人。

【译文】

用茅草铺盖的小屋，用竹子制作的窗户，摆下一张清榻，对着习习的凉风，仿佛邀请了客人来做客；用来烹煮茶水的炉子，炼丹的灶，有半帘的明月进入室内，好像要偷看屋中的人到底在干什么。

【原典】

娟娟花露，晓湿芒鞋[①]；瑟瑟松风，凉生枕簟。

【注释】

①芒鞋：草鞋。

【译文】

美丽的花丛间坠着晶莹的露珠，在清晨的时候，把挂在外面的草鞋给打湿了；瑟瑟的松树丛中刮起了阵阵含着凉意的风，凉爽的气息把石枕竹席都给浸透了。

【原典】

绿叶斜披，桃叶渡[①]头，一片弄残秋月；青帘高挂，杏花村[②]里，几回典却春衣。

【注释】

①桃叶渡：古代的渡口，在现在的南京秦淮河的边上，传说王献之曾在这里作歌送妾，后来泛指津渡。

②杏花村：见于杜牧《清明》诗。

【译文】

绿叶斜斜地挂在树梢上，桃叶渡口一片残缺的凄冷的秋月悬挂在天空；青色的竹帘高高地挂在门楣上，在杏花村里，有多少次典当了春天的衣衫呢？

【原典】

杨花飞入珠帘，脱巾洗砚；诗草吟成锦字，烧竹煎茶。良友[①]相聚，或解衣盘礴[②]，或分韵角险，顷之貌出青山，吟成丽句，从旁品题之，大是开心事。

【注释】

①良友：好朋友。

②盘礴：盘起腿来坐着。

【译文】

飘舞的杨花飘进了珠帘里，用头巾把砚台擦拭；囊中的锦字吟咏成了诗篇，点上竹子烧水煮茶准备迎接客人。知心的朋友聚到一起，有的解开衣服盘起腿来坐着，有的人拆开韵脚，比赛作诗，这些客人不一会儿就画出了山水画，也作出了好的诗句，然后他们又在一旁赏析题款，这样的事情的确是非常让人开心的。

【原典】

木枕傲[①]，石枕冷，瓦枕[②]粗，竹枕鸣。以藤为骨，以漆为肤，其背圆而滑，其额方而通。此蒙庄之蝶庵，华阳之睡几。

【注释】

①傲：使……孤傲。

②瓦枕：陶制的枕头。

【译文】

长期枕着木枕会让人感到孤傲，石枕让人感到清凉，陶质的枕头让人感到粗糙，竹制的枕头会让人感到耳鸣。要是能够以藤萝作为骨架，用漆作为外表，它的背面圆而光滑，它的两端方正并且通透。这样的枕头简直就是蒙人庄周梦蝶的去处，华阳隐士陶弘景的睡榻。

【原典】

小桥月上，仰盼星光，浮云往来，掩映于牛渚[①]之间，别是一种晚眺。

【注释】

①牛渚：山名，在现在的安徽当涂。

【译文】

小桥流水，一轮新月刚刚从天边升起，抬起头看天上漫天的星光闪烁，浮云在头顶上飘来荡去，掩映在牛渚山和长江之间，这种月夜远眺的意境真的与众不同。

【原典】

医俗病[①]莫如书，赠酒狂[②]莫如月。

【注释】

①俗病：庸俗。

②酒狂：嗜酒如命的酒鬼。

【译文】

读书是医治庸俗的最好的办法，月亮是最好的赠给酒徒的礼物。

【原典】

明窗净几，好香苦茗，有时与高衲[①]谈禅；豆棚菜圃[②]，暖日和风，无事听友人说鬼。

【注释】

①高衲：道行很高的僧人。

②菜圃：菜园。

【译文】

明亮的窗户和干净的茶几，泡几壶好茶，有空的话就和高僧谈论禅道；豆棚菜园，风和日丽，无事的时候就听好朋友说说鬼怪的事情。

【跟进解读】

快乐真的很简单，只要你静静地感受，快乐就在你身边，关键看你能不能发现，懂不懂得享用和体味。你可以让自己置身阳光下，就算寒风刁刁，你也能感受到温暖的抚慰；可以到海边吹吹海风，就算风里夹着腥味，也能感受到大海的磅礴；坐在书桌面前写着自己喜欢的文字，就算文笔并不是很优美，也能享受到创作的喜悦。用如水的心境，以置身世外的心情，感受着世间的点点惊喜，点点快乐。很多时候，快乐就在距离我们很近的地方，甚至可以说是触手可得。

【原典】

花事乍开乍[①]落，月色乍阴乍晴，兴未阑[②]，踌躇[③]搔首；诗篇半拙半工，酒态半醒半醉，身方健，潦倒放怀。

【注释】

①乍：忽然。

②阑：尽。

③踌躇：坐卧不安的样子。

【译文】

花儿有时候开，有时候又败落了，月亮也是忽明忽暗的，余兴还没有完，这种事情是让人抓头挠发；作好的诗篇有的好有的很拙劣，喝过酒露出半醒半醉的神态，要是身体好的话，潦倒开怀也没有什么。

【跟进解读】

现实中，我们许多人都过得不够开心、不够惬意，因为他们对环境总存有这样或那样的不满，他们没有看到自己幸福的一面。也许你会说："我并非不满，我只是指出还存在的问题而已。"其实，当你认定别人的过错时，你的潜意识已经让你感到不满了，你的内心已经不再平静了。一桌凌乱的稿纸，车身上一道明显的划痕，一次你不太理想的成绩，比你理想中的身高、体重矮一些、轻一些，种种事情都令人烦恼，不管与你有多大联系。你甚至不能容忍他人的某些生活习惯。如此，你的心思完全专注于外物了，你失去了自我存在的精神生活，你不知不觉地迷失了生活应该坚持的方向，苛刻掩住了你宽厚仁爱的本性。

没有人会满足于本可能改善的不理想现状，所以，努力寻找一个更好的方法：用行动去改善事物，而不是空悲叹，一味表示不满；应该用包容的心去看待事物，而不是到处挑毛病，让不必要的烦恼来搅乱自己的心。同时应该认识到，我们可能采取另一种方式把每一件事都做得更好，但这并不是说已经做了的事情就毫无可取之处，我们一样可以享受既定事物成功的一面。有句广告词不是说"没有最好，只有更好"吗？所以，不要苛求完美，接受生活中那些遗憾的事。

【原典】

湾月宜寒潭，宜绝壁，宜高阁，宜平台，宜窗纱，宜帘钩；宜苔阶，宜花砌，宜小酌，宜清谈，宜长啸，宜独往，宜搔首，宜促膝。春月宜尊罍，夏月宜枕簟，秋月宜砧杵，冬月宜图书。楼月宜箫，江月宜笛，寺院月宜笙，书斋月宜琴。闺闱月宜纱橱，勾栏月宜弦索；关山月宜帆樯，沙场月宜刁斗。花月宜佳人，松月宜道者，萝月宜隐逸，桂月宜俊英；山月宜老衲，湖月宜良朋，风月宜杨柳，雪月宜梅花。片月宜花梢，宜楼头，宜浅水，宜杖藜，宜幽人，宜孤鸿。满月宜江边，宜苑内，宜绮筵①，宜华灯，宜醉客，宜妙妓。

【注释】

①绮筵：豪华的宴席。

【译文】

水湾的月亮美不过悬挂在寒潭上面，也美不过悬挂在绝壁上面，更美不过挂在高阁、平台、纱窗、帘钩之上；苔藓铺满台阶，鲜花满坛，美不过在月下简单地喝上一顿酒，清谈，大声呼啸，独来独往，搔首弄姿，促膝长谈，都是很开心的事。春天的月下最美的事是摆下酒器对饮，夏天的月下最美的事是摆下石枕竹席，秋天的月下最美的事是洗衣、捣杵臼，冬天的月下最美的事是画画、阅读书籍。在月楼上吹箫，在江月边吹奏笛子，在月照寺院时吹笙，在月照书斋时弹琴。月照闺阁时挂纱帐，月照勾栏时演奏乐器；月照关山时划起船桨，月照沙场时敲击刁斗，这些都是很美的画面。花前的月下美人更美，松间投过来的月亮适合于道士的情怀；从藤萝透出来的月亮适合于隐士的情怀，从桂花树上洒下来的月亮适合于俊杰的情怀；山中的月亮适合于高僧的情操，湖上的月亮适合于好友的情怀，风中的月亮适合于杨柳的风姿，雪中的月亮适合于梅花的风骨。弦月美不过挂在花梢和楼头上；月映在浅水中，隐士拄着拐杖前行，是和孤独前行的大雁一样的情怀。满月适宜于悬挂

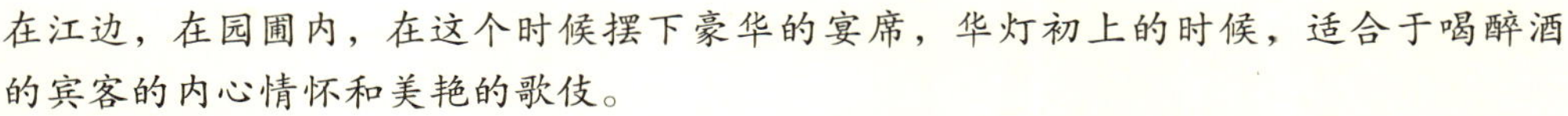
在江边，在园圃内，在这个时候摆下豪华的宴席，华灯初上的时候，适合于喝醉酒的宾客的内心情怀和美艳的歌伎。

【跟进解读】

很多时候，我们会有这样一些经历：一不小心犯过错误；好机会又没有把握好，我们事后就会沉溺在懊恼之中，为失去而后悔，为失误而自责，久而久之，消沉，颓废，不能自拔成了人生常态。于是，当我们回望过去，能记得的往往都是痛苦；当我们立足当下，我们会发现总在为明天准备。我们不禁会问：我的幸福在哪里？哪里才是人生的最终归处？

其实，人生的意义是嗅嗅身旁每一朵绮丽的花，享受一路走来的点点滴滴，想办法过得更舒适而已。明天如果有悲欢，你今天是无法解决的。不要时时刻刻都将力气耗费在未知的未来，对眼前的一切视若无睹的人，将永远也不会得到自我价值的实现。当你真正地活在当下时，没有过去苦难的拖累，也没有过去胜利的轻狂，而拥有的是你宠辱不惊的沉稳，拥有笑对得失的心境，拥有俯视世间的慧眼；当你真正活在当下时，会使你生活中的快乐多得像夜空的繁星，会使你成功的得来犹如佛手拈花。

【原典】

佛经云：“细烧沉水，毋[①]令见火。”此烧香三昧[②]语。

【注释】

①毋：不要。

②三昧：事物的奥妙。

【译文】

佛经上说：“用细火烧沉水香，不要见明火。”这句话深谙烧香的奥妙。

【原典】

石上藤萝，墙头薜荔[①]，小窗幽致，绝胜深山，加以明月清风，物外之情，尽堪闲适。

【注释】

①薜荔：木莲花。

【译文】

藤萝爬到石头上，墙上开满了木莲花，透过小窗看到了满眼的优美的风景，这些景致绝对胜过深山，再加上头顶上悬挂的明亮的月亮，清风阵阵吹来，好一派世外的景致啊，可以尽情地体味这份悠闲和安逸了。

【原典】

出世[①]之法，无如[②]闭关。计一园手掌大，草木蒙茸，禽鱼往来，矮屋临水，展书匡坐，几于避秦，与人世隔。

【注释】

①出世：摆脱世俗。出，离开。

②无如：不如。

【译文】

摆脱世俗的方法就是闭门谢客。开出来一个小小的园圃，种上萧疏的草木，让飞鸟在院里飞来飞去，让鱼在池水里游来游去，让低矮的茅屋门正对着溪水，打开一卷书专心读着，像《桃花源》中所描述的为躲避秦朝的战乱的人们一样，和外面的世界隔绝。

【原典】

山上须泉，径中须竹。读史不可无酒，谈禅不可无美人。

【译文】

山上一定要有清泉，小路上必须栽上翠绿的竹子。读史书的时候不能没有酒伴随着，谈禅的时候不能没有美人在身边。

【原典】

幽居虽非绝世，而一切使令供具交游晤对[1]之事，似出世外。花为婢仆，鸟为笑谈；溪漱涧流代酒肴烹炼，书史作师保[2]，竹石质友朋；雨声云影，松风萝月，为一时豪兴之歌舞。情景固浓，然亦清趣。

【注释】

①晤对：会面。

②师保：导师。

【译文】

隐居不等于是与世隔绝，但是对于所有的使令、用具、交游、会面等事情，应该和世俗不一样。可以把花看成是奴婢，可以和飞鸟交谈；可以把溪水和山涧中的流水当作美好的酒菜，把史书作为好的导师，把石头看作是好朋友；把雨声和云影以及松竹萝月，当作兴致起来时的歌舞。这样的情景很浓郁，但是确实是增加了清雅的情趣。

【原典】

蓬窗夜启，月白于霜，渔火沙汀[1]，寒星如聚。忘却客子作楚，但欣[2]烟水留人。

【注释】

①沙汀：沙滩。

②欣：欣慰。

【译文】

在夜晚的时候，把蓬门草舍的窗户打开，只看见窗子里透进来的皎洁的月光比秋霜还要白，沙洲上生起的点点渔火，就好像是清寒的星光参加一场聚会一样。看着眼前这样的情景，早已把自己是客居楚地的游客的身份忘记了，只为这个地方的月色烟水让人难以忘记而感到无限欣慰。

【原典】

无欲者其言清[①]，无累者其言达[②]。口耳巽人，灵窍[③]忽启，故曰不为俗情所染，方能说法度人。

【注释】

①清：清淡。

②达：通达。

③灵窍：智慧。

【译文】

那些没有欲望的人说的话往往是高洁的，没有压力的人说出来的话都是达观的。要是风神进入人的口耳中，人的灵窍就会突然被开启，所以说人不被世俗所束缚，才能够讲说佛法，超脱于世间。

【跟进解读】

很多人常常被贪欲缠身，欲望让他吃睡不香。贪欲让我们的身心都疲惫不堪，看看当下，有人为贪整天烦躁不安；更有甚者，有人会一个贪字而自毁人生。贪心太盛的人，常常失望就越大，人们会因为不能得到而徒生烦恼；贪心太盛的人，占有欲也会很强烈，有人会因为占有而不择手段；贪心太盛的人，就会有强烈的贪欲，有些人会因此为名利而走向罪恶。所以说，不贪是快乐人生的秘诀。

在我们的生活中，很多人总说活得太累，生活太沉重，为生活奔波，为孩子操劳，我们已经累得不堪重负。即使是跳舞，我们的双脚也戴着镣铐；即使是唱歌，我们的心口也压着一块巨石，我们又如何尽情地跳、尽情地唱呢？有人不禁感叹：幸福何在，快乐何在？可是有谁问过，镣铐是谁上的，巨石是谁压的呢？其实这一切的罪魁祸首是人们自己，人们自己束缚了自己的脚步，人们自己使自己的肩上负担重重。解脱吧，放下吧，让你的生命重获自由。

有位哲人曾说过，每个人在他的人生旅途中，背上都有一个背篓，一出生时它是空的，之后你会不断地往背篓里装东西，你装的越多，你的肩膀会越沉重，你就会感觉越累。如果你已经累得不堪重负了，那么赶快取下背篓，舍弃你必须舍弃的，放下你应该放下的，否则你会被那些无形的重担压垮。

【原典】

临流晓坐[1]，欸乃[2]忽闻，山川之情，勃然[3]不禁。

【注释】

①坐：打坐。

②欸（ǎi）乃：行船摇橹声。

③勃然：一下子。

【译文】

靠着溪水在清晨的时候打坐，忽然传来船行走摇橹的声音，山水的情怀，勃然生发。

【原典】

舞罢缠头[1]何所赠，折得松钗；饮余酒债莫能偿，拾[2]来榆荚。

【注释】

①缠头：用来酬谢舞女的东西。

②拾：摘下。

【译文】

歌舞结束了，不知道拿什么来作为相赠的缠头，只好从松树上折下一根松枝当作钗来赠送；饮酒的时候没有办法偿还酒债，只好从榆树上摘下榆荚来当作酒钱。

【原典】

午夜无人知处，明月催诗[1]；三春有客来时，香风散酒[2]。

【注释】

①催诗：催发诗兴。

②散酒：散发着酒香。

【译文】

半夜的时候，去一个没人知道的地方，皎洁的明月，催发出了诗人的诗兴；春天的时候，有客人来拜访，吹来阵阵和煦的风，空气里飘散着酒香。

【原典】

如何清色界，一泓碧水含[1]空；那可断游踪，半砌青苔殢[2]雨。

【注释】

①含：映照。

②殢（tì）：停滞。

【译文】

怎么才能使自己的色界得到清净呢？一泓碧绿的江水映照着蔚蓝的天空；怎样才能把游踪断绝呢？半坛那么大的雨后的青苔呈现出一派妩媚的神态。

【原典】

村花路柳，游子衣上之尘；山雾江云，行李担头之色[1]。

【注释】

①色：鲜艳的颜色。

【译文】

美丽的花朵开满了山村，在山路上撒满了飘舞的柳絮，沾在游子身上留下了尘渍；山间弥漫着雾霭，江上悬挂着一道彩虹，把鲜艳的颜色投到游子的行李担上。

【原典】

何处得真情，买笑不如买愁；谁人效①死力，使功不如使②过。

【注释】

①效：报效。

②使：任用。

【译文】

哪里有真实的情感呢？与其买欢笑还不如买忧愁；什么人会以死相报呢？与其起用有功的人，还不如任用有过错的人呢！

【跟进解读】

古语说，士别三日，则当刮目相看。这就是说，人是在不断变化的，用静止、孤立的观点看待人，会把活人看成“死人”，只有在发展中看人，才能真正做到知人善任。

人是在发展变化中走向成熟的，总是在不断总结经验教训中增长才干，发挥才能。善于用发展的眼光来识别人才，才是正确的态度。因为他不仅仅是在识察人的潜能，也是在培养和锻炼人的能力。

如果总拿一个人过去的失误来判断他的未来发展，从而否定其潜在的能力，这等于是用其以往的经历，以主观臆断来压制他潜能的发挥，打击他的积极性，同样也是在打击他的自信心、进取心，当然也就更谈不上培养和造就人才了。其实，作为领导者，真正以发展的眼光识别人才，实际上也正是自身素质不断提高的过程。

【原典】

芒鞋甫①挂，忽想翠微之色，两足复绕山云；兰棹方②停，忽闻新涨之波，一叶仍飘烟水③。

【注释】

①芒鞋：这里指草鞋。甫：刚刚。

②方：刚刚。

③烟水：烟波浩渺的水。

【译文】

从外面游玩回来，刚把草鞋挂在墙上，脑海里又出现了苍翠的山色，于是又匆匆地穿上草鞋，穿行于山水缭绕、白云映照的山间；小船刚靠岸，忽然听到了远处传来的波涛的声音，这叶扁舟又重新在烟波浩渺的水上漂荡了。

【原典】

旨愈浓而情愈淡者，霜林之红树；臭愈近而神愈远者，秋水之白蘋。

【译文】

内心修养越来越好的人，性情会越来越寡淡，就好像被霜降打过的树林中的挂满红叶的红树；只注重品味和享受，精神修养越来越远的人，就好比是秋水里漂浮的白蘋一样。

【原典】

龙女濯冰绡[①]，一带水痕寒不耐[②]；姮娥携宝药，半囊月魄影犹香。

【注释】

①冰绡（xiāo）：冰洁的手绢。

②耐：忍耐，承受。

【译文】

龙女在水中洗洁白的丝绢，带起来的水痕让人耐不住这份清寒；嫦娥带着升天的神药，所以月光的影子还带着嫦娥身上的香气。

【原典】

石洞寻真[①]，绿玉[②]嵌乌藤之杖；苔矶[③]垂钓，红翎间白鹭之蓑。

【注释】

①真：指仙人。

②绿玉：这里指晶莹的露珠。

③苔矶：长满苔藓的台阶。

【译文】

到山洞中去寻找仙人的踪迹，乌藤手杖上挂满了晶莹的水珠；在长满了青苔的江边垂下鱼钩钓鱼，头上长着红色的翎羽的小鸟和白色的鹭鸶相互落在渔人的蓑衣上面。

【原典】

晚村人语，远归白社之烟；晓市花声，惊破红楼[①]之梦。

【注释】

①红楼：住在红楼里的美人。

【译文】

傍晚的山村，有人坐着说话，踏着白社的烟尘回来了；清晨集市上传来了卖花姑娘的叫卖声，把红楼美人绮丽的梦惊扰了。

【原典】

案头峰石，四壁冷浸烟云，何与胸中丘壑；枕边溪涧，半榻寒生瀑布，争如舌底鸣泉。

【译文】

案头上摆着山峰、奇石等，看屋子的四壁一片清冷，被烟雾和云霞浸染着，这

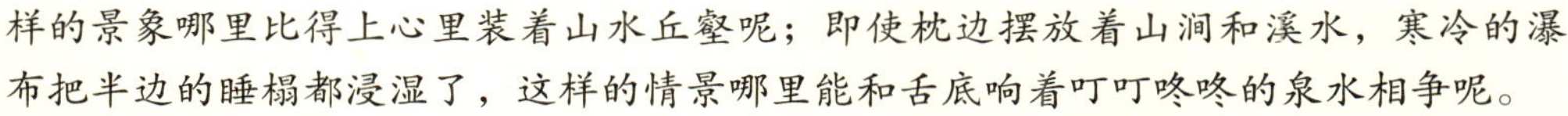
样的景象哪里比得上心里装着山水丘壑呢；即使枕边摆放着山涧和溪水，寒冷的瀑布把半边的睡榻都浸湿了，这样的情景哪里能和舌底响着叮叮咚咚的泉水相争呢。

【原典】

扁舟空载[①]，赢却[②]关津不税愁；孤杖深穿[③]，揽得烟云闲入梦。

【注释】

①载：载重。

②赢却：胜过。

③穿：这里指穿越山林。

【译文】

把一叶小舟空着，不装上任何东西，经过关卡渡口的时候，可以省下纳税，没有纳税的忧愁；自己拄着一根拐杖独自进入山林中去探访烟云美景，可以揽着一份清闲进入梦乡。

【原典】

幽堂昼密[①]，清风忽来好伴；虚[②]窗夜朗，明月不减故人。

【注释】

①密：白天紧密关闭着。

②虚：打开。

【译文】

幽静的厅堂，在白天显得特别深长，忽然吹过一阵清风，仿佛是良伴来到身边；推开虚掩的窗子，看到夜色清朗，月光普照，就像老朋友一样，情意一点儿都没有减少。

【原典】

晓入梁王之苑[①]，雪满群山；夜登庾亮之楼[②]，月明千里。

【注释】

①梁王之苑：在现在的河南开封，是梁孝王所建的。

②庾亮之楼：即庾公之楼，在现在的武昌。

【译文】

早上的时候到了梁王所建的园苑中，只看见群山被一场大雪全部覆盖住了；夜晚的时候，我登上了庾亮建造的楼宇，看见了明月照射千里的壮阔的景色。

【原典】

名妓翻经，老僧酿酒，书生借箸[①]谈兵，介胄[②]登高作赋，羡他雅致偏增；屠门食素，狙侩[③]论文，厮养[④]盛服，领缘方外，束修怀刺，令我风流顿减。

【注释】

①箸（zhù）：这里指剑。

②介胄：铠甲。

③狙侩：商贾之人。

④厮养：指仆役。

【译文】

让一身世俗的妓女翻阅经书，让清心寡欲的老僧人酿造美酒，让手无缚鸡之力的书生来谈论兵书，让胸无点墨的武士来登高作赋，我羡慕他们身上增添了不少的雅致；让屠户吃素餐，让满是铜臭味的商人来谈论文章，让仆人穿上华丽的衣裳，让隐居山里的隐士去拜见权贵，我感到他们身上的风流减少了很多。

【原典】

高卧酒楼，红日不催诗[①]梦醒；漫书花榭，白云恒[②]带墨痕香。

【注释】

①诗：这里指诗人。

②恒：常常。

【译文】

在高高的酒楼上躺着，刚刚升起来的红日也不急于去把诗人从他的睡梦中催醒；在花榭中慢慢地散着步，想着题什么字，悠悠飘荡的白云时常带着墨香。

【原典】

相美人如相[①]花，贵清艳而有若远若近之思[②]；看高人如看竹，贵潇洒而有不密不疏之致[③]。

【注释】

①相：观看。

②思：意味。

③致：韵致。

【译文】

欣赏美人就好比看名贵的花一样，她们的可贵之处就是淡雅艳丽，从而有一种或远或近的意味；观看品德高的人就好比看翠绿的竹子一样，他们的可贵之处在于他们身上的那份潇洒飘逸，有着不密不疏的韵致。

【原典】

梅称清绝，多却罗浮一段妖魂[①]；竹本萧疏，不耐[②]湘妃数点愁泪。

【注释】

①罗浮一段妖魂：隋文帝开皇年间，赵师雄迁到罗浮，正好天色已晚，天气寒冷，他又喝醉了酒，于是躺在松林酒店旁，梦见和一个女子一起进了酒家，谈得很高兴。等到第二天醒来的时候，发现自己在梅树下面。

②耐：忍耐。

【译文】

梅花的著名是因为它的清绝，因此才有了罗浮山那段关于妖魂的故事；竹子的生性本来就是萧疏孤傲的，所以才会有湘妃落下的忧愁的眼泪。

眉端扬未得[①]，庶几[②]在山月吐时；眼界放开来，只好向水云深处。

【注释】

①未得：不能够。

②庶几：差不多。

【译文】

眉梢只有等到明月从山间升起来的时候才能够飞扬起来；要想使眼界开阔，只有到溪水的尽处、白云的深处才能看到开阔的景致。

【原典】

刘伯伦携壶荷[①]锸，死便埋我，真酒人哉；王武仲闭关[②]护花，不许踏破，直[③]花奴耳。

【注释】

①荷（hè）：扛着。

②闭关：闭门。

③直：简直。

【译文】

每次外出的时候，刘伯伦都会带上一壶酒，还叫人扛着锹一起前往，他还说：“要是我死了，在哪里死的就埋在哪里”，他可以称得上是真正嗜酒如命的人；王武仲这个人喜欢闭起门来谢绝客人的来访，一心养花，还不让人随便践踏，可以说他简直就是花奴。

【原典】

一声秋雨，一声秋雁，消不得一室清灯；一月春花，一池春草，绕乱[①]却一生春梦。

【注释】

①绕乱：惊扰。

【译文】

一场秋雨飘洒而至，一声秋雁哀鸣不已，一室清灯发出来的灯光消除不掉；一片花带来的春花烂漫，一池春草带来的碧绿，把一枕的春梦惊扰了。

【原典】

云落寒潭，涤[①]尘容于水镜；月流深谷，拭淡黛[②]于山妆。

【注释】

①涤：洗刷。

②黛：眉黛。

【译文】

笼罩在清凉潭水上的烟雾散去后，平静的潭水，澄澈得就像一面镜子一样，可以用来冲洗满是尘俗的脸；月色随着涧水流到幽深的山谷里，让山水看起来也好像是披上了一层粉妆，可以把眉黛擦拭掉。

【原典】

寻芳者追[①]深径之兰，识韵者穷[②]深山之竹。

【注释】

①追：追寻。

②穷：穷尽。

【译文】

找寻芳草踪迹的人寻求长在深山幽径旁边的兰花，但是真正懂得韵致的人却看遍深山、深谷中翠绿的竹子。

【原典】

花间雨过，蜂粘几片蔷薇；柳下童归，香散数茎檐蔔[①]。

【注释】

①檐蔔（bo）：屋檐下的葡萄。

【译文】

刚刚下完雨，有的蜜蜂被粘在花丛中的蔷薇花上；孩子从柳荫边回来，把从外面带来的满身花香散落在屋檐下面的几棵葡萄上面。

【原典】

幽人[①]到处烟霞冷，仙子来时云雨香。

【注释】

①幽人：代指隐士。

【译文】

隐士到来，烟霞也变得清冷了；仙女到来，云雨也散发着芬芳的气味。

【原典】

野筑郊居，绰[①]有规制；茅亭草舍，棘垣[②]竹篱，构列无方[③]，淡宕如画，花间红白，树无行款。徜徉[④]洒落，何异仙居？

【注释】

①绰：宽绰。

②垣：墙。

③方：规则。

④徜徉：无拘无束地散步。

【译文】

在野外建筑的别墅中居住，房间宽绰有一定的规则；至于用茅草搭建的亭子和用杂草搭盖的房舍，用荆棘编成的院墙和用竹子编成的篱笆，可以随心所欲地排列摆放，完全可以达到淡雅如画的效果，种的花红白相间，栽种的树木杂乱无章。漫步在树林中，可以随心所欲，无拘无束，这样的生活和神仙过的生活有什么不一样呢？

【原典】

墨池寒欲结①，冰分笔上之花；炉篆②气初浮，不散③帘前之雾。

【注释】

①结：结冰。

②炉篆：燃香的香炉。

③散：吹散。

【译文】

墨池因为天冷了要结冰，冰凌把笔下生花的文字给分开了；香炉上冒出来缕缕缭绕的烟雾，还是不能够把竹帘前的雾霭给冲散。

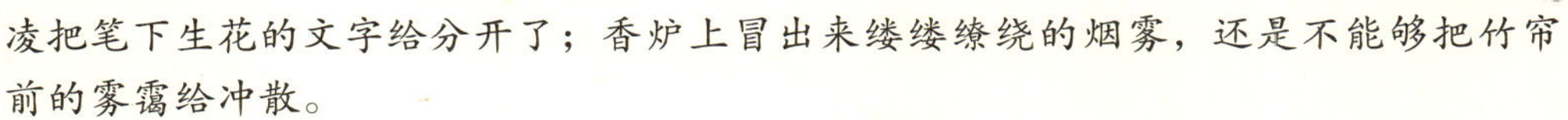

【原典】

青山在门，白云当①户，明月到窗，凉风拂②座。胜地皆仙，五城十二楼③，转觉多设。

【注释】

①当：正对着。

②拂：吹拂。

③五城十二楼：传说中神仙居住的地方。

【译文】

青山就在家门口，白云正在窗户前面飘荡，明亮的月光照射进窗户里，凉风吹到坐榻前。凡是风景秀美的地方都可以让人得道成仙，五城十二楼的设置，反让人觉得是多余的了。

【原典】

何为声色俱清①？曰：松风水月，未足比其清华。何为神情俱彻②？曰：仙露明珠，讵③能方其朗润。

【注释】

①清：清雅。

②彻：透彻。

③讵：不能。

【译文】

什么样的声色可以称为清雅呢？回答是：青松间吹拂的清风，水上映照的明月，都不能和声色的清雅相媲美。什么样的神情可以称得上是透彻畅达呢？回答是：仙草雨露，夜明之珠，都不能和这样的神情的明亮和润泽相比。

【跟进解读】

天地寂然不动，而气机无息稍停；日月昼夜奔驰，而贞明万古不易，故君子闲时要有吃紧的心思，忙处要有悠闲的趣味。

我们每天看到天地好像无声无息不动，其实大自然的活动时刻未停。早晨旭日东升，夜晚明月西沉，日月昼夜旋转，而日月的光明却永恒不变。所以君子应效法大自然的变化，闲暇时要有紧迫感而做一番打算，忙碌时要做到忙里偷闲，享受一点生活中悠闲的乐趣。

【原典】

逸字是山林关目[①]，用于情趣，则清远多致；用于事务，则散漫无功[②]。

【注释】

①关目：最重要的特征。

②无功：不能成功。

【译文】

“逸”是隐逸山林最为重要的事情，对情趣来说，清雅悠远是很恰当的韵致；对事物来说，太过于散漫自由，往往办不成事。

【原典】

宇宙虽宽，世途眇[①]于鸟道；征逐日甚，人情浮比鱼蛮[②]。

【注释】

①眇：狭窄。

②鱼蛮：渔夫。

【译文】

宇宙虽然很宽大，世俗的道路却比鸟道还要狭窄；世俗的人都在争名夺利，人与人之间的感情就好像渔夫那样虚浮。

【跟进解读】

功利、得失是我们大多数人心目中最具分量的砝码。许多人一遇到与功利、得失相关的问题，心里的天平便会发生倾斜，难以自持。虽然这是人之常情，但是严重影响一些人的心理。功利、得失是让人感受快乐的头号大敌，人要想活得快乐就要不执着于功利，超越世俗的得失，唯有这样才能够活得潇洒自在。

生命的过程中，一切物质及肉体都是不可靠的奴仆，想让自己的人生得以升华，就必须放下这些本性之外的东西，而追求生活本身的淳朴，这样才能活得惬意。古人说：求名之心过盛必作伪，利欲之心过剩则偏执。面对名利之风渐盛的社会，面对物质压迫精神的现状，能够做到视名利如粪土，视物质为赘物，在简单、朴素中体验心灵的丰盈、充实，并将自己始终置身于一种平和、自由的境界。

【原典】

问人情何似？曰：野水多于地，春山半是云。问世事何似？曰：马上悬壶浆[①]，刀头分顿[②]肉。

【注释】

①浆：这里指酒。

②顿：切割。

【译文】

要问到底人与人之间的感情是什么？可以这样回答：田野里的水比土地要多，春天里的青山一半被云雾遮掩着。要问世事到底是什么？可以这样回答：在马上挂着酒壶，用刀把肉割开来吃。

【原典】

尘情一破，便同鸡犬为仙；世法[1]相拘，何异鹤鹅作阵[2]。

【注释】

①世法：世俗的规矩、法则。

②作阵：拘束、做作。

【译文】

人一旦打破了尘世的情缘，就可以和鸡犬一起升天成仙了；世人受到世俗的罗网的束缚，和鹤、鹅列阵那样做作有什么区别呢？

【跟进解读】

人只有摆脱了外界的奴役，自己主宰自己，才可能永葆心灵的恬静和快乐。逍遥旷达不是要求做到无欲，而是看淡各种名利之欲。看淡之后，则可生旷达，有了旷达之后，人生自然逍遥了。俗话说，海纳百川，很多人将“大海”作为浩瀚胸襟的代名词，而人的心是大海与高山都不能比的，解除心中的框框，把心放空，让心柔软，就能包容万物、洞察世间，达到真正心中万有，有人有我、有事有物、有天有地、有是有非、有古有今，一切随心通达，运用自如。

【原典】

清[1]恐人知，奇足自赏。

【注释】

①清：清雅的志趣。

【译文】

清雅的志趣就害怕别人知道，奇异的事情完全可以拿来供我欣赏。

【原典】

与客到，金樽醉来一榻，岂独客去[1]为佳；有人知玉律，回车三调[2]，何必相识乃再[3]。笑元亮[4]之逐客何迂，羡子猷[5]之高情可赏。

【注释】

①去：使……离开。

②三调：多首曲子。

③再：结交。

④元亮：即陶渊明，字元亮，东晋著名诗人。

⑤子猷：东晋的王徽之，字子猷。

【译文】

客人到来了，和他们一起推杯换盏，酒醉后大家躺在床榻上，不只是客人喝醉了回去才是尽兴；有人很精通音律，就掉转车头下车，弹上几曲，知音不一定是相识的人。因此，可以知道陶渊明在喝醉的时候把客人逐走是何等迂腐啊，王徽之高雅的情操是多么值得赞赏啊。

【原典】

高士岂尽无染[①]，莲为君子，亦自出于淤泥；丈夫但[②]论操持，竹作正人，何妨犯[③]以霜雪？

【注释】

①染：指世俗的污染。

②但：只，仅仅。

③犯：冒犯，指顶风冒雪。

【译文】

高雅的世人怎能完全脱离开世俗，莲花可以称得上是花中的君子，但是莲花也是从淤泥中长出来的；大丈夫只要有情操，竹子被人称为直节正人，即使让它凌霜傲雪又能怎样呢？

【原典】

东郭先生之履，一贫从万古之清[①]；山阴道士之经，片字收千金之重。

【注释】

①清：清贫。

【译文】

东郭先生的草鞋，可以作为千古清贫的象征；山阴道士的经书，可以说字字如千金般贵重。

【原典】

因[①]花索句，胜他牍奏三千；为鹤谋[②]粮，赢[③]我田耕二顷。

【注释】

①因：借助。

②谋：筹借。

③赢：超过。

【译文】

借助于鲜花向别人索要诗句，要比烦琐的文案和三千书牍好得多；为养仙鹤筹借粮食，要比辛勤地耕种两顷土地还要好。

【原典】

至[①]奇无惊，至美无艳。

【注释】

①至：达到。

【译文】

已经达到了最为惊奇的程度，再惊奇的东西也就不再惊奇了；已经是最美的东西了，再惊艳也没有什么堪称艳丽的了。

【跟进解读】

这句体现了中庸的哲学观。“中庸”强调的是做事守其“中”，既不左冲右突，又戒参差不齐。其实这种人生哲理，从我们的日常生活中的许多细节中即可体察出来。商汤的开国大臣伊尹，不仅能把握做菜口味的“中庸”技巧，甚至已把它上升到“齐家治国”的高度上来了。

程颐说：“做事，不偏不倚叫作中，不改变叫作庸。行中，这是天下的正道；用中道，这是天下的公理。中庸的基本要义，就是不偏不倚，恰到好处。”中庸的道理讲究不偏不倚，过与不及都是不好的。体现在做事上，则必须做到恰到好处。为人处世、持家治国等人生作为，无不体现了这个道理。一个人想做到中庸，必须加强品德修养。提高自我调控能力，使自己的言行、情感、欲望等要适度、恰当，避免“过”与“不及”。

【原典】

瓶中插花，盆中养石，虽是寻常供具，实关[①]幽人性情。若非得趣，个中[②]布置，何能生致[③]？

【注释】

①关：关系到。

②个中：其中。

③致：情趣。

【译文】

在花瓶中插花，在花盆中养石头，虽然这些都是很平常的器具，却是隐士的性情所在。要是这些隐士不明白其中的情趣，那么为什么他们把花瓶和花盆布置得这么典雅、精致呢？

【原典】

养花，瓶亦须精良，譬如玉环、飞燕不可置之茅茨[①]，嵇阮贺李[②]不可请之店中。

【注释】

①茅茨（cí）：指茅草屋子。玉环、飞燕：我国古代著名的两位美貌的妃子。

②嵇阮贺李：指性格狂放不羁的嵇康、阮籍、贺知章、李白四人。

【译文】

用来养花的瓶子一定也是精致、上等的，这就好像是美艳娇贵的杨玉环、赵飞燕，是不可以住在茅草屋中的；这又好比是性格狂放不羁的嵇康、阮籍、贺知章、李白等人，是不可以把他们邀请到店里面拘束于礼节来饮酒一样。

【原典】

才[1]有力以胜蝶，本无心而引莺[2]；半叶舒[3]而岩暗，一花散而峰明。

【注释】

①才：仅仅，只有。

②莺：这里指八哥。

③舒：展开。

【译文】

身体虚弱到只够扑落飞翔的蝴蝶，本来没有心思去引逗八哥；半个叶子舒展开来，因山岩叶子的阻挡变得暗淡起来，一瓣花的飘散使得整座山峦变得明朗起来。

【原典】

急不急之辩，不如养默[1]；处不切[2]之事，不如养静；助不直之举，不如养正；恣[3]不禁之费，不如养福；好不情之察，不如养度；走[4]不实之名，不如养晦；近不祥之人，不如养愚。

【注释】

①默：沉默。

②不切：指不切实际的事情。

③恣：挥霍。

④走：这里指散布、宣传。

【译文】

急于去为一些不必要的事情辩解，还不如学会修养沉默；去办一些根本就实现不了的事情，倒不如学会修养清净的品质；要是想去赞成、帮助不正当的行为，还不如去培养自己的正气之心；为不必要的花费挥霍财物，还不如修养福祉；喜欢不合常理的检察，还不如修养自己的度量；宣传、散布不符合实际的虚名，还不如学会韬光养晦；和不吉祥的人亲近，还不如让自己修炼成大智若愚。

【跟进解读】

“急不急之辩，不如养默。”说的是沉默的智慧。的确，当你面对一个人口若悬河地对你谈一些你根本不感兴趣的话题时，你会有什么样的反应？你是会耐心地倾听下去，还是会流露出自己的厌烦情绪，甚至粗暴地终止对方的谈话？现在请认真考虑下你将如何反应，因为这会影响到你是否能够受到他人的欢迎。

要知道，我们都是渴望向他人倾诉的物种。因为我们有思想，我们需要把自己的想法向他人做一番表露，我们需要别人的理解和关注。当我们空虚、孤独或者急

于表达自己想法时，如果出现一个善于倾听的人，那我们会第一时间爱上他，不管他会不会为我们排忧解难。因为，此时此刻，我们需要的仅仅是一个人在旁边，面带微笑地静静地倾听我们诉说衷肠。

【原典】

诚实以启①人之信我，乐易以使人之亲我，虚己②以听人之教我，恭己③以取人之敬我，奋发以破④人之量我，洞彻以备人之疑我，尽心以报人之托我，坚持以杜人之鄙我。

【注释】

①启：开启。

②虚己：谦虚谨慎。

③恭己：这里指对别人恭敬。

④破：打破常规的看法。

【译文】

对待身边的人一定要诚实，这样做所有的人才会相信自己；一定要做到平易近人，只有这样别人才愿意和自己亲近；一定要做到谦虚谨慎，这样别人才愿意教诲自己；待人一定要做到恭敬，这样别人才会尊重自己；一定要奋发有为，从而让别人重新评估自己；一定要学会洞察世事，只有这样才能防备别人对自己猜疑；做什么事情一定要尽心尽力去做，从而把别人所托付的事情完成，实现别人的嘱托；一定要坚持正义，只有这样做别人才不会鄙视自己。

参考文献

［1］阿龙. 学会涵养心性的小窗幽记［M］. 北京：华夏出版社，2012.
［2］陈继儒. 小窗幽记：精装典藏本［M］. 北京：中国画报出版社，2012.
［3］陆绍珩. 小窗幽记［M］. 南昌：江西人民出版社，2016.
［4］陈继儒，陈晓浒. 小窗幽记：中国古代经典无障碍读本［M］. 南京：江苏凤凰出版社，2016.
［5］成敏. 小窗幽记：中华经典藏书［M］. 北京：中华书局，2016.
［6］妙欢. 禅心诗语悟红尘［M］. 南昌：江西人民出版社，2014.
［7］陈继儒，王永彬. 小窗幽记　围炉夜话［M］. 长沙：岳麓书社，2016.